新式算術講義

高木貞治

筑摩書房

目　次

緒　言 …………………………………………… 9

第一章　自然数の起源 ………………………… 13
　　　　物を数ふること，物に順序を附くること，両者の関係／順序数の原則四条，数の名，命数法の意義／カルヂナル数，物の数は数ふる順序に関係なし，自然数

第二章　四則算法 ……………………………… 21
　　　　加法，加法の応用上の意義，交換の法則，組み合はせの法則，減法の可能，減法の応用／乗法の意義，加法に対する分配の法則，組み合はせの法則，交換の法則，倍数，除法可能の条件／零の定義及其性質／多くの数の加法及乗法，ヂリクレーの証明／減法及除法に関する定理／冪及其算法／除法の拡張，数の展開，十進法／十進法に於ける四則の演算

第三章　負数，四則算法の再審 ……………… 57
　　　　広義に於ける整数の定義，其命名，アルキメデスの法則，数学的帰納法の原理／加法及其性質／正数及負数，減法の可能，絶対値／乗法及其性質，除法

第四章　整除に関する整数の性質 …………78
整除，倍数，相合式及ガウスの記法，剰余の拡張，相合式の性質／十進法に於ける特殊なる整数の倍数の鑑識／最小公倍数及最大公約数／二つの数の最小公倍数及最大公約数，ポアンソーの幾何学的説明／一次不定方程式，一般の解答の決定，オイラーの解法／素数及合成数，合成数の素数分解，エラトステネスの篩，素数の数に限りなし／素数分解の応用

第五章　分数……………………………110
分数班の構成，分数班内の相等大小及加法減法，整数と分数班との内容の一致／通分，一般分数の相等大小及加法減法，既約分数／分数班の総括，数の新系統，其特徴，分布の稠密なること及等分の可能／倍加及等分，最小公倍数及最大公約数／分数の比，比例式，分数の乗法，除法

第六章　分数に関する整数論的の研究………135
最小公倍数及最大公約数／冪の定義の拡張，負の指数／素数分解の応用／分数を部分的分数に分解すること／与へられたる分母を有する既約真分数の数，ガウスの函数 $\varphi(n)$，其性質及算式／分数の展開，命数法，小数／循環小数の起源／フェルマーの定理の間接証明／小数の四則演算

第七章　四則算法の形式上不易 ……………… 192

有理数，算法の形式上不易，問題の説明／順及逆の算法，其関係／減法の汎通及負数，正負整数の乗法／除法の汎通と分数，有理数四則，除法の例外／有理数の大小

第八章　量の連続性及無理数の起源 ………… 213

具体の量，抽象の量／量の原則，量の比較，加合及連続／「有理区域」，其性質，量の公約，公倍／量を計るとは何の謂ぞ／ユークリッドの法式，二つの場合／公約なき量の実例／ユークリッドの比の定義，比と有理数との相等及大小，二つの比の相等及大小／量と直線上の点との対照，稠密なる分布は連続に非ず，連続の定義／結論，数の原則

第九章　無理数 …………………………………… 247

限りなく多くの数，上限及下限／基本定理／稠密なる分布，等分の可能，アルキメデスの法則は凡て連続の法則に含蓄せらる／有理数の両断と無理数／無理数の展開，無限小数の意義／量を計ること及其数値の展開／展開せられたる数の大小の比較，展開の唯一なること／無理数の加法及其性質／加法の近似的演算／比例に関する定理，比例式解法，乗法及除法の意義／乗法及除法の性質／負数

第十章　極限及連続的算法…………………288
　　　　　集積点，極限，其定義及例／集積点に関する基本の定理／無限列数，極限存在の条件／極限と四則，無理数及其算法の第二の定義／連続的算法の定義，連続的算法の拡張／単調の変動，単調なる算法の転倒

第十一章　冪及対数………………………312
　　　　　冪根の存在，基数及び指数の変動に伴ふ冪根の変動，指数限りなく増大するとき冪根は限りなく1に近迫す／冪の定義の拡張，有理の指数，無理の指数／対数，其性質／開平の演算

附録　学用語対訳　329

解説　『解析概論』への序章（高瀬正仁）　335

新式算術講義

緒　言

　普通教育の程度を越えて，初等数学を修むる人の参考に適せる書籍の，本邦出版界に殆ど絶無なるは，著者の私に憾（うらみ）とする所なり．然（しか）れども初等数学の範囲は広大にして其（その）分科は繁多なり．今其全般を通じ，細目に入りて，普く此（この）欠陥を填充（ひそか）せんこと，短日月を以て成さるべき事業に非（あら）ず．此小冊子は主として材料を算術の範囲内より採り，其最重要なる問題を選み，数学最新の発達によりて占め得たる立脚点より之（これ）を観察して，成るべく簡明なる解釈を試む．

　普通教育に於ける算術の論ずる所は一見甚（はなはだ）卑近なるが如し（いへど）と雖（も）も，若し深く問題の根柢に穿入せんとするときは，必（かならず）しも然らず．夫れ教師は其教ふる所の学科につきて含蓄ある知識を要す．算術教師が算術の知識を求むる範囲，其教ふる児童の教科用書と同一程度の者に限らるること，極めて危殆（い）なりと謂ふべし．確実なる知識の欠乏を補ふに，教授法の経験を以てせんとするは，「無き袖を振はん」とするなり．是を以て此書は広く算術の教授に従事する教師諸氏の中に其読者を求めんと欲す．

　又数学を専攻せんとする学生にありても，目下の状態に

於ては，其算術の知識は幼時普通教育によりて得たる所に限られ，漸く進んで稍々高等なる数学諸分科の修業に入るに当りても，数学の根源に関せる問題を回顧して，精密に之を復習するの遑なきが如し．斯の如くなれば，其知識は堅牢なる地盤を欠くが故に，学ぶ所愈々進むに随ひ，知る所愈々不確実となる．是寔に憂ふべし．偶々此欠点を覚りて自ら之を補充せんとする者ありとも，恰当なる参考書の欠如せるが為に感ずる不便決して少小ならず．抑々算術は汎く数に関する根本的の観念を論ず．是故に其範囲意外に広大にして，若し汎く諸分科の専門的書籍を渉猟して其知識を拾集せんと欲せば，少とも整数論，代数学及函数論の一班を窺はざるべからず．此書は斯の如き摸索の労を節せしめんが為に，最重要なる問題を集結して，之に最近接し易き解説を与へんことを期す．

　十一章七十五節より成れる此書の内容は，自ら分れて二部となる．其前一半は第一章より第七章に至り，専ら有理数を論ず．これ比較的最よく世に知られたる事実に関せるが故に，叙述の方法は成るべく新奇なるを選み，以て多数の読者の熟知せる所の者を徒に反復するを避けんとす．蓋し同一の事実を多様の見地より観察するは，即其知識を確実ならしむる所以なり．第四章及第六章に於て，整数論に関する事項の為に，比較的多大の頁数を割けること，稍々権衡を失するの観なきにしもあらずと雖，是一は最少く普通に知られたる所に最多くの力を致さんとする趣旨に出で，又一は数を観察するに当り，其大小に関せる側面に偏

して，数の個性（アリスメチカル・キャラクター）を蔑視(べうし)
すること，決して数の知識を精確ならしむる所以にあらざ
るを信ぜるに由(よ)れり．

　第八章以下は抽象的の量として数を論ず．其目的，数と
は何ぞ，量を計(い)るとは何の謂ぞ，との卑近なる問題を解釈
するにあり．数の観念を闡明(せんめい)して，数学に牢然(らうぜん)動すべからず
ざる基礎を与へたること，実に十九世紀に於ける数学進歩
の異彩にして又其根源なり．斯の如き高等数学の進歩は決
して初等数学に影響する所なくして已(や)むべからず．高等数
学の論ずる所は概して通俗の説明に適せずと雖，凡(およ)そ極め
て根本的なる問題は，之を解決すること非常に困難(こんなん)なると
共に，之を理会することは，却(かへ)て意外に容易なり．無理数
の定義も亦(また)此種の問題に属せり．器械的に算式を把玩(はぐわん)する
を以て数学の能事畢(のうじをは)れりとする者，固より斯の如き問題に
関渉あるべからず．然れども一般の健全なる理解力及成熟
せる判断力を以て之に臨むときは，問題の要点を攫取(くわくしゆ)する
こと決して難(かた)からず．

　第八章に於て特に量の性質を詳説せるは，量と数との関
係を明にして，以て常識と学問とを連結せんと欲せるな
り．而(しか)して特に重をユークリッドの比例論に置けるは，啻(ただ)
に其重要なるが為のみにあらずして，此クラシックが本邦
の普通教育に於て今尚忠実に反復せられつつあるにも由(よ)れ
り．即ち一方に於てはユークリッドの理会を確実にすると
共に，一方に於て之に資りて無理数の起源を明瞭ならしめ
んとせるなり．第十章の所説稍々高きに過ぎたるが如しと

雖，一たびこの最高の立脚点より瞰望するときは，第九章に説きたる無理数に関する煩雑なる諸定理も又第十一章に論ぜる冪及対数の諸性質も，尽く之を一眸の中に収めて，歴々之を掌に指すが如くなるを得べし．斯の如き登臨を阻むこと東道の責を尽せる者と言ひ難からんか．

　所載の事項其性質上一々出典を挙げ難し．就中其重要なるを選み附録として巻末に添ふ[注]，固より遺漏なきを保せず．

　此書取材の範囲狭小にして，記する所多くは断片なり．他日時間の余裕を得て，初等数学の全般に渉り再び読者に見ゆるの機あらんことを期す．

　明治三十七年六月，東京に於て

著者識

注）　底本の「附録」冒頭に，「『フート・ノート』といふもの邦文の書に入り難し．本文の各処に添ふべき重なる引用及参照書目を取りまとめて，巻末に附するに当り，印刷の進行中に心つきたる本文の修正追補二三を併せ収む．太き字体，例へば，**六（九）** とは第六章第九節を指す」とある．

　本文庫版では，底本の縦組みを横組みに改めたので，「附録」各項を，該当ページの脚注とし1），2），3）……の通し番号を付した．

　ほかに，①漢字書体は新字体に改め，文字遣いは歴史的仮名遣いのまま．②句読点はピリオド，カンマを使用．③反復記号「ゝ」は不使用．④圏点白丸は底本どおり，傍点黒ゴマは黒丸に改める．⑤難読漢字には各章初出箇所ほか，適宜ルビを施す．⑥改行を字下げし，句読点を整理．⑦欄外の柱は底本に倣うとともに欠落する節名も補う，などの整理を加えた．〔文庫編集部〕

第一章　自然数の起源

物を数ふること，物に順序を附くること，両者
の関係／順序数の原則四条，数の名，命数法の
意義／カルヂナル数，物の数は数ふる順序に関
係なし，自然数

(一)

　物を数ふることと物に順序を賦すること即ち番号を附くること，心の此(この)二つの作用には密接なる関係あり．一つ二つ三つと数へて物の数の三なることを知る其(その)径行を分析すれば，先づ甲を認めて第一の物となし，次に乙を認めて甲と異なる第二の物，丙を甲とも又乙とも異なる第三の物となし，さて此第三に至て数へんとする物を尽(つく)したれば，即ち其数の三なるを知るなり．されば物を数ふるに当て，人必ず此等(これら)の物に順序を附けざるを得ず．

　吾人の物を数ふるや，一々心の裡(かく)に斯の如き複雑なる作用を反復するまでもなく，一見して直ちに其数の三たり，又は五たるを知り得べきこと固(もと)より是(これ)あり．こは三個五個等少数の物にありては，之(これ)を数ふる作用は吾人の屢々(しばしば)反復せる所にして，三個の物，五個の物の与ふる全体の印象は，吾人の記憶に銘せられ，此記憶に扶(たす)けられて吾人は殆ど我

心に数ふる作用をなすを知覚せずして直ちに其数を知ることを得るなり．此故に少数の物と雖も其物の排列，動静等が其数を知るの難易に関係すること甚だ多し．正しく列びて静止せるときは十個以下の物の数を一目して知ること難からざるべけれども，此等の物が運動せるとき，又は不規則に排列せられたる時は，必しも然らず．要するに人，物の数を数へたるときは同時に此等の物に或る順序を附けたりと云ふことを得．甲乙丙等の物あるとき之を数へんとするに当ては，吾人は甲は一個の物なりと認むること，及甲は乙と異なり丙と異なりと認むる外，甲を他の物と区別すべき凡ての特徴を抽き去りて顧みず．机，人，数学は三個の物なるは，一個の物，又一個の物，又一個の物が三個の物なりと云ふに異ならず．指を折りて数ふるは数へんとする物の特徴を抽出し去るなり．拇指は机を代表し，示指は人を，中指は数学を代表す．机も人も数学も同じく一個の指にて代表せられたり．人若し指の代表せるは何物なりしかを忘却したりとも，拇指は始めに認められたる一個の物を代表し，示指は次に認められたる一個の物，中指は最後に認められたる一個の物を代表することを知るべく，而して其物の数は即ち三個なりしことを知ることを得．

　一個々々の物を順次一個々々の指にて代表し，最後の物を代表せる指を見て数を知る．物を数ふることの原理は此処に尽きたり．

　吾人が数ふべき物の数には限りなし．限りなき物を代表せん為には又限りなき物を要す．此限りなき物を代表せん

が為に，人の作り出せるを数（順序数）となす．数は人の理性を離れて先天的の実在を有するものに非ず．数の真相を知らんと欲せば其起原に遡らざるべからず．

（二）[1]

順序数の観念は凡て人の共有する所，明白にして動かすべからざるものなりと雖，吾人は数学に於て思想の精確に重を置くが故に，特に次の条目を列挙して之を順序数の原則となさんとす．茲に所謂，数とは順序数を指せるなり．

第一，数には先後の順序あり．二つの相異なる数（甲，乙）の中唯一つ（例へば甲）は他の一つ（乙）に先だつ．

---

1) 自然数を論ぜる著書の最勢力ある者二三を挙ぐ．クロネッカー「数の観念につきて」(Kronecker, Ueber den Zahlbegriff). 此論文はヱドワルド・ツェルラー記念論文集——Philosophische Aufsätze, E. Zeller zu seinem 50-jährigen Jübiläum gewidmet, 1887——に載せたり．同書又ヘルムホルツ「数ふること及計ること」Helmholtz, Zählen und Messen を載す．クロネッカーの論文はクレルレ巻百一及全集巻三ノ一に転載せり．クロネッカーは冒頭「予は数の観念を説明するに最妥当なる発足点は順序数にありと信ず」の語を置けり．デデキンド「数とは何ぞや」Dedekind, Was sind und was sollen die Zahlen? 1887-93 の所論は更に根本的にして，「物の集まり」及其対照を基礎とせり．開巻先づ「凡そ証明し得べきことは必ず証明せられざるべからず」の語に接す 全篇の論調推して知るべし．其他シューベルト，フレーゲ，シュレーダー (Schubert, Frege, Schröder) 等の書名あり．デデキンドの所論の一斑はウェーバーの初等数学全書 (Weber, Encyklopedie der Elementar-Mathematik, I. 1903) によりて窺ふを得べし．

先後といへる語の意義は次に掲ぐる二個の規定に遵ふを要す．（一）甲が乙に先だたば乙は甲に先だたず．（二）甲は乙に先だち，乙は丙に先だたば甲は又丙に先だつ．甲が乙に先だつといふも，又は乙は甲の後にあり又は甲に次ぐといふも同一の事実を表はせり．是故に甲は乙の後にあり，乙は又丙の後にあらば，甲は丙の後にあり．

第二，如何なる順序数にも，必ず直ちに之に次ぐ順序数あり．

乙が直ちに甲に次ぐとは，甲の後乙の先なる第三の数存在せざるを謂ふ．

第三，甲若し乙に先だたば，甲より直ちに甲に次ぐ数に移り，此数より又直に之に次ぐ数に移り，次第に斯の如くなし行きて竟に乙に到達することを得．

第四，順序数には最初の者あり．

最初とは之に先だつ者なきの謂なり．

此四個条は順序数の原則なり．順序数の性質は凡て此四個条の原則の論理上必至の結果に外ならず．

第四条に所謂最初の数を1と名づけ，直ちに1に次ぐ数を2，直ちに2に次ぐを3と名づく．斯の如くにして如何なる数に及ぶとも，第二条に定むる所によりて，其数に次ぐ数必ずあるべきにより，あらゆる順序数に一つ一つ命名せんことは語の数に限りあるべき吾人の語彙の能くすべき所にあらず．吾人の語彙の与ふる最大の数は億か，兆か．億，兆は数の終極にあらず．億，兆を超えざるは数の極小

の一部分たるに過ぎざるにあらずや．然れども凡ての数に命名すべき必要は何処にか在る．億，兆以上の数を用ゆべき実際上の必要に遭遇することなかるべきを外にするも，吾人の有する凡ての観念が必ずしも一々其名を有すべき必要は何処にかある．或数に名なきは其数なきにあらざるなり．

如何なる数をもある符号にて書き表はすべき工夫は甚だ容易なり．最初の数は・，其次は・・，其次は・・・，斯の如く何処までも同じ符号を反復し行かば吾人の考へ得る数にして斯様の符号にて表はし得ざるものあることなし．然れども斯の如き記数法の実用に供し難きは言ふまでもなし．

命数法，記数法は理論上の問題に非ずして実用上の問題なり．成るべく少数の語又は符号を，成るべく便利なる方法によりて組み合はせ，而して成るべく多くの数を命名し，書き表はさんとするを主眼とせる此問題に，古今東西の民族の与へたる殆ど一致せる解釈は，即ち所謂十進法なり．然れども十進法の説明は，数の加減乗除を説きたる上ならでは理論上なし得べからざることに属す．

(三)

物を数ふるに当ては，此等の物の各を一個の物なりと認むること，及此一個の物は其他の物とは異なる一個の物なりと認むるの外，此物を他の物と区別すべき凡ての特徴を度外に置くべきことは既に言へり．さて今数へんとする物の中，最初に一個の物と認めたるものに配するに1なる順

序数を以てし，次に此物とは異なる一個の物なりと吾人の認めたるものに配するに2を以てし，順次斯の如く一つ一つの物と一つ一つの順序数とを取り合はせ（対照し，配合し）行くに，順序数の引き続きは究(きは)まる所なきが故に，如何なる場合に於ても斯の如き対照の為し得ざることあるべからず．斯(か)くて今数へんとする物の尽(つ)くるに至て止むときは，最後の物に取り合はされたるは或る一つの順序数にして，此順序数は即ち今数へたる物の数を定むべきものなり．

若干の物の与へられたるとき，上に述べたる手続きによりて之を数ふるときは，此等の物の間に定まりたる順序を生じ，此手続きの終局に於て或る定まりたる順序数に到達す．

然れども個々の物と個々の数とを対照するに当りて，此等の物の中何(いづ)れが1に配せられ，又何れが2に配せらるべきやは，即ち物を数ふる順序は，全く数ふる人の随意なるべきにより，此手続きは一定不動のものに非ず．数ふべき物は定まれりと雖(いへども)，数ふるといふ手続きの為に此等の物の中に生じ来る順序は様々に変り得べし．唯(ただ)此手続きに於て一定不動なるは最後に到達すべき順序数なり．例へばA，B，Cなる物を数へんとするときA, B, Cに順次$1, 2, 3$の配せらるることもあるべし．又B, C, Aに順次$1, 2, 3$の配せらるることもあるべし．

$$A \quad B \quad C \quad\quad B \quad C \quad A$$
$$1 \quad 2 \quad 3 \quad\quad 1 \quad 2 \quad 3$$

　然れども A といひ B, C といひ数ふる人の眼には各唯一個の物として映ずるに止まるが故に上の配合は畢竟

一個の物　一個の物　一個の物　　一個の物　一個の物　一個の物
　1　　　　2　　　　3　　　　　1　　　　2　　　　3

の如く書き表はすことを得べく，斯く書き改められたる上は，此二様の数へ方を区別する所以の者は全く消失せるを認むべし．

　物を数へて最後に到達すべき順序数は数ふる順序に関係なく一定不動のものなるが故に，此順序数を以て此物の数を表示することを得．物の数を表はすの意義に於て数をカルヂナル数といふ．

　カルヂナル数は全く順序数と同一の条件によりて定めらるべきものなり．若し言語の明白を欲せば，先に掲げたる条件の中，先後の語に代ふるに大小の語を以てすべし．

　物の数の多少は之を表示すべき順序数の先後によりて知るべく，カルヂナル数の大小は之に相当せる順序数の先後によりて定むべし．

　個々の順序数を個々の物と見做すときは，順序数の数を数ふることを得．1 より n に至るすべての順序数の数は即ち n なり．

　同じく是数なり．順序を表はすときは之を順序数とい

ひ，物の多少を表はすときは之をカルヂナル数といふ．此の区別を度外に置きて $1, 2, 3, \cdots$ を自然数（又は整数）といふ．クロネッカー曰く，整数をば造物主作り給ひぬ，其他は人の業なりと．自然数の語寔に恰当なりといふべし．

第二章　四則算法

加法，加法の応用上の意義，交換の法則，組み合はせの法則，減法の可能，減法の応用／乗法の意義，加法に対する分配の法則，組み合はせの法則，交換の法則，倍数，除法可能の条件／零の定義及其性質／多くの数の加法及乗法，ヂリクレーの証明／減法及除法に関する定理／冪及其算法／除法の拡張，数の展開，十進法／十進法に於ける四則の演算

(一)

茲に $A, B, C, \cdots$ 等の文字にて表はされたる物一組あり．之を甲と名づく．又 $P, Q, R, \cdots$ 等の文字にて表はされたる物一組あり．之を乙と名づく（$A, B, C, \cdots\ P, Q, R, \cdots$ 等は数を表はせるに非ず．此等の文字は一つ一つの物を表はせるなり．甲，乙は一つ一つの物を表はさず，物を一括して得たる全体の名なり）．此甲なる一組の物に乙なる一組の物を合同して之を第三の一組となし，之を丙と名づく．丙は $A, B, C, \cdots\ P, Q, R, \cdots$ 等即ち始め甲又は乙に属せる物を尽く含み，且此等の物の外の物を一も含まず．是故に甲に乙を合同するも又乙に甲を合同するも其結果は同一なり．

又甲, 乙, 丙なる三組の物あるとき, 先前に言へる如くにして甲と乙とを合同し, 斯くして得たる一組に更に丙を合同して一組となすときは, 此最後の一組は始め甲又は乙又は丙に属せる物をば尽く含み且此外の物は一も含まず, 是故に三組の物を合同する結果は其順序に関係せず.

甲なる一組の物 $A, B, C, \cdots$ 其数 a, 乙の物 $P, Q, R, \cdots$ 其数 b なり. 甲乙を合同して作りたる丙なる一組の物の数如何. 丙の物の数を数ふるに当りて之を数ふる順序は数へて得べき結果に影響を及ぼすことなし. よりて前に甲に属せし物に $1, 2, 3, \cdots, a$ の順序数を配合する手数を反復するまでもなく, 前に乙に属せる物の中 1 に配せられたる者 (P) には a の次の順序数 ($a+1$) を以てし, 前に乙に属して 2 に配せられたる物には又其次の順序数 ($a+2$) を配し, 斯の如くにして竟に前に乙に属して b に配せられたる物に配すべき順序数を c と名づくれば, c は即ち甲と乙とを合同して作れる丙なる一組の物の数なり. 次の図は此手続きを説明す.

1	2	3		a	1	2	3		b
A	B	C	$\cdots$		P	Q	R	$\cdots$	
1	2	3		a	$a+1$	$a+2$	$a+3$	$\cdots$	c

是故に a, b なる二つの数より c に達すべき手続きは次の如し.

a の直ぐ次なる順序数には 1 を取り合はせ, 其次の順序数には 2 を取り合せ, 次第に斯の如くにして竟に b に

取り合はさるる順序数は即ち c なり．

斯の如くにして a, b より作り得べき数 c を a に b を加へて得たる和といひ，之を表はすに次の記法を用ゆ．

$$a + b = c$$

例へば甲の物の数六乙の物の数三なるとき，甲，乙を合同して之を数ふるに拇指を屈して七と呼び示指を屈して八，中指を屈して九といふは即ち七，八，九に一，二，三なる順序数を配し行けるに外ならず，拇指，示指，中指は $1, 2, 3$ を代表せるなり．

若し前に乙に属せる物に 1 より b までの順序数を配せる手続きを基礎となし，b の次の数に 1 を配し，又其次の数に 2 を配し次第に斯くの如くなし行きて竟に a の配せらるる数に到着するときは此数は即ち $b+a$ なり．さて $a+b$ も $b+a$ も共に丙なる一組の物の数に外ならざるが故に

$$a + b = b + a$$

即ち二つの数の和は加へられたる数の順序に関係せず．之を加法の交換の法則といふ．三組の物を順次合同する場合に同様の論法を適用して

$$(a+b) + c = a + (b+c)$$

を得．a, b, c なる三個の数を加ふるに当り先づ a に b を加へ，更に其和に c を加ふるも，或は又 a に b, c の和を加ふるも，結果は同一なりとなり．之を加法の組み合はせの法則といふ．

二組の物を合同して得たる一組の物の数を数ふる手続きにつきて前に説きたる所により，直ちに次の事実を知り得

べし.

　a に或る数 b を加へて得たる和は a よりも大なり，
$$a+b > a.$$
此定理は又之を転倒することを得．

　c 若し a より大ならば c は必ず a と或る数 b との和に等し，即ち
$$c = a+b$$
なる如き数 b は必ず存在す．

　今 $1, 2, 3, \cdots, c$ なる順序数を一組の物と考ふれば，a は c より小なるが故に a は必ず此一組の中にあり．今此一組を分ちて，$1, 2, 3, \cdots, a$ のみを甲の一組とし，其他のものを乙の一組となす．斯くの如くして作り得たる甲，乙の二組を合同するときは前の一組に復帰すべきこと勿論なり．さて甲なる一組の中にある順序数の数は a なり，乙なる一組の中なる残りの順序数の数を数へて此数を b と名づくれば $a+b=c$ にして此 b は即ち吾輩が其存在を主張せる所の数に外ならず．

　c, a なる二つの数の中 c は a より大なるときは
$$a+x = c$$
なる条件に適すべき数 x の必ず存在すべきことは既に明了なり．今斯の如き数は唯一個に限り存在し得べきことを証明せんとす．今 b の外に尚上の条件に適合すべき数 b' 存在するものとせば，即ち
$$a+b = c, \quad a+b' = c$$
なりとせば b, b' の中一方は他の一方より大ならざるを得

(一) 減法の意義

ず．例へば b' は b より大なりとせば
$$b' = b+d$$
なる如き数 d は必ず存在せざるを得ず．随て
$$a+b' = a+(b+d)$$
此等式の右辺に立てる和は組み合はせの法則によりて
$$(a+b)+d \quad 即ち \quad c+d$$
に等し，而して此和は c よりも大ならざるを得ず．即ち b' 若し b より大ならば $a+b'$ は $a+b$ よりも大なり．是故に b は b' に等しからざるを得ず．

c が a より大なるとき斯の如くにして b なる数に到達すべき手順を c より a を減ずといひ b を c と a との差といひ，之を表はすに次の記法を用ゐる．
$$b = c-a$$
c, a より b に到達するには次の手続によることを得．$1, 2, 3, \cdots, c$ なる順序数を考へ，其最後の者 c には 1 を配し，c の前の数には 2 を配し，次第に斯の如くなし行きて竟に a に配せられたる数に達する時，此数の直ぐ前なる数は即ち b なり．例へば 8 より 5 を減せんとせば次の図に示すが如くすべし．

$$1 \quad 2 \quad \underline{3} \quad | \quad 4 \quad 5 \quad 6 \quad 7 \quad 8 \qquad 8-5=3$$
$$ 5 \quad 4 \quad 3 \quad 2 \quad 1$$

丙なる一組の物あり其数 c なるとき，之を分ちて甲, 乙の二組となすときは，甲に属する物の数は c より小なり．此数を a と名づくれば，乙に属する物の数は即ち $b=c-a$ なり．

（二）

　加法は組み合はせの法則に従ふものなるが故に，同一の数 a を幾回も加へ合はせて得らるべき和は此数と加へ合すべき回数 b とによりて全く定まるべし．斯の如き和を求むるは a 及び b なる二つの数を与へて之より或る定まれる第三の数を得べき手続きなるが故に，之を a, b なる二数に施こせる一の算法と見做すことを得．此算法は即ち乘法にして a は被乘数，b は乘数，求め得たる和は a の b 倍或は a, b を乘したる積（$a \times b$ 又は ab）なり．a, b は何れも此積の因数にして ab といふ積の第一の因数は被乘数，第二のは乘数なり．加へ合はすといふ語は少なくとも二個の数を予想するが故に，a に 1 を乘ずとは没意義の事なり．吾輩は茲に改めて，$a \times 1$ とは a の事なるべしと定む．之をしも前に述べたる乘法の定義の中に包括せられたりとせんは牽強なり．乘数が 1 なる場合と然らざる場合とに於ける乘法の意義は次の式により明に書き表はさる．

$$a \times 1 = a \qquad\qquad (1)$$
$$a \times b = a + a + a + \cdots + a \qquad (2)$$
$$(1)\ \ (2)\ \ (3)\ \cdots\ (b)$$

次に掲ぐるは乘法に関する最も重要なる定理なり．
一，加法に対する分配の法則．
$$a(b+c) = ab + ac \qquad\qquad (3)$$
$$(b+c)a = ba + ca \qquad\qquad (3')$$

証．a に $(b+c)$ を乘ずるは a といふ数 $b+c$ 個の和を

作ることにして，a といふ数 $b+c$ 個は即ち a といふ数 b 個と又 a といふ数 c 個とを合同せるものなるが故に，此二組の a を別々に加へ合はせて ab, ac を得たる後，更に此二つを加へ合はせ，求むる所の積の $ab+ac$ に等しきを知る．又 $b+c$ に a を乗ずるは $b+c$ を a 個加へ合はせたる和を求むることにして，加法の順序を変更し，先づ b のみ a 個を加へ合はせて和 ba を得．又 c のみ a 個を加へ合はせて和 ca を得．此等の二つの和を加へ合はせて求むる所の積の $ba+ca$ に等しきを知る．

和を構成する数二個より多くとも分配の法則は尚成立すべし，即ち $b_1, b_2, b_3, \cdots, b_n$ なる n 個の数あるときは

$$a(b_1+b_2+\cdots+b_n) = ab_1+ab_2+\cdots+ab_n \qquad (4)$$
$$(b_1+b_2+\cdots+b_n)a = b_1a+b_2a+\cdots+b_na \qquad (4')$$

なり．

若し $b_1, b_2, b_3, \cdots$ が尽く同一の数 b なりとせば (4) より

$$a(\underbrace{b+b+\cdots+b}_{(1)\ (2)\ \cdots\ (n)}) = \underbrace{ab+ab+\cdots+ab}_{(1)\ (2)\ \cdots\ (n)}$$

を得．即ち

$$a(bn) = (ab)n \qquad (5)$$

a, b, n なる三個の数に順次乗法を施こすとき因数の順序は積に影響することなきこと加法の場合に於けると同趣なり．之を組み合はせの法則といふ．此法則は n が 1 なる場合にも成立すべきこと明なり．

交換の法則も亦乗法に適用すべし．a, b なる二数の積は因数の順序に関係せず．即ち

$$ab = ba \qquad (6)$$

先づ b が 1 なる場合には此法則は明に成立せり. $a.1$ とは (1) によりて a のことにして $1.a$ は 1 を a 回加へ合はせて得べき数にして此数は a なり. 故に

$$a.1 = 1.a$$

さて一般に (6) を証明せんが為に (4′) に於ける $b_1, b_2, \cdots, b_n$ を尽(ことごと)く 1 に等しとせば

$$(\underbrace{1 + 1 + \cdots + 1}_{(1)\ (2)\ \cdots\ (n)})a = \underbrace{1.a + 1.a + \cdots + 1.a}_{(1)\ (2)\ \cdots\ (n)}$$

即ち

$$na = a + a + \cdots + a$$
$$= an$$

にしてこは即ち (6) に外ならず.

一個の定まりたる数 a に相異なる数 b, b' を乗じて得らるべき積

$$ab, ab'$$

は亦相異なる数にして, 其大小は b, b' の大小に伴ふ. 是故に又 ab, ab' の大小, 相等は必ずそれぞれ b, b' の大小相等に伴ふ.

其故如何(いか)にといふに, 今仮に $b > b'$ なりとせば $b = b' + d$ なるが如き数 d は必ず存在し, 従て

$$ab = a(b' + d) = ab' + ad$$

よりて

$$ab > ab'$$

なり. よりて又 b が b' より小なるときは b と b' との位地

を転倒して此論法を適用し，此場合には ab の ab' より小ならざるべからざるを知るべし．

故に又 $ab>ab'$ ならば $b>b'$ ならざるを得ず．如何（いかに）といふに，b 若し b' より大ならずとせば ab は ab' より大なることを得ざればなり．よりて又 $ab<ab'$ ならば $b<b'$ ならざるを得ず．随て $ab=ab'$ なるときは，必ず $b=b'$ なることを知るべし．何となれば b 若し b' より大又は小ならば ab も又 ab' よりも大又は小にして，此二つの積相等しきを得ざればなり．

今 a を定まれる数となし，之に順次 $1, 2, 3, \cdots$ を乗じて
$$1a, 2a, 3a, \cdots, ma, \cdots$$
を作るときは，此等の数はここに書き列（なら）べたるままにて其大さの順序を成せり．其最初の者は即ち a に等しく，第二以上は皆 a より大なり．此等の数を a の倍数といふ．a の倍数は a 自らの外は尽く a より大なれども，a より大なる数は必ず a の倍数なりといふことを得ず．現に a が 1 より大なるときは $a+1$ は a より大なり．然（しか）れども此数は $a+a$ 即ち $2a$ よりも小，随て其他の a の倍数よりも小なるべく，$a+1$ は a の倍数なることを得ざるにあらずや．

c なる数が a の倍数なるときに限り
$$c=ab$$
なる如き数 b は存在す．而（し）かも斯の如き数 b は唯一個に限り存在することを得．c が a の倍数なる場合に於て此 b なる数を定むべき算法を除法といふ．c は此除法の被除数（又は実）a は除数（又は法）にして b は商なり．

$$c : a = b$$

は此事実を書き表はすべき記法なり．

　除法の乗法の逆なるは猶(なほ)減法の加法の逆なるが如し．唯減法可能の条件は被減数が減数よりも大なるべきの一事に止まれども，除法の場合に於ける被除数と除数との関係はしかく簡単ならざるの点少しく趣を異にせり．

(三)

　物を数へたる結果を数となすてふ，数の観念の起因に固着して一歩も之を離るることを肯ぜずば，零の観念は数のそれの背後を限れる一障壁たるに過ぎず，是故に吾人の常識は数として零を認許することなし．然れども零といふ数なき数学は極めて不便なる数学なりと謂(い)はざるべからず．

　数学の所謂(いはゆる)数は零を包括す．数としての零の性質及其四則算法の意義は次の如し．

　一，a を 0 にあらざる数となすときは a は 0 より大なりとす．こは畢竟(ひつきやう) 0 を直ちに 1 に先(さき)てる数，随て 0 を最初の数，1 を 0 に次げる数となすなり．

　二，a を如何なる数となすとも

$$0+a=a, \quad a+0=a$$

随て特に $0+0=0$ とす．減法は加法の逆なりとの規定を固執するときは之よりして

$$a-0=a, \quad a-a=0, \quad 0-0=0$$

を得．

　加法の組み合はせの法則及交換の法則は，関係せる数の

中に0を加ふるも、仍成立すべし。$a-b$ なる減法は a が b より小ならざるときは常に唯一の結果を与ふ。

三、 $0.a = 0$ $a.0 = 0$

によりて0の関係せる乗法の意義を定む。0なる数 a 個の和を $0.a$ なりとせば、其0に等しきことは既に二に含まれたり。除法を乗法の逆とすれば、

$$0 : a = 0$$

なり。

乗法の組み合はせの法則、交換の法則及加法に対する分配の法則は0の関係せる場合にも仍成立す。$a:b$ なる除法の可能なるとき其結果唯　なりといふ事実は a, b 共に0となる場合に其意義を失ふ。$0:0$ は其実如何なる数にてもあり得べし。斯の如き奇異なる場合は之を除法の圏外に排斥するを宜とす。$0:0$ は一定の意義なき記号なり。a が0にあらざるとき $a:0$ の不可能なることは勿論なり。

(四)

加法及乗法は組み合はせの法則及交換の法則に遵ふが故に、多くの数を加へ又は乗ずるに当りて、其順序を如何様に変更するとも結果は常に同一なり。此事実は既に前文に於て屢々黙認せられたり。

吾人は今ヂリクレーに従ひて此事実の厳正なる証明を与へんとするに際して此問題を最広の意義に解釈し、以て後章、同趣の論法を反復するの煩を避けんとす[2]。

加法、乗法等に於けるが如く、凡て二つの定まりたる数

を与ふるとき之より一定の法則に従て第三の数を定むる手続きを一般に算法といふ．今 a, b なる二数に或る定まりたる算法を施こして得たる結果を表はすに

$$(a, b)$$

なる記法を以てす．一般に言へば算法の結果は与へられたる二数の順序に関係すべきこと勿論なり，例へば減法，除法の如き是なり．加法，乗法の如く与へられたる二数の順序が結果に影響を及ぼすことなく，即ち常に

$$(a, b) = (b, a)$$

なる関係成立するときは，此算法は交換の法則に従へるなり．

又三個の数 a, b, c の与へられたる時は先づ a, b に此算法を施こして得たる結果 (a, b) と c とに同一の算法を施こすことを得．其最終の結果は即ち

$$((a, b), c)$$

なり．若し先づ b と c とに此算法を施こして (b, c) を得，次に a と (b, c) とに同一の算法を施こさば

$$(a, (b, c))$$

を得．斯の如くにして得られたる両様の結果 必(かならず)しも相等しからざるは減法又は除法の場合に於て吾人の経験する所なり．例へば $8, 4, 2$ なる三個の数につきて

$$(8-4)-2 = 2 \quad 8-(4-2) = 6$$
$$(8:4):2 = 1 \quad 8:(4:2) = 4$$

---

2) ヂリクレーの証明は其「整数論講義」(Dirichlet, Vorlesungen über die Zahlentheorie) 第一章に出づ．

(四)算法の順序に関する定理

なるが如し．

加法及乗法に於ける如く，一般に
$$((a, b), c) = (a, (b, c))$$
なる関係成立するときは，此算法を組み合はせの法則に従ふものとなす．

さて吾人の証明せんとする事実は次の如し．

組み合はせの法則及交換の法則に従ふ算法を多くの数に順次施行するときは其順序は最後の結果に影響する所なし．

此事実を分析して之を最も明白なる言辞に表はすときは次の如し．

$a, b, c, \cdots$ 等 n 個の数の与へられたる時，之を一括して S と名づく．S の諸数の中より任意に二つ，例へば a, b を採り出し，之に代るに (a, b) なる一個の数を以てするときは，茲に $(a, b), c, d, \cdots$ 等 $n-1$ 個の数を得，之を一括して S' と名づく．さて S' より同様の手続きによりて $n-2$ 個の数より成れる S'' なる一組を作り，順次斯くなし行くときは，竟には唯一個の数に到着す．茲に毎次採り出すべき二個の数は全く随意なるべきにより，此手続きは種々の順序に成され得べしと雖も，若し所定の算法にして組み合はせの法則及交換の法則に従ふものなるときは，最後に到達せらるべき唯一の数は算法を行へる順序の異同には関係あることなし．

例へば三個の数 a, b, c の与へられたるとき，上文の手続きは次の十二様の順序によりて成され得べし．

$$S : a, b, c$$

	S'	S''	
1)	$(a,b), c$	$((a,b), c)$	
2)	$(a,b), c$	$(c, (a,b))$	(I)
3)	$(b,a), c$	$((b,a), c)$	
4)	$(b,a), c$	$(c, (b,a))$	

	S'	S''	
5)	$(a,c), b$	$((a,c), b)$	
6)	$(a,c), b$	$(b, (a,c))$	(II)
7)	$(c,a), b$	$((c,a), b)$	
8)	$(c,a), b$	$(b, (c,a))$	

	S'	S''	
9)	$(b,c), a$	$((b,c), a)$	
10)	$(b,c), a$	$(a, (b,c))$	(III)
11)	$(c,b), a$	$((c,b), a)$	
12)	$(c,b), a$	$(a, (c,b))$	

此中 (I), (II), (III) に纏められたる各四様の順序が同一の結果を与ふることは交換の法則によりて明白なり．又 (1) の結果と (10) の結果と同一なることは即ち組み合はせの法則なり．さて (8) と (9) とも組み合はせの法則によりて同一の結果を与ふるにより畢竟，此等十二様の順序によりて到着せらるべき最後の結果は尽く同一なり．吾人の証明せんとする定理は n の 3 なる時には既に成立せり．一般の場合に於て当面の定理を証明するには数学的帰納法

(四)デリクレーの証明

を用ゐるを便なりとす．即ち先づ此定理は関係せる数が n よりも少数なるときには既に成立せるものと做し，然る上は n 個の数の関係せる場合に於ても此定理必ず成立すべきことを弁明するなり．此弁明にして承認せられなば n が 3 の場合に成立せる当面の定理は四個の数につきても，従て又五個の数につきても成立すべく，斯くて一般に成立すべきなり．

今
$$(S) \quad a, b, c, d, e, \cdots$$
なる n 個の数の与へらるるとき此中二個例へば a, b を採り出し，(a, b) を以て之に代ふるときは $n-1$ 個の数よりなれる一組 S' を得，
$$(S') \quad (a, b), c, d, e, \cdots$$

さて S' の既に定まりたる上は S' より S'' に移り，S'' より S''' に移りて最後の結果に到達するに際しては，毎次の算法の順序を如何ようになすとも常に一定の結果を得べきことは仮に容認せる所なり．是故に今は唯最初に採り出すべき二数の選択が最終の結果に影響なかるべきことを確むれば則ち足る．

最初の二数の選択は様々あり得べしと雖も其 a, b と異なるは畢竟次の二様の範疇を逸することなし．其一は a, b と全く別に c, d なる二個を採るなり．又其一は a, b の中一個，例へば a と更に第三の一数 c とを採るなり．

若し c, d を採らば $\overline{S'}$ は
$$(\overline{S'}) \quad a, b, (c, d), e, \cdots$$

なる $n-1$ 個の数より成る．S' より発足すると $\bar{S}'$ よりすると最終の結果異なるべきか．S' の中 c, d に代ふるに (c, d) を以てし，又 $\bar{S}'$ の中 a, b に代ふるに (a, b) を以てするときはいづれも，

$$(S'') \quad (a, b), (c, d), e, \cdots$$

なる $n-2$ 個の数を生ず．S' より発して到着すべき最後の結果は S'' を経て到着し得べく，$\bar{S}'$ より発するも亦然るが故に，此二様の順序は同一の終局に帰着すべし．

若し又 S の中 a, c を採りて

$$(\bar{S}') : (a, c), b, d, e, \cdots$$

を作るとき，之を S' と比較せんが為に

$$(S'') : ((a, b), c), d, e, \cdots$$
$$(\bar{S}'') : ((a, c), b), d, e, \cdots$$

を作るに S' より発して到着せらるべき最後の結果は必ず S'' を経て到着せらるべく，又 $\bar{S}'$ より発して到着せらるべきは必ず $\bar{S}''$ を経て到着せらるべし．さて

$$((a, b), c) = ((a, c), b)$$

なることは既に証明せられたるが故に S'' も $\bar{S}''$ も同一の $n-2$ 数より成れり．是故に S' と $\bar{S}'$ とは同一の終局を与ふるを知るべし．

是に至て吾人の定理は全く成立せり．

（五）

減法，除法は加法，乗法の逆なるが故に，前者に関する諸定理は畢竟(ひっきゃう)後者に関する或る事実を裏面より看取せる

に過ぎず．加法と乗法との相似たる点は又減法と除法との上にも反射せられたり．次に掲ぐるは減法及除法に関せる重なる定理にして，其証明は皆容易なり．

減法は加法の逆なりといふ事実を次の如く言ひ表はすことを得．

一，$(a+b)-b = a$

二，$(a+b)-a = b$

三，$b+(a-b) = a$

四，$a-(a-b) = b$

減数及被減数の双方に同一の数を加減するとも差は変ずることなし．

五，$(a+k)-(b+k) = a-b$
$(a-k)-(b-k) = a-b$

三つの数に加法，減法を施こすとき次の関係あり．

六，$a-b-c = a-c-b$
$= a-(b+c)$

七，$a-b+c = a+c-b$

八，$a-(b-c) = a+c-b$

九，$a+(b-c) = a+b-c$

此等の事実を拡張して次の定理を得．加法，減法を引続き行ふべき場合に於て，不能の減法の起り来らざる限り，算法の順序を変換し，或は加

除法は乗法の逆なりといふ事実を次の如く言ひ表はすことを得．

一，$(a×b):b = a$

二，$(a×b):a = b$

三，$b×(a:b) = a$

四，$a:(a:b) = b$

除数及被除数の双方に同一の数を乗除するとも商は変ずることなし．

五，$(a×k):(b×k) = a:b$
$(a:k):(b:k) = a:b$

三つの数に乗法，除法を施こすとき次の関係あり．

六，$a:b:c = a:c:b$
$= a:(b×c)$

七，$a:b×c = a×c:b$

八，$a:(b:c) = a×c:b$

九，$a×(b:c) = a×b:c$

此等の事実を拡張して次の定理を得．乗法，除法を引続き行ふべき場合に於て，不能の除法の起り来らざる限り，算法の順序を変換し，或は乗

ふべき二個以上の数に代へて其和を加へ，二個以上の減数に代へて其和を減じ，或は加ふべき数一つ，減ずべき数一つに代へて其差を加へ又は減ずるとき，終局の結果は変ずることなし．

ずべき数二個以上に代へて其積を乗じ，二個以上の除数に代ふるに其積を以てし，或は乗数一つ除数一つに代へて其商を乗じ又は除すとも，終局の結果は変ずることなし．

上に掲げたる諸式の左辺に現はれたる減法，除法は其可能なるべきを予め定めたるものにして，右辺に現はれたるは其可能なるべきことを証明すべき者なり．此等の諸定理の証明は次の例に倣ふべし．

五の証．$a+k>b+k$ なることは知られたる事実なり．今 $(a+k)=(b+k)+c$ と置く．即ち $(a+k)-(b+k)=c$ なり．

さて $(b+k)+c=(b+c)+k$ よりて $a+k=(b+c)+k$ 随て

$$a = b+c$$

是故に $a-b$ なる減法は可能にして其結果は c なり．五の後の一半を証明するには七を用ゐるべし．

八の証．$a:(b:c)$ なる式は両度の除法を包む．此等の除法はいづれも可能なり．

よりて $b:c=d, a:d=e$ となす．即ち

$$b = cd, \quad a = de$$

よりて $ac = dec = (cd)e = be$

$$ac:b$$

は可能にして其結果は e なり.

(六)

同一の数若干の加法より乗法を生じたるが如く,同一の因子若干の積は冪の観念を起す. a なる因子 m 個の積を a の m 次の冪といひ, a 自らを a の一次の冪と称す. 冪の記法は次の如し.

$$a^1 = a \tag{1}$$

$$a^m = \underset{(1)\,(2)\,(3)\quad(m)}{a \cdot a \cdot a \cdots a} \tag{2}$$

a を此冪の基数, m を其指数といふ. 指数の大小は冪の階級の高低を定む. 第二次, 第三次の冪を特に平方, 立方といふ.

冪に関する諸定理は乗法の諸定理と同様にして容易に証明し得べし.

一, 基数を同じくする冪の乗法及除法は指数の加法及減法に帰す.

$$a^m \times a^n = a^{m+n} \tag{3}$$

$$a^m : a^n = a^{m-n} \quad (m > n) \tag{4}$$

げにも等式 (3) の両辺はいづれも a なる因子 $m+n$ 個の積に等し. (4) は (3) を転倒せるに過ぎず.

此定理を冪の数二個よりも多き場合に拡張して

$$a^{m_1} a^{m_2} \cdots a^{m_n} = a^{m_1 + m_2 + \cdots + m_n} \tag{5}$$

を得.

二, 冪の冪を作るには指数を乗ずべし. 即ち

$$(a^m)^n = a^{mn} \tag{6}$$

(5) に於て $m_1, m_2, \cdots, m_n$ を尽<ruby>く<rt>ことごと</rt></ruby> m に等しとなさば (6) を得べし．

三，指数を同じくせる冪の乗法は基数の乗法に帰す．
$$a^m b^m = (a.b)^m \tag{7}$$
$$a^m b^m c^m \cdots = (abc\cdots)^m$$

<ruby>若<rt>も</rt></ruby>し (7) の第二の等式に於て $a, b, c, \cdots$ を尽く a に等しとし其数 n なりとせば再び二を得べし．a 若し b の倍数ならば
$$a^m : b^m = (a:b)^m \tag{8}$$
1 の凡ての階級の冪は 1 に等し．基数 1 より大ならば冪の大小は指数の大小に伴ふ．指数の同一なる冪の大小は基数の大小に伴ふ．即ち
$$m > n \quad ならば \quad a^m > a^n \quad (a > 1)$$
$$a > b \quad ならば \quad a^k > b^k$$

（七）

b を 1 より大なる数となし，b の倍数を
$$0, b, 2b, 3b, \cdots$$
と大さの順序に書き並べたりとするとき，a なる数が若し b の倍数ならずば，そは必ず相隣れる b の二つの倍数の間にあり．即ち
$$bq < a < b(q+1) \tag{1}$$
なるが如き数 q は必ず存在す．

ここに書き並べたる b の倍数を 0 より始めて順次一つ

一つ採りて之を a と比較し行くに，先づ 0 は a よりも小なり．b 若し a より大ならば a は 0 と b との間にありて q は即ち 0 なり．b 若し a より小ならば $2b$ を a と比較すべし．$2b$ 若し a より大ならば a は b と $2b$ との間にありて q は即ち 1 なり．$2b$ 若し a より小ならば $3b$ を a と比較すべし．此手続きを順次反復するときは竟に q なる数に到達せざるを得ず．若し然らずば b の倍数は皆 a よりも小なりといふ許すべからざる結論に陥るべし．現に ab は b の倍数にして a よりも小ならず．

(1) の条件に適すべき数 q の存在すべきことは既に知れり．今
$$a - bq = r$$
とすれば
$$r < b$$
即ち
$$a = bq + r, \quad r < b. \qquad (2)$$

a 若し b の倍数ならば $a:b=q$, $r=0$ として此式仍(なほ)成立すべきが故に，畢竟 b は 0 とは異なる数なりとするときは，a が如何なる数なりとも必ず (2) に示せる条件に適すべき q, r なる二数存在すと云ふことを得．

又 a, b を与へたる上は (2) に適すべき q, r の二数は共に一定のものなり．語を換へて之を言はば
$$a = bq' + r', \quad r' < b$$
なる条件が (2) と同時に成立するときは $q = q'$, $r = r'$ ならざるを得ず．

其故如何にといふに，此等の二条件同時に成立するとき若しq'にしてqより大ならばq'は少なくとも$q+1$に等しく，随てbq'は少なくとも$bq+b$に等しくして$bq+r$即ちaよりも大となるべし．是故にq'はqより大なることを得ず．又同様にしてq'のqより小なることを得ざるべきを証明し得べし．よりてq, q'は相等しからざるを得ず，q, q'既に相等しからばr, r'も亦た等し．

a, bなる二数より (2) によりてq, rを定むる手続きを仍ほ除法といひ，qを此除法の商rを其剰余といふ．剰余は必ず法より小なり．剰余0なるは即ち整除の場合にして，剰余0ならざるときは特に商を不完全なる商と云ふことあり．

bの倍数にして其大さaを超えざるものの中最大なるは即ちbqにして，rは$a-r$をbの倍数となすべき最小の数なり．

上文説ける所の重要なる定理は更に之を拡張することを得．

1より大なる一数eを採りて之を法となし，任意に与へられたる数aを除し商q_1及剰余r_1を得たりとするとき，再びeを以てq_1を除し商q_2及剰余r_2を得，更にeを以てq_2を除し商q_3及剰余r_3を得，逐次斯の如く回一回得来る所の商を更にeを以て除し行くときは，q_1はqよりも小，q_2はq_1よりも小，後に得る所の商は常に前に現はれたる者よりも小にして，aよりも小なる数は其数限りあるが故に，逓次得る所の商は次第に減少し行きて究局eよりも

小とならざるを得ず．今 q_{k-1} は e よりも小なりとせば q_k は 0 にして r_k は q_{k-1} に等し．即ち

$a = q_1 e + r_1, \quad r_1 < e,$

$q_1 = q_2 e + r_2, \quad r_2 < e,$

…… ……

$q_{k-1} = q_k e + r_k, \quad r_k < e, \quad q_k = 0, \quad r_k = q_{k-1}.$

等の式を得．之を一括して

$$a = r_k e^{k-1} + r_{k-1} e^{k-2} + \cdots + r_2 e + r_1. \tag{3}$$

を得．ここに $r_1, r_2, \cdots, r_k$ はいづれも e より小なる数にして，最後の r_k の外は 0 なることあり得べし．

是故に凡ての数は 1 より大なる数 e の種々の階級の冪に，e より小なる係数を乗じて得らるべき積の和として之を表はすこと，即ち e の冪級数に展開することを得．

(3) に表はされたる a の展開の記法を省略し，単に係数のみを幷(なら)べ記して，

$$a = (r_k r_{k-1} \cdots r_3 r_2 r_1)$$

と書くことを得．ここに $r_1, r_2,$ 等を幷べて書けるは乗法を示せるには非ざることを明にせんが為に特に括弧を用ゐたり．数を斯の如く展開することを e を基数とせる命数法と云ふ[3]．十といふ数を基数とせるときは即ち常用の十進法を得．或数を命数法に従ひて書き表はしたるとき其係数の数を此数の桁又は位の数と云ふ．$r_1, r_2, \cdots$ は順次第一位，第二位，…の係数なり．

---

3) 或数を命数法にて表すは此数を「冪級数」に展開するなり．函数論(アリスメチック)の思想を数の学に応用して成効せる者近時ヘンゼル氏あり．

十進法を採りて，1より9に至る数には個々特別の命名をなし，9の次の数を t とし t, t^2, t^3, t^4 をそれぞれ十，百，千，万と名づけ，

$$at^4+bt^3+ct^2+dt+e \quad (a,b,c,d,e<t)$$

の如き数を　　a 万 b 千 c 百 d 十 e

と呼ぶは我邦の命数法なり．此方法に従ふときは，僅に十三個の語を組み合はせて1より99999に至るすべての数に命名することを得．此法は全く古希臘(ギリシャ)の命数法と符合せり．

然れども我邦の命数法は此十三個の詞を用ゐて t^8 より小なるすべての数に命名す，例へば

$$at^7+bt^6+ct^5+dt^4+a't^3+b't^2+c't+d'$$

と展開せられたる数は之を

$$(at^3+bt^2+ct+d)t^4+a't^3+b't^2+c't+d'$$

と書きて　　a 千 b 百 c 十 d 万 a' 千 b' 百 c' 十 d'

と名づく．若し更に t^8 を億と名づくれば，同一の方法によりて t^{12} より小なる即ち十二桁以下のすべての数に命名することを得べし．要するに此命数法は四位を以て一節とし t 及 t^4 を第一段，第二段の基数となし，先づ t^4 を法として或る数を例へば，

$$At^8+A't^4+A''$$

の如く展開し，ここに現はれ来れる，いづれも t^4 より小なるべき係数 A, A', A'' をば更に t を法として

$$A\ =at^3+bt^2+ct+d$$
$$A'=a't^3+b't^2+c't+d'$$
$$A''=a''t^3+b''t^2+c''t+d''$$

の如く展開して，四桁以下の数の命名法を重用するを主眼とするなり．

　十進の命数法は数を言語に表はして日用の需要に応ずるの点に於て遺憾あることなし．然れども数を簡明に書き表はす方法を与へて数学の進歩を助成せるはアラビヤ数字を用ゆる記数法なり．古希臘に於て数を取扱ふ数学の発達が幾何学の進歩に伴はざりし所以（ゆゑん）は明透なる記数法の欠如せること其最大なる原因の一ならずとせんや．

　e を基数とせる記数法に於て一般に桁数 k なる数 a は次の不等式に適合すべし．
$$e^k - 1 \geq a \geq e^{k-1}$$

例へば十進法に於て桁数 k なる数は 10^{k-1} 即ち 9 を k 個并（なら）べて書き表はさるる数よりも大ならず．又 10^{k-1} 即ち 1 の右に 0 を $k-1$ 個并べて書き表はさるる数よりも小ならず．

　げにも
$$a = (p_k p_{k-1} \cdots p_2 p_1)$$
$$= p_k e^{k-1} + p_{k-1} e^{k-2} + \cdots + p_2 e + p_1$$
となすときは $p_1, p_2, \cdots, p_k$ はいずれも e より小，即ち多くとも $e-1$ に等しきが故に
$$p_k e^{k-1} \leq (e-1) e^{k-1} = e^k - e^{k-1}$$
$$p_{k-1} e^{k-2} \leq (e-1) e^{k-2} = e^{k-1} - e^{k-2}$$
$$\cdots$$
$$p_2 e \leq (e-1) e = e^2 - e$$
$$p_1 \leq e-1 = e-1$$

随て
$$a \leqq e^k - 1$$
是れ当面の不等式の前一半なり．其後一半は a の最高位の係数 p_k の決して 0 たること能はず．随て少なくとも 1 に等しからざるを得ざることに注意せば自ら明了なるべし．

　基数を同じくせる記数法によりて書き表はされたる二つの数の大小は第一其桁数の大小に従ふ．桁の数同じき二つの数にありては最高位の係数の大小，或は同位にして係数異なる最高位の其係数の大小に従ふ．

　実にも第一，a は桁数 k，a' は桁数 k' にして $k' > k$ ならば上に証明せる所により，
$$a' \geqq e^{k'-1} \geqq e^k > a$$
　第二，a, a' は桁数共に k にして最高位の係数 a にありては p，a' にありては p' にして $p' > p$ なりとせば，
$$a' \geqq p' e^{k-1}$$
さて $p' > p$ 即ち $p' \geqq p + 1$ より
$$a' \geqq p e^{k-1} + e^{k-1}$$
を得．又 a の最高位一桁を消去したる後残留する所の記号の表はせる数は桁数 $k-1$ なるが故に e^{k-1} よりも小なり．而して此数に $p e^{k-1}$ を加ふれば a を得べきにより，
$$p e^{k-1} + e^{k-1} > a$$
即ち
$$a' > a$$
なり．若し又 a, a' に於て最高位若干の係数は相一致し e^{k-1} の位に至りて始めて相異なる係数を有し，其係数 a にありては q，a' にありては q' にして $q' > q$ なりとせば a,

a' は次の如き形を成すべし．

$$a = (p\cdots q\cdots) = (p\cdots)e^k + b$$
$$a' = (p\cdots q'\cdots) = (p\cdots)e^k + b'$$

ここに b, b' と書けるはそれぞれ a, a' の展開の左端より相一致せる部分を消去せる後残留する所のいづれも桁数 k なる数にして，b, b' の最高位の係数は q, q' なり．是故に b' は b よりも大きく，随て之に同一の数 $(p\cdots)e^k$ を加へて得らるべき和につきても a' は a よりも大なるを知るべし．

斯の如く展開の係数を比較して数の大小を識別し得べきにより，翻て又凡て数は基数の定まるとき唯一の展開を有することを知るべし．

（八）

数ありて後命数法あり．命数法は数を表はす方法のあまたあり得べきが中の一なるに過ぎざることを再び繰り返さんはくたくだし．十進法に於ける四則即ち加減乗除の演算に於ても亦思想の本末先後につきて同様の注意を要するの点あり．

通常，四則の演算と称するは十進法にて表はされたる二個以上の数の間に加法，減法，乗法又は除法を施こして得らるべき結果を再び十進法に表はさんとするを目的とし，其為に設けたる，成るべく簡短にして秩序ある手続きたるに過ぎず．即ち是れ算法を実行するの手段種々あり得べきが中の一なり．さればかかる演算の方法定まりて後始て加減乗除算法の意義定まれるにあらざること論を俟たず．

四則演算の手段は，数ふるといふ手続きに尽きたり．如何なる演算も数ふることによりて成し得ざるはなし．唯推理の力に藉りて成るべく器械的の手続きを節約せんとする処に工夫(くふう)の余地を存す．事実の上につきて言はば，かく器械的に数ふべきは十以下の数に関する算法の場合のみに限ることを得べく，此狭小なる範囲内に於ける算法の結果は之を記憶すること難(かた)からざるが故に器械的に数ふることは全く之を避け得べし．

　四則演算は社会的生存に於て日用必須にして，其知識は常識ある人々の共有なり．然れども其大綱につきて此処に数言を費やすの必要あり．

　加法の演算は十以下の数の加法の反復に帰す．今

$$A = (\cdots a_3 a_2 a_1)$$
$$A' = (\cdots a'_3 a'_2 a'_1)$$
$$\cdots\cdots\cdots\cdots$$

等の和

$$S = (\cdots s_3 s_2 s_1)$$

を求めんとするに，先づ和の第一位の数字（係数）より始むべし．加ふべき数の第一位の係数 $a_1, a'_1, \cdots$ をとり之を加へて $q.t + s_1$ を得たりとす．t は十を表はし s_1 は t よりも小なる数なり．しかするときは s_1 は即ち S の第一位の係数に外ならず．其故は

$$A = Q.t + a$$
$$A' = Q'.t + a'_1$$
$$\cdots\cdots\cdots\cdots$$

と書くときは
$$S = A + A' + \cdots = (Q + Q' + \cdots)t + (a_1 + a_1' + \cdots)$$
$$= (Q + Q' + \cdots + q)t + s_1$$
にして s_1 は t よりも小なればなり．さて
$$S = S_1. t + s_1$$
$$S_1 = Q + Q' + \cdots + q$$
と書くときは S の第二位の係数 s_2 は即ち S_1 の第一位の係数に外ならず．之を求むるには $A, A', \cdots$ に代ふるに其右端の一桁を消去して得らるべき $Q, Q', \cdots$ 等の数を以てし，尚 q なる数をも併せ採りて再び上に述べたる手続きによるべし．斯の如くして順次に S のすべての位の係数を求むることを得．

減法の演算も亦循進的なり．
$$A = (\cdots a_3 a_2 a_1)$$
$$B = (\cdots b_3 b_2 b_1) \qquad A > B$$
なる二つの数の差を
$$D = A - B = (\cdots d_3 d_2 d_1)$$
となし，先づ其第一位の係数 d_1 を求めんとするに二個の場合を区別せざるべからず．

第一，$a_1 \geqq b_1$ なるときは $d_1 = a_1 - b_1$ なり．実にも
$$A = Pt + a_1$$
$$B = Qt + b_1$$
と置くときは P は決して Q より小ならず．而して
$$D = (P - Q)t + d_1$$
にして d_1 は t よりも小なること明なり．さて $P = (\cdots a_3 a_2)$,

$Q=(\cdots b_3b_2)$ にして D の第二位の係数は $P-Q=D_1$ の第一位の係数に同じ.

第二, $a_1<b_1$ ならば $d_1=t+a_1-b_1$ なり. 此場合には $P-1$ は決して Q より小ならず,

$$D = (P-1-Q)t+d_1$$

にして D の第二位の係数は $D_1=(P-1)-Q$ の第一位の係数なり.

斯の如き手続きにより順次 $d_1, d_2, d_3, \cdots$ を求め得べし.

乗法の演算は分配の法則によりて先づ一般の場合を分解して乗数十を超えざる場合に帰着せしめ, 更に乗数十より小なる乗法を分解して因子 両(ふた)ながら十より小なる場合に帰着せしめ, 斯くの如くにして求め得たる部分的の積を尽く加へ合はすを其主眼とす. 十以下の数二個の積の表は即ち九々の表なり.

二つの数の積の第一位の係数は此等の数の第一位の係数の積の第一位の係数なり. 実(げ)にも A, B なる二数の第一位の係数をそれぞれ a, b となすときは,

$$A = A'.t+a, \quad B = B'.t+b$$

にして又 a, b の積の第一位の係数を c と名づくれば,

$$ab = qt+c$$

而して

$$AB = (A'B't+A'b+B'a+q)t+c$$

にして c は t よりも小なるが故に AB の第一位の係数は c に外ならず.

二つの数の積の位数は因子の位数の和に等しきか, 或は

之より少なきこと一個なるべし．

其故如何にと云ふに A は m 位 B は n 位の数なりとすれば，
$$e^m > A \geq e^{m-1}, \quad e^n > B \geq e^{n-1}$$
随て
$$e^{m+n} > A.B \geq e^{m+n-2}$$
是によりて積の位数は少なくとも $m+n-1$ を下らず，多くとも $m+n$ を出でざるを知るべし．

以上二個の事実は記数法の基数に拘(かか)はらず常に成立す．

(九)[4]

比較的最複雑なるを除法の演算とす．
$$A = (a_1 a_2 a_3 \cdots a_m)$$
$$B = (b_1 b_2 b_3 \cdots b_n)$$
$$A > B$$
なる二個の数よりして
$$A = B.Q + R, \quad R < B$$
なる条件に適すべき Q 及 R を求めんとす．

商の位数は $m-n+1$ 又は $m-n \ (m \geq n)$ なるべきことは明白なり．今此二つの場合を区別すること次の如し．

A の最高位 n 個を其儘採りて作りたる数 $(a_1 a_2 \cdots a_n)$ を B と比較するに，

第一，此数若し B より小ならずば，之を A' と名づく．

---

[4] 本節の証明中最有力なる論拠は関係せる数が尽く自然数なる結果として $a > b$ より直に $a \geq b+1$ を得るにあり．此点最注意を要す．

然するときは，
$$A = (a_1a_2\cdots a_n)t^{m-n} + (a_{n+1}a_{n+2}\cdots a_m)$$
$$\geq A't^{m-n}$$
$$\geq Bt^{m-n}$$
よりて
$$Q \geq t^{m-n}$$
即ち商の位数は少なくとも $m-n+1$ を下らず．然れども又 $m-n+1$ より大なることを得ざるにより，是れ実に商の位数なり．

第二，$(a_1a_2\cdots a_n)$ 若し B より小なるときは，
$$A < \{(a_1a_2\cdots a_n)+1\}t^{m-n} \leq Bt^{m-n}$$
$$Q < t^{m-n}$$
にして Q の位数は $m-n$ より大なることを得ず．然れども又 $m-n$ より小なることあるべからざるが故に商の位数は $m-n$ なり．此場合に於ては A の最高位 $n+1$ 個の係数より作りたる数 $(a_1a_2\cdots a_{n+1})$ を A' と名づく．

第一，第二の場合を通じて商の最高位を t^k の位とす．k は第一の場合にありては $m-n$ に同じく第二の場合にありては $m-n-1$ に同じ．A に於ける左の端より n 番目又は $n+1$ 番目の位は即ち t^k の位なり．

商の位数既に定まりたる後，
$$Q = (q_1q_2\cdots q_{k+1})$$
の各々(おのおの)の位の係数は最高位より始めて循進的に求め得らるべし．

例一，　$A = 76254$，　　$B = 63$
　　　　$A' = 76$，　$A = 76 \times 10^3 + 254 > B \times 10^3$
　　　　　　　$Q > 10^3$

商は四桁の数なり．

例二，$A = 230689$，　　$B = 394$
　　　　$A' = 2306$，　$A = 2306 \times 10^2 + 89 > B \times 10^2$
　　　　　　　$Q > 10^2$

商は三桁の数なり．

　第一，第二の場合に於て別々に定めたる A' なる数は明に Bt よりも小なり．今
$$(q_1+1)B > A' \geqq q_1 B \quad (q_1 < t)$$
によりて q_1 を定むればこは即ち Q の最高位の係数なり．実にも
$$A \geqq A' t^k \geqq B . q_1 t^k$$
又 $B(q_1+1) > A'$ なるにより　$B(q_1+1) \geqq A'+1$　随て
$$B . (q_1+1) t^k \geqq A' t^k + t^k > A$$
即ち
$$B . (q_1+1) t^k > A \geqq B . q_1 t^k$$

　さて BQ は B の倍数にして A を超えざる者の中最大なるものなるにより，
$$(q_1+1) t^k > Q \geqq q_1 t^k$$
q_1 の果して Q の最高位の係数なるを知り得たり．

　さて
$$A_1 = A - B . q_1 t^k$$
$$Q_1 = Q - q_1 t^k$$

と置くときは
$$A = B.\{q_1 t^k + Q_1\} + R$$
$$A_1 = B.Q_1 + R$$
$$Q_1 < t^k, \quad R < B$$

にして Q の起首より第二位の係数 q_2 は即ち Q_1 の最高位の係数にして，こは A, B に代ふるに A_1, B_1 を以てしたる後同様の手続きによりて求めらるべきものなり．但 $A_1 < B.t^{k-1}$ なる場合には $Q_1 < t^{k-1}$ にして q_2 は 0 となる．此場合には直に $A_1 = A_2$, $Q_1 = Q_2$ と置き A_2 及 B より q_3 を決定せざるべからず．斯の如くにして順次 Q の係数 $q_1, q_2, q_3, \cdots$ を求め最後に剰余 R に到着することを得．

商の最高位の係数 q_1 は
$$B.(q_1+1) > A' \geq B q_1$$
なる不等式によりて決定すべきものなり．さて実際上之を決定する方法は如何．q_1 は少なくとも 1 を下らず，多くとも 9 を超えざる数なるが故に 1 乃至 9 の数を点検して之を定むることを得．即ち先づ $9B$ を求めて之を A' と比較すべし．$9B$ 若し A' より大ならずば q_1 は即ち 9 なり．$9B$ 若し A' より大ならば $8B$ を求めて之を A' と比較すべし．斯の如くにして始めて A' より大ならざる積を得たるとき，B に乗じたる数は即ち q_1 なり．然れども実際の計算に於ては次に述ぶる方法によりて此点検の範囲を減縮することを得べき場合甚(はなは)だ多し．

第一の場合に於ては a_1，第二の場合に於ては $(a_1 a_2)$ を採りて之を a' と名づく．さて a' を b' にて除して商 p を

得．又 a' を b_1+1 にて除し商 p' を得たりとせば，求むる所の q_1 なる数は p, p' の間を出でず．即ち
$$p' \leqq q_1 \leqq p$$
なり．先づ
$$a't^{n-1}+t^{n-1} > A \geqq a't^{n-1}$$
$$b_1t^{n-1}+t^{n-1} > B \geqq b_1t^{n-1}$$
なることは明なり．さて
$$b_1(p+1) > a' \quad 故に \quad b_1(p+1) \geqq a'+1$$
随て
$$(p+1)B \geqq b_1t^{n-1}(p+1) \geqq a't^{n-1}+t^{n-1} > A'$$
よりて q_1 は $p+1$ よりは小即ち p より大ならざることを知る．又
$$a' \geqq (b_1+1)p'$$
$$A' \geqq a't^{n-1} \geqq p'(b_1t^{n-1}+t^{n-1}) > p'B$$
よりて q_1 は p' より小なることを得ざるを知る．

是故に q_1 を捜索するには p' 乃至 p の諸数を点検すれば則ち足る．B の首めより第二位の係数 b_2 が 0 に近ければ q_1 は p に近く，又 b_2 が 9 に近からば q_1 は p' に近し．

例へば例二に於て $a'=23$ 之を 3 及 4 にて除し $p=7$, $p'=5$ を得，q_1 は $7, 6, 5$ の中いづれか一つなることを知る．実は $q_1=5$ なり．$394 \times 5t^2 = 1970t^2$ を A より引きて，
$$A_1 = 33689$$
を得．A_1, B につきて同一の手続きを反復して商の第二位の係数を求めん為に先づ
$$A_1' = 3368$$

をとり q_2 の 8 なることを知る．以下類推すべし．此演算は実際に於ては次の如く排列せらるることは，人のよく知る所なり．

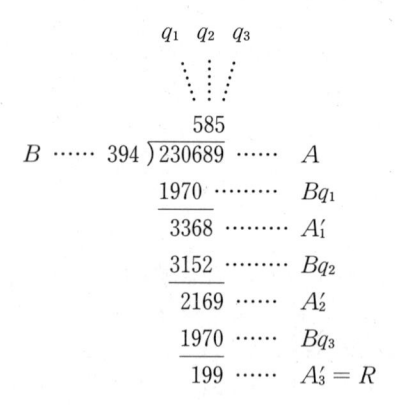

$$
\begin{array}{r}
q_1\ q_2\ q_3 \\
\end{array}
$$

$$
\begin{array}{rl}
& 585 \\
B\ \cdots\cdots\ 394\,&)\overline{230689}\ \cdots\cdots\ A \\
& \underline{1970}\ \cdots\cdots\ Bq_1 \\
& 3368\ \cdots\cdots\ A'_1 \\
& \underline{3152}\ \cdots\cdots\ Bq_2 \\
& 2169\ \cdots\cdots\ A'_2 \\
& \underline{1970}\ \cdots\cdots\ Bq_3 \\
& 199\ \cdots\cdots\ A'_3 = R \\
\end{array}
$$

第三章　負数，四則算法の再審

広義に於ける整数の定義，其命名，アルキメデスの法則，数学的帰納法の原理／加法及其性質／正数及負数，減法の可能，絶対値／乗法及其性質，除法

(一)

　負数の観念を説明するに当りて，吾輩は第一章に掲げたる順序数の原則を考究の基点となさんとす．

　順逆両面に亙りて限りなく連続せる，（例へば西暦の年号の如き）ものの順序を表はさんとするに当りて，単に第一章に説きたる順序数のみを用ゐるときは，応用の敏活を欠くこと甚しく，稍複雑なる問題に遭遇するときは，多数の場合を区別するを避け難く，其煩殆ど堪ふるべからず．此弊を矯めんと欲せば，数の範囲を拡張して所謂負数（負の整数）を導入せざるべからず．

　然れども吾輩は或る特殊の応用上の傾向に固着せずして最，抽象的に此広義の「数」の意義を定め，且此機会を利用して再び四則算法の意義を精密に審査せんとす．

　所謂広義の数は次の条件によりて定めらるるものなりとす．

一，凡て相異なる二つの数の中，いづれか唯一つは他の一つより大なり．

甲, 乙, 丙なる数ありて, 甲は乙より大, 乙は丙より大ならば, 甲は又丙より大なり．

甲が乙より大なるときは, 乙は甲より小なりといふ. よりて, 甲は乙より小, 乙は丙より小ならば, 甲は又丙より小なり．

二，凡て数には直ちに之に次ぐ数あり．又直ちに之に先だつ数あり．

乙が直ちに甲に次ぐとは, 甲より大にして, 乙より小なる第三の数存在せざるを謂ひ, 乙が直ちに甲に先だつとは甲が直ちに乙に次ぐを謂ふ．

三，相異なる数甲, 乙の中, 乙を甲より大なりとせば, 甲より直ちに之に次ぐ数に移り, 又此数より直ちに之に次ぐ数に移り, 次第に斯の如くなし行きて竟に乙に到達することを得[5]．

---

5) 第五八頁の三条を原則と名づけたり．現代の数学にては之を公理（Axiom）と称すべし．而して此三条は又此処に所謂数（正負整数及零）の観念の定義に外ならず．公理の語誤解を起すの虞ありと信ずべき理由ありて, 故らに之を用ゐざりき．

　精密に考ふれば次の如き疑問を生ず．曰く, 此等の三原則は果して独立なりや, 相互無関係なりや. 又曰く此等の三原則は自家撞着を含まずや．例へば第二原則は第一原則の論理上必至の結果ならずや又第三原則は果してよく第一, 第二の両原則と相容るや否や．此重要なる問題は此書全体の調子に諧ふには, 余り高きに過ぎたり．

以上は数及び大小といふ語の定義なり．何故に数はかくあらざるべからざるかといふは意義なき疑問なり．姑らく吾人は数の観念を失へりとすべし．是時に当りて卒然吾人の面前に投ぜられたるは上文の定義にして，数とはかかるものぞと告げられたる吾人は此三個条の規定を前提となして，ここに定められたる「数」なるものの性質を研究せんとす．是吾人の立脚点なり．若此立脚点を忘するときは，或は恐る，後文説明の途上，二段論法の迷宮裡に没入して茫然自失するに了らんことを．

　吾輩は先づ上の三個の条件の最直接なる論理的結果の二三を挙げんとす．

　順序数の原則として第一章に列挙せる四個条と上文の規定とは，先づ其第一条に於て相背馳せり．凡て数には直ちに之に先てる数ありとなせるが故に，数に最小の者あるを得ず．是れ第一章の第四条を否認せるなり．又凡て数には直ちに之に次ぐ数ありとなせるが故に，数に最大の者あることを得ず．

　第二条に於て凡て数には直ちに之に次ぐ数及直ちに之に先だつ数あるべきを言へり．さて斯の如き数は各唯一個に限り存在することを得．或一つの定まりたる数 a を考ふるに，a' 若し直に a に次ぐ数なるときは，a' と異なる数 a'' は直に a に次ぐ数にはあらず．其故如何にといふに a' と a'' とは異なるが故に第一条によりて a'' は a' より大なるか又は a'' は a' より小ならざるを得ず．a'' 若 a' より大ならば a'' は直ちに a に次ぐ数にあらず．又 a' は直ちに a

に次ぐ数なるにより，a, a'の中間第三数あるを容(ゆる)さず．

随(したが)てa''若a'より小ならばa''はaと同じ数なるか又はaよりも小なる数ならざるを得ず．いづれにしてもa''は直ちにaに次ぐ数には非(あら)ず．直ちにaに先(さきだ)てる数につきても亦(また)同じ．

b若(も)しaより大ならば，aより直ちに之(これ)に次ぐ数に移り，此数より又直ちに之に次ぐ数に移り，次第に斯くなし行きて竟(つひ)にbに到達することを得べしとは第三条の規定なり．さて，各の数には直ちに之に次ぐ及び直ちに之に先だつ唯一個の数あるべきにより，斯の如くにしてaよりbに移り行く径路を遡りてbよりaに到達することを得べきや必せり．

斯の如くにしてaよりbに又bよりaに到達し得べしといふ事実をアルキメデスの法則といふ[6]．

アルキメデスの法則は数学的帰納法の基礎をなす．正又は負の整数の関係せる定理を証明せんとするに当り，先づ其証明の第一段に於て此整数を或一個の特別なる数例へばn_0となすとき，此定理の成立すべきを弁明し，次に第二段に於て，姑らく此定理は一般に該整数がnなるとき成立せるものと仮定し，さて然(しか)る上は此定理は必ず又直ちにnに次ぐ数につきても成立せざるべからざることを弁ず．しかするときは此定理は既にn_0につきては成立せるが故に又

---

6) 「アルキメデスの法則」の語は便利上仮用せるに過ぎず．所謂アルキメデスの法則は第八章に説ける者なり．両者全く類似の形象を具(そな)へざるに非ず．

直ちに n_0 に次げる数につきても成立すべく，既に直ちに n_0 に次げる数につきて成立せる上は，又直ちに此数に次げる数につきても成立すべく，一般に n_1 を n_0 より大なる任意の数なりとせば，次第に斯くの如く推して竟に此定理は n_1 につきても，即ち n_0 より大なる如何なる数につきても成立すべきことを確むるを得．若し第二段に於て n より直ちに n に先てる数に推移することを得ば，此定理は又凡て n_0 より小なる数につきても成立すべきことを知るべし．或は第二段に於て，n_0 より n に至る凡ての数につきて此定理正当なりと仮定し，此仮定を前提として，此定理の直ちに n に次ぎ，又は直ちに之に先だてる数につきても正当なるべきを証明するも亦可なり．凡ての場合に於てアルキメデスの法則が此論法の骨子なるを看取すべし．

数の中より任意に一つを採りて之を 0 と名づく，直ちに 0 に次ぐ数を $\overrightarrow{1}$，直ちに $\overrightarrow{1}$ に次ぐ数を $\overrightarrow{2}$ …と名づけ，又直ちに 0 に先だつ数を $\overleftarrow{1}$，直ちに $\overleftarrow{1}$ に先だつ数を $\overleftarrow{2}$ と名づく．小なる数を左，大なるを右にして，数の順序は次の如し．

$$\cdots \overleftarrow{3}, \overleftarrow{2}, \overleftarrow{1}, 0, \overrightarrow{1}, \overrightarrow{2}, \overrightarrow{3}, \cdots$$

0 より大なる数を正数，0 より小なる数を負数といふ．0 は中性の数なり．

数字の上に附記せる箭は，其数の符号にして，常用の記法に於ては ｜ 又は　を数字の前に置きて，之を表はす．此一節に於て故らに常用の記法に乗けるは，依りて論理の了解を扶けんが為なり．a, n の如き文字を以て数を表はせ

る場合には，此文字は数字を代表せるにあらずして，一つの数を（数字及符号を併せて）表はせるものなりとす．又「直ちに a に次ぐ数」，「直ちに a に先だつ数」を表はすに a^+, a^- なる記号を用ゆ，是れ即ち常用の記法にて $a+1$, $a-1$ と書かるべきものなり．「直ちに a に次ぎ，又は直ちに a に先てる数」といふべき場合には $a^\pm$ を用ふ．同一の算式の中にて，$\pm$ 又は $\mp$ の重記号を用ふる場合には，各処上号，又は各処下号を採りて，二個の事実を得べきことを示せり．例へば 0^+ は $\overrightarrow{1}$，0^- は $\overleftarrow{1}$，又 $(\overrightarrow{1})^+$ は $\overrightarrow{2}$，$(\overrightarrow{1})^-$ は 0 を表はし，

$$(\overrightarrow{3})^\pm > (\overrightarrow{2})^\pm$$

は $(\overrightarrow{3})^+ > (\overrightarrow{2})^+$ 及 $(\overrightarrow{3})^- > (\overrightarrow{2})^-$ を併せ表せるが如し．

凡てある数に直ちに次げる数及直ちに先てる数は各唯一個に限り存在せるが故に，

$$(a^\pm)^\mp = a$$

又　$a^\pm = b$　と　$b^\mp = a$　とは同一の事実を表せり．

（二）

広義の数に適用せらるべき一種の算法を次の等式によりて定むべし．

> I.　$(a, 0) = a$
> II.　$(a, b^+) = (a, b)^+$

第二等式の意義は，a と直ちに b に次ぐ数とに此算法を施せる結果は，a と b とに此算法を施して得たる数に直ちに次ぐ数に等しといふにあり．ⅠもⅡも a, b が如何なる

数なりとも必ず成立すべきものとなす．

今 II に於て b に代ふるに b^- を以てするときは，
$$\text{II}^* \quad (a, b^-) = (a, b)^-$$
を得，II, II* を一括して
$$\text{II}^{**} \quad (a, b^{\pm}) = (a, b)^{\pm}$$
となすことを得．

I, II は循環的に凡ての数に施こせる此算法の結果を与ふ．例へば a を $\overrightarrow{1}$ とせんに先づ I によりて
$$(\overrightarrow{1}, 0) = \overrightarrow{1}$$
次に II によりて
$$(\overrightarrow{1}, \overrightarrow{1}) = (\overrightarrow{1}, 0^{|}) = (\overrightarrow{1}, 0)^{|}$$
さて $(\overrightarrow{1}, 0)$ は $\overrightarrow{1}$ にして $\overrightarrow{1}^+$ は $\overrightarrow{2}$ なるにより
$$(\overrightarrow{1}, \overrightarrow{1}) = \overrightarrow{2}$$
同趣の論法によりて
$$(\overrightarrow{1}, \overrightarrow{2}) = \overrightarrow{2}^+ = \overrightarrow{3}$$
又
$$(\overrightarrow{1}, \overleftarrow{1}) = 0$$
$$(\overrightarrow{1}, \overleftarrow{2}) = \overleftarrow{1}, \cdots$$

一般に a を如何なる数なりとするも $(a, 0)$ は I によりて定まれるが故に，II によりて順次 $(a, \overrightarrow{1})(a, \overrightarrow{2})\cdots$ 及 $(a, \overleftarrow{1})(a, \overleftarrow{2})\cdots$ を定め得べく，b を如何なる数とするも，アルキメデスの法則により，斯の如くになし行きて竟に (a, b) を定め得べし．I, II は寔に　の算法を定むるものなり．

今数学的帰納法を用ゐて，比算法の諸性質を証明せんと

す.

一，組み合せの法則　$((a, b), c) = (a, (b, c))$

第一段，c が 0 なるときは，I によりて此定理成立すること分明なり．

第二段，c につきて此定理成立するものとせば

$$((a, b), c^{\pm}) = ((a, b), c)^{\pm} \quad \text{II}^{**} \text{ による,}$$
$$= (a, (b, c))^{\pm} \quad \text{仮定による,}$$
$$= (a, (b, c)^{\pm}) \quad \text{II}^{**} \text{ による,}$$
$$= (a, (b, c^{\pm})) \quad \text{前に同じ,}$$

即ち此定理は $c^{\pm}$ につきても亦成立す．

二，　$(a^{\pm}, b) = (a, b)^{\pm}$

II** にては関係せる二つの数の中後者に $\pm$ を附せり．ここに証明せんとする定理にありては前の数に $\pm$ を附けたり．

第一段，b が 0 なるときは此定理は I によりて，無論成立す．

第二段，記法の混乱を避けんが為に，先づ此定理を a^+ のみにつきて証明すべし，此定理 b につきて成立すと仮定せば

$$(a^+, b^{\pm}) = (a^+, b)^{\pm} \quad \text{II}^{**} \text{ による,}$$
$$= \{(a, b)^+\}^{\pm} \quad \text{仮定による,}$$
$$= \{(a, b)^{\pm}\}^+ \quad \pm \text{ の意義による,}$$
$$= (a, b^{\pm})^+ \quad \text{II}^{**} \text{ による,}$$

即ち此定理は $b^{\pm}$ につきても仍ほ成立す．a^+ に代ふるに a^- を以てするとき亦同じ．

三，$(0, a) = a$

第一段，a の 0 なるときは論を俟たず．第二段，a より $a^{\pm}$ に移らんに，II** によりて $(0, a^{\pm}) = (0, a)^{\pm}$．さて既に $(0, a) = a$ なりとせるが故に $(0, a^{\pm}) = a^{\pm}$

四，交換の法則　$(a, b) = (b, a)$

二，三は実は此法則を証明するの予備なりしなり．第一段，b が 0 なるときは交換の法則は三によりて無論成立す．第二段，此法則 b につきて成立せりと仮定せば

$$(a, b^{\pm}) = (a, b)^{\pm} \quad \text{II**による，}$$
$$= (b, a)^{\pm} \quad \text{仮定による，}$$
$$(b^{\pm}, a) \quad \text{二による，}$$

即ち交換の法則は $b^{\pm}$ につきて，随て b が如何なる数なりとも，成立せり．

組み合せの法則と交換の法則と既に証明せられたる上は第二章（四）に説きたる定理を此算法に適用し得べきこと論を俟たず．

五，$a > b$ ならば，c を如何なる数となすとも $(a, c) > (b, c)$ なり．

a につきて数学的帰納法を適用せんに，第一段，a を直ちに b に次げる数 b^{+} となすときは，勿論 $b^{+} > b$．さて (b^{+}, c) は二によりて $(b, c)^{+}$ に等しきが故に，$(b^{+}, c) > (b, c)$ 即ち当面の定理は a が b^{+} なるとき既に成立せり．第二段，a より a^{+} に移らんに，$(a^{+}, c) = (a, c)^{+} > (a, c)$ さて $(a, c) > (b, c)$ なりといふが故に，大小といふ語の意義によりて，$(a^{+}, c) > (b, c)$ なり．是故に，此定理は a が

b より大なるときは恒(つね)に成立す．a が b より大なるときは (c, a) も亦 (c, b) より大なるべし．

六，$a'>a$，$b'>b$ より $(a', b')>(a, b)$ を得．

五によって $a'>a$ より
$$(a', b') > (a, b')$$
又 $b'>b$ より
$$(a, b') > (a, b)$$
を得．此二つの不等式は六を証明す．

七，a, b の大小，相等と $(a, c), (b, c)$ の大小相等とは相随伴す．

此定理は五によって容易に証明せらるべし．

八，此処に定められたる算法は一価の転倒を許す．詳しく言はば a, c が如何なる数なりとも
$$(a, x) = c$$
なる条件に適合せる数 x は必(かならず)，而(しか)も唯一個に限り，存在すべし．

之を証明すること次の如し．先づ c が a と同じ数なりとせば x を 0 となして此条件を充実することを得．今 c の与へられたるとき，a が如何なる数なりとも此条件に適合せる数 x 存在すと仮定し，例へば $(a, b)=c$ なりとせば II によって $(a, b^{\pm})=(a, b)^{\pm}=c^{\pm}$．是故に c に代ふるに $c^{\pm}$ を以てするときは，$b^{\pm}$ に於て，上の条件に適合せる数を得べし．是に於て数学的帰納法の両段完(まった)きを得たり．

さて上の条件に適合せる数は a, c の定まる上は唯一個に限りて存在し得べきは，七によって直ちに明了なるべ

し．

（三）

　広義の数の中，0 に先てるものを尽(ことごと)く除却して，唯
$$0, \vec{1}, \vec{2}, \vec{3}, \cdots$$
のみを保存するときは，此等の数相互の間，大小の関係は，全く狭義の順序数
$$0, 1, 2, 3, \cdots$$
に於けると同一にして，両者を区別すべき所以(ゆゑん)の者全く有ることなし．広義の数は其一部として順序数を包括せり．

　前節に於て定められたる算法を $0, \vec{1}, \vec{2}, \cdots$ のみに適用するときは，是れ即ち順序数の加法に外ならず．げにも順序数の加法は I, II の条件に適合せること明白なり．さて I, II は一定の算法を定むるものなるが故に，前節の算法は加法と異なることを得ず．前節に於て証明せる諸定理が順序数の加法に関せる諸定理と趣を同くせること，怪むに足らざるなり．

　是故に前節の算法を広義の数の加法と名づけ，常用の記法に従ひて (a, b) を表すに $a+b$ を以てすべし．

　前節最終の定理八は順序数の場合に於けると大に其趣を異にせり．此定理は広義の数の範囲内に於ては，加法の逆即ち減法の凡ての場合に可能なるべきを証せり．$c=(a, b)$ を $b=c-a$ と書くときは，第二章（五）に掲げたる減法の諸定理は広義の数につきては尽く無条件にて成立す．今其証明を反復せんは無限の耐忍を読者に要望するに似た

り．

正数
$$\vec{1}, \vec{2}, \vec{3}, \cdots$$
は順序数 $1, 2, 3, \cdots$ と全く同一なるが故に，今後正数を表すに其数字に冠せる箭を撤去して之を自然数と区別することなかるべし．0 より小なる数即ち負数
$$\overleftarrow{1}, \overleftarrow{2}, \overleftarrow{3}, \cdots$$
は次の等式に適合す，
$$\overleftarrow{1} = 0-1, \quad \overleftarrow{2} = 0-2, \cdots$$
一般に
$$\overleftarrow{n} = 0-n$$
但最後の等式にありては n は正数を表はせり．此等式は数学的帰納法を用ゐて容易に証明すべきものなれば，其証明をば読者の練習に資せんとす．

今後 $\overleftarrow{1}, \overleftarrow{2}, \overleftarrow{3}, \cdots$ を表すに常用の記法
$$-1, -2, -3, \cdots$$
を以てせんとす．

上文説明せる広義の数を整数といふ．

此処に正数負数の大小の関係及加法，減法に関する事実の中特に二三を反復して思想の明確を期すべし．

a, c 共に正数にして，c は a より小なるときは $c-a$ なる減法は自然数の範囲内にては不可能なり．今正数 $a-c$ を d と名づくれば
$$c-a = -d$$
にして此減法の結果は負数なり．

凡て正数は 0 より大，負数は 0 より小なり．従て凡て正

数は負数より大なり．一般に a, b を以て正又は負の数となすとき，$a-b$ が正数又は負数なるに随て a は b より大或は小なり．げにも（二）の七によりて $a-b$ と 0 との大小は $a-b+b$ 即ち a と $0+b$ 即ち b との大小に随伴すべきなり．

a, b を正数となさば $-a, -b$ は負数にして其大小は a, b の大小に反せり．げにも
$$(-a)-(-b) = (0-a)-(0-b)$$
右辺の式を第二章（五）の定理を用ゐて変形し
$$(-a)-(-b) = b-a$$
を得．是故に
$$a \gtreqless b \quad \text{と共に} \quad (-a)-(-b) \lesseqgtr 0 \quad \text{即ち}$$
$$(-a) \lesseqgtr (-b)$$

a が如何なる数なりとも，$-a$ を以て，
$$a+(-a) = 0$$
なる条件に適合せる数を表し，$a, -a$ を反対の数と名づく．例へば a を 1 とせば，之に反対せる数即ち $-a$ は 1 なり．

或数を加ふるは之に反対せる数を減ずるに同じく，又或数を減ずるは之に反対せる数を加ふるに同じ．げにも $b+a$ を c と名づくれば
$$c = c+\{a+(-a)\} = \{c+(-a)\}+a$$
即ち $c+(-a)$ は
$$c = x+a$$
の x に代入して，此等式を成立せしむべき数なり．よりて

$$b = c+(-a)$$

即ち

$$b-(-a) = c = b+a$$

bにaを加ふるも又はbよりaに反対せる数を減ずるも其結果同一なり．$-a$に代ふるにaを以てせば，此等式はbよりaを減ずるは，bにaに反対せる数を加ふるに同じきを表せり．正数，負数を打して一団とせる広義の数の範囲内にありては，加法，減法，其致一なり．

0は0自らに反対せる数なり．a若し0にあらずばa, $-a$の中一は正数にして他の一は負数なり．げにも仮にa, $-a$共に正数或は共に負数，即ち共に0より大又は共に0より小なりとせば，其和$a+(-a)$も亦或は0より大或は0より小なるべき筈なり．相反対せる二つの数の中，正数なるものを，此等の数の絶対値と云ふ．$a, -a$の絶対値は同一なり．aの絶対値を表すに$|a|$なる記号を用ゆ．例へばaを-5となさば$|a|=5$.

α, βの絶対値をa, bとなすときはα, βの和の式次の如し．

α, β共に正，　　　　　$\alpha+\beta = a+b > 0$

α, β共に負，　　　　　$\alpha+\beta = -(a+b) < 0$

α, βの中一　$\begin{cases} a > b \\ a < b \end{cases}$ $\begin{matrix} \alpha+\beta = a-b > 0 \\ \alpha+\beta = -(b-a) < 0 \end{matrix}$
は正，一は負，

正負の数を其大さの順序に排列せる式

$$\cdots, -3, -2, -1, 0, 1, 2, 3, \cdots$$

を利用して，次の如く，加法の応用上の意義を定むること

を得. 曰, a に正数 b を加へて得べき和は直ちに a に次げる数より順に数へて第 b 番目に当れる数にして, 又 a に負数 $-b$ を加ふとは直ちに a に先てる数より逆に数へて第 b 番目に当れる数に至るべきの謂なり. 此処 a の正負は措て問はざること論を俟たず.

げにも加法の意義をかく解釈するときは前節の I, II の成立すべきこと明白なり. a には 0 を配し, 直ちに a に次げる数には 1, 又直ちに之に次げる数には 2 を配し, 次第に斯の如くなし行きて竟に b に配せらるる数を c と名づけんに, 若し更に一歩を進めて, 直ちに c に次げる数に移らば, こは勿論 b の次の順序数に配せらるべきものなり. b に代ふるに $-b$ を以てするときは, 上の説明の中「次ぐ」と云ふ語に代ふるに「先だつ」を以てすべきなり. a に b を加ふる此手続きを b の 0 なる場合に適用して前節の I 成立すとなすことは, よく此意義に調和せりといふべし.

同様にして又 a より正数 b を減ずるは a には 0 を配し, 直ちに a に先てる数には 1, 又直ちに之に先てる数には 2, …を配し行きて竟に b に配せらるべき数に至るをいひ, 又 $-b$ を減ずるは逆の方向に此手続きを行ふをいふものとせば, b を減ずるは $-b$ を加ふるに同じく, 又 $-b$ を減ずるは b を加ふるに同じ, といふ前に述べたる加法, 減法の関係は, 遺憾なく又最明亮に解釈せらるるを見るべし.

負数は又物の数の増減を表はせるものとして解釈することを得. 吾輩が特殊の応用に固着せずして, 抽象的に負数及其加法, 減法の意義を定めたるは, 一見甚だ唐突, 不自

然，形式的なる観あるに似たりと雖(いへども)，熟ら考ふればかく抽象的に根本的の観念を定むるは，却て其観念の応用の区域を拡大する所以(かへつ)なるを知るべし．第一章，第二章に於て説きたる自然数の観念及其四則算法の意義は，物に順序を賦すること及物を数ふといふ特殊の応用上の傾向を基礎となせるが故に，一方に了解し易きの利あると共に，一方には論法の蕪雑なること及応用の範囲の始めより限定せられたるの不利あり．例へば数は長さ，時間の如き所謂(いはゆる)量の大さを表はせるものなりと考ふるときは，再び其大小及加減乗除の意義を定め，再び其間に成立すべき関係を論証するの煩労を反復するを避け難し．数は物の順序を表はせりとするも，物の数を表はせりとするも，或は量の大さを示せりとするも，此等特殊の応用上の意義以上に超立して動かざるは，其基本原則及四則の定義（例へば加法につきての前節のI, II）なり．数の加法を特殊の実際上の問題に応用せんとするものは，宜しく先づ其加法と称する所のものの果して，よく前節のI, IIの二条件に適合せるや否やを検すべし．若し此二条件にして充実せられなば，前節に説きたる，組み合はせの法則，交換の法則及其他の定理も尽く成立すべきなり．斯の如くにして個々の特殊なる応用上の意義につき，一々同趣の推論を反復するの労を避くることを得べし．第二章（四）に於て算法の順序に関する一般の定理を特に加法，若くは乗法に関するものとせずして，一般の仮定の上に其基礎を置きたる所以の者，実はここに説きたると其精神を同じくせるなり．

（四）

（二）に於て広義の数の加法に抽象的の定義を与へ，此定義を前提として加法の諸性質を証明せるに当りて，思想の紛乱を避けんが為に，故らに加法の常用記法を用ゐざりし用意は，此処に再び同様の見地より乗法を論ぜんとするに際しては，既に其要を認めざるべし．

乗法とは次の等式によりて定めらるる算法なり．

I. $a.0 = 0$

II. $a(b+1) = a.b + a$

II に於て b に代ふるに $b-1$ を以てせば

$$a(b-1) = ab - a$$

を得．之を II と併せて

II* $\quad a(b \pm 1) = ab \pm a$

を得．

I, II は循環的に一種の算法を定むるものなり．例へば a が 0 なる場合につきて言はんに，先 I によりて

$$0.0 = 0$$

次に II* によりて

$$0.(\pm 1) = 0.(0 \pm 1) = 0.0 \pm 0 = 0$$

$$0.(\pm 2) = 0.(\pm 1 \pm 1) = 0.(\pm 1) \pm 0.1 = 0$$

一般に

$$0.b = 0 \qquad (1)$$

なるべきこと，数学的帰納法によりて容易に証明せらるべし．

又 II* を用ゐて一般に
$$a.1 = a \qquad a.(\pm 1) = \pm a \qquad (2)$$
$$a.(-1) = -a$$
を得.

又 a を ± 1 となすときは,前の如くにして一般に
$$(\pm 1)b = \pm b \qquad (2^*)$$
を得. a が $\pm 2, \pm 3$ 等なる場合には斯の如く簡単なる一般の結果を得ざれども乗法の結果が凡ての b につきて,或定まりたる数なることを確め得べし.

次に掲ぐる乗法の諸性質は,いづれも数学的帰納法によりて証明せらるべきものにして,其趣(二)の諸定理に同じ.

一,加法に対する分配の法則.
$$a(b+c) = ab+ac \qquad (3)$$
$$(b+c)a = ba+ca \qquad (4)$$

(3)の証.第一段,c の 0 なるとき此定理明白なり.c より $c\pm 1$ に移るに加法の組み合せ法則及 I, II を用ゐて
$$a\{b+(c\pm 1)\} = a\{(b+c)\pm 1\} = a(b+c)\pm a$$
$$= ab+ac\pm a = ab+(ac\pm a)$$
$$= ab+a(c\pm 1)$$
特に $c=-b$ となせば (3) より
$$a.(-b) = -(ab) \qquad (5)$$
を得.是故に (3) の c に代ふるに $-c$ を以てして
$$a(b\pm c) = ab\pm ac \qquad (3^*)$$
を得.

(4) の証. a につきて数学的帰納法を適用す. a より $a\pm1$ に移るに

$$(b+c)(a\pm1) = (b+c)a\pm(b+c) = ba+ca\pm b\pm c$$
$$= (ba\pm b)+(ca\pm c)$$
$$= b(a\pm1)+c(a\pm1)$$

始めには II* に於て a に代ふるに $b+c$ 又 b に代ふるに a を以てせり. 其他は加法の性質及 II* の簡単なる応用に過ぎず.

特に $c=-b$ となせば

$$(-b)a = -(ba) \qquad (6)$$

を得. 之を利用して

$$(b\pm c)a = ba\pm ca \qquad (4^*)$$

を得.

(3), (4) を拡張して

$$a(b_1+b_2+\cdots+b_n) = ab_1+ab_2+\cdots+ab_n \qquad (3^{**})$$
$$(b_1+b_2+\cdots+b_n)a = b_1a+b_2a+\cdots+b_na \qquad (4^{**})$$

を得.

二, 組み合せの法則.

$$(ab)c = a(bc) \qquad (7)$$

c につきて数学的帰納法を適用すべし.

$(ab)(c\pm1) = (ab)c\pm(ab)$ II*
      $= a(bc)+a(\pm b)$ c につきての仮定及 (5)
      $= a\{(bc)\pm b\}$ 分配の法則 (3)
      $= a\{b(c\pm1)\}$ II*

三, 交換の法則.

$$ab = ba \qquad (8)$$

b が 0 なるときは (1)，b が ± 1 なるときは (2)，(2*) によりて，此定理既に成立せり．b につきて数学的帰納法を適用するに特別の困難あることなし．

四，符号の法則．符号同一なる二つの数の積は正数にして，符号異なる二つの数の積は負数なり．

証．a, b 共に正数なるときは其積の正数なること明なり．さて (5) は $a.(-b)$ の負数なるを示し，(6) 又は交換の法則は $(-a).b$ の負数なるを示す．$(-a) \times (-b)$ は (5) によりて其符号 $(-a)b$ の符号に反す，故に $(-a)(-b)$ は正数なるを知る．

積の絶対値は因子の絶対値の積に等しきこと明白なり．

五，$a > a'$ なるとき b 若し正数ならば又 $ab > a'b$ なり，b 若し負数ならば却て $ab < a'b$ なり．

$a - a' > 0$ なるにより $(a - a')b = ab - a'b$ の符号は b の符号に伴ふなり．

自然数の乗法は I，II の条件に適合せるが故に，此処に定めたる算法を自然数に適用する限り，其乗法と異なる結果を与ふることなきや明なり．

或は又更に一歩を進めて次の如く乗法の応用上の意義を定むることを得．曰く，或数 a に正数 b を乗ずとは a を b 個加へ合はするの謂にして，a に負数 $-b$ を乗ずとは，a に反対せる数 $-a$ を b 個加へ合はするの謂なり．更に a に 0 を乗ぜる結果は 0 なりとの規約を附加するときは，斯くして定められたる算法は果してよく I，II の二条件に適

(四) 乗法の性質

合せるものなること明白なり．故に此算法につきても亦前に証明せる諸定理の成立すべきを知るべし（前節結尾の注意を参照せよ）．

乗法の逆は正数負数の範囲内に於ても亦必しも可能ならず，a, b の与へられたるとき

$$a = b \cdot c$$

なる如き数 c 存在するときは，斯の如き数は唯一個に限り存在し得べし．而して又同時に $|a| - |b| \cdot |c|$ なるが故に数の整除の問題は直ちに正数の範囲内に帰着す．

除法の可能なる場合にありては，第二章（五）に掲げたる諸定理の正数及負数の全範囲に於ても仍ほ成立すべきこと勿論なり．

第四章　整除に関する整数の性質

整除，倍数，相合式及ガウスの記法，剰余の拡張，相合式の性質／十進法に於ける特殊なる整数の倍数の鑑識／最小公倍数及最大公約数／二つの数の最小公倍数及最大公約数，ポアンソーの幾何学的説明／一次不定方程式，一般の解答の決定，オイラーの解法／素数及合成数，合成数の素数分解，エラトステネスの篩，素数の数に限りなし／素数分解の応用

（一）

b を正数とし，其の倍数
$$\cdots, -3b, -2b, -b, 0, b, 2b, 3b, \cdots$$
を大さの順序に排列するとき，a 若し b の倍数ならずば，a は必ず二個の接続せる b の倍数の中間に落つ．今
$$qb < a < (q+1)b$$
なりとせば
$$a - qb = r$$
は b より小なる正数なり．

此の観察より直ちに次の定理を得．

一，$a, b\ (b>0)$ の与へられたるときは
$$a = qb + r, \qquad b > r \geq 0$$

(一)剰余の定理

なる条件に適すべき整数 q, r は必ず，然も唯一組に限り存在す（第二章（七）を参照すべし）．

例へば $a=-12, b=5$ となさば
$$-3\times 5 < -12 < -2\times 5$$
$$q = -3, \quad r = 3.$$

b 個の連続せる整数
$$a, a+1, a+2, a+3, \cdots, a+b-1 \quad (b>0)$$
の中，b を以て整除し得べきものは唯 個に限り存在す．其故如何にといふに，先づ
$$a = bq + r, \quad 0 \leq r < b$$
より q 及 r を定むるとき，r 若し 0 に等しからば，a 既に b を以て整除し得べし．r 若し 0 に等しからずば $k=b-r$ は $1, 2, 3, \cdots, b-1$ の中の一つに等しく，而して $a+k=b(q+1)$ は b を以て整除し得べし．是故に前に掲げたる b 個の数の中少くとも一個は b を以て整除し得べし．然れども前に掲げたる b 個の数の中 b を以て整除し得べき者一個より多くあることなし．其故如何にといふに b を以て整除し得べき数二個の差は其絶対値少くとも b を下らず．然るに（1）の諸数の中いづれの二個をとるも其差の絶対値は b より小なり．

是によりて考ふるに或整数が他の整数にて整除し得べきは極めて特別なる場合に限れり．整除といふ事が整数論に於て甚だ重要なる位置を占むること，誠に故ありと謂ふべし．

a が d にて整除せらるるときは a を d の倍数，d を a

の約数と云ふ.

二, a, a' 共に d の倍数なるときは a, a' の和及差は共に d の倍数なり.

証. a は d の倍数又 a' は d の倍数なるが故に, $a=qd$, $a'=q'd$ なる如き整数 q, q' は存在す. さて $a \pm a'=(q \pm q')d$ にして $q \pm q'$ は亦(また)整数なるが故に $a \pm a'$ は d の倍数なり. 此定理は又 d の倍数二個以上の場合にも適用せられ得べし.

三, a は b の倍数, b は d の倍数ならば, a は又 d の倍数なり.

証. $a=a'b, b=b'd$ なる如き, 整数 a', b' 存在するにより $a=a' \cdot (b'd)$ 即ち $a=(a'b')d$ 而して $a'b'$ は整数なるが故に a は d の倍数なり.

一般に $a_1, a_2, a_3, \cdots, a_n$ 等の整数ありて各(おのおの)の a は其次の a の倍数なるときは, 最初の a_1 は最後の a_n の倍数なり.

尚汎(ひろ)く $a_1, a_2, \cdots, a_n$ は各 d の倍数にして, $q_1, q_2, \cdots, q_n$ は随意に定められたる整数なるときは

$$q_1 a_1 + q_2 a_2 + \cdots + q_n a_n$$

も亦 d の倍数なり.

a, b なる二個の整数の差が m の倍数なるときは, a, b は m を法として相合へり, 又は m を法として a は b の剰余, b は a の剰余なりと云ふ. 此事実を書き表はさんが為にガウスは次の記法を用ゐたり.

$$a \equiv b \pmod{m}$$

$mod. \; m \; (modulo \; m)$ とはなほ「m を法として」と云ふが

如し．斯(かく)の如き式を相合式と云ふ．

a, b が m を法として相合へる数なるときは $a - b = qm$ 随(したがひ)て

$$a = b + qm, \quad b = a + (-q)m$$

なり．但ここに q と書けるは正又は負の整数なり．此場合に a を b の剰余，b を a の剰余（勿論 m を法として）なりと云ふは，普通の除法に於ける剰余といふ語の意義を拡張せるなり．実にも a を m にて除して剰余 r を得たりとせば a と r との差は m の倍数なり，即ちここに謂ふ所の意義に於て r は m を法としての a の剰余なり．

a が与へられたる整数なるときは

$$a + mt$$

なる数は，t が如何(いか)なる整数なりとも，必ず m を法としての a の剰余なり．a を m にて除して得べき剰余（除法の剰余）は即ち $a + mt$ の如き数の中にて最小なる正の整数に外ならず．故に之(これ)を m を法としての a の最小の正の剰余と云ふ．r が m を法としての a の最小の剰余なるときは

$$r = a + mt_0 \quad 0 \leqq r < m$$

にして

$$r' = r - m = a + (m-1)t_0$$

は其絶対値 m よりも小なる負数なり．さて r, r' の中少なくとも一方は絶対値に於て m の半を超えず．唯(ただ)，m が偶数なる場合に於て $r + r' = 0$ なること あり得べし．

$$\rho \equiv a \pmod{m} \quad 2|\rho| \leqq m$$

なる二個の条件に適する数 ρ を m を法としての a の絶対

的最小剰余と云ふ．

例へば m を 12 となすときは
$$32 \equiv 8 \equiv -4 \quad (mod.\ 12)$$
にして 8 は 32 の最小の正剰余，-4 は絶対的最小の剰余なり．又
$$-42 \equiv -6 \equiv 6 \quad (mod.\ 12)$$
にして 6 は -42 の最小の正剰余，又 6 も -6 も共に -42 の絶対的最小の剰余なり．

a が m の倍数なりといふ事実を
$$a \equiv 0 \quad (mod.\ m)$$
といふ相合式にて書き表はすことを得べし．

相合式は等式に類似せる性質を有し，加法減法，乗法に関しては恰も等式の如くに取扱ふことを得べし．

一，$a \equiv a', b \equiv b' \ (mod.\ m)$ ならば $a \pm b \equiv a' \pm b'$ $(mod.\ m)$ なり．

証．$a-a', b-b'$ は共に m の倍数なりと云ふが故に $(a \pm b)-(a' \pm b')$ 即ち $(a-a') \pm (b-b')$ も亦 m の倍数なり．

同一の数を法とせる二個の相合式を辺々相加へ又は減じて，仍同一の数を法とせる一の相合式を得．乗法につきても亦然り，即ち

二，$a \equiv a', b \equiv b' \ (mod.\ m)$ ならば $ab \equiv a'b' \ (mod.\ m)$ なり．

証．$a-a'$ は m の倍数なりと云ふが故に $(a-a')b$ 即ち $ab-a'b$ も亦 m の倍数なり，即ち

$$ab \equiv a'b \quad (mod.\ m)$$
又 $b - b'$ は m の倍数なりと云ふが故に
$$a'b \equiv a'b' \quad (mod.\ m)$$
よりて（一）によりて
$$ab \equiv a'b' \quad (mod.\ m)$$

一及二の前提を成せる相合式の数二個より多くとも，同様の定理は必ず成立すべし，一般に
$$a \equiv a',\ b \equiv b',\ c \equiv c', \cdots \quad (mod.\ m)$$
なるときは
$$\Sigma(ka^\alpha b^\beta c^\gamma \cdots) \equiv \Sigma(ka'^\alpha b'^\beta c'^\gamma \cdots) \quad (mod.\ m)$$
ここに k は任意の整数にして Σ は其次に書ける如き積若干の和を表はせるものなり．此事実は一及二の直接の結論なり．

斯(か)く加法，減法及乗法に関して相合式は等式と同様の性質を有せりと雖(いへど)も，除法に関しては必(かなら)しも然(しか)らず．例へば
$$2.5 \equiv 2.1 \quad (mod.\ 8)$$
より両節を 2 にて除して
$$5 \equiv 1 \quad (mod.\ 8)$$
となすことを得ず．

（一）

十進法に於ける二三特殊の整数の倍数を鑑識する方法は汎(ひろ)く知られたり．

一，2 及 5 の倍数．10 を超えざる 2 の倍数は 0, 2, 4, 6, 8

にして 10 も亦 2 の倍数なり．今 10 を t と書くときは，凡て正の整数は

$$A = (a_m \cdots a_2 a_1 a_0) = a_m t^m + \cdots + a_2 t^2 + a_1 t + a_0$$

と書くことを得，$a_0, a_1, a_2, \cdots, a_m$ は十より小なる正の整数又は（a_m の外は）0 なり．a_0 は A の一位の「数字」なり．さて $t \equiv 0 \pmod{2}$ なるにより

$$A \equiv a_0 \pmod{2}$$

よりて a_0 が $0, 2, 4, 6, 8$ の中の一つならば

$$A \equiv 0 \pmod{2}$$

即ち A は 2 の倍数（偶数）にして，然らざるとき即ち a_0 が $1, 3, 5, 7, 9$ の中の一つなるときは，A は 2 にて整除し得べからざる数（奇数）なり，此場合に於ては

$$A \equiv 1 \pmod{2}$$

又 10 は 5 の倍数なるが故に

$$A \equiv a_0 \pmod{5}$$

にして十以下の数にて 5 の倍数なるは 0 又は 5 に限るが故に A の一の位の数字が 0 又は 5 なる場合に限り A は 5 の倍数なり．

二，4 及 25 の倍数．10 は 2 の倍数なるが故に 100 は 4 の倍数なり．100 を記数法の基数となすときは A の一の位の係数は $(a_1 a_0) = 10 a_1 + a_0$ にして

$$A \equiv (a_1 a_0) \pmod{4}$$

故に A が 4 の倍数なるべき完全なる条件は $(a_1 a_0)$ 即ち十進法に於ける A の末二位の数字を其儘にとりて作れる数の 4 の倍数なるべきことなり．例へば

$$78657 \equiv 57 \quad (mod.\ 4)$$
にして 57 は 4 の倍数にあらず，$57 \equiv 1\ (mod.\ 4)$ よりて
$$78657 \equiv 1 \quad (mod.\ 4)$$
78657 を 4 にて除すれば最小の正剰余として 1 を得べし．

25 を法とせる場合に於ても
$$A \equiv (a_1 a_0) \quad (mod.\ 25)$$
なる相合式成立すべく，是によりて容易に 25 の倍数を鑑定することを得べし．

三，9 の倍数．十進法にて表はされたる正数を 9 にて除して得べき最小の正剰余は次の如くにして容易に求め得らるべし．

先づ
$$t \equiv 1 \quad (mod.\ t-1)$$
なることは明白なり．相合式の乗法によりて之より
$$t^n \equiv 1 \quad (mod.\ t-1)$$
を得．

今
$$A = (a_m \cdots a_2 a_1 a_0) = a_m t^m + \cdots + a_2 t^2 + a_1 t + a_0$$
となすとき
$$S_1 = a_0 + a_1 + \cdots + a_{m-1} + a_m$$
と置かば
$$a_0 t^m \equiv a_0,\ a_1 t^{m-1} \equiv a_1, \cdots, a_m \equiv a_m \quad (mod.\ t-1)$$
より
$$A \equiv S_1 \quad (mod.\ t-1)$$
を得．是故に A を $t-1$ にて除して得らるべき最小の正剰

余は，A の凡ての位の数字の和 S_1 を $t-1$ にて除して得らるべき最小の正剰余に等し．S_1 若し $t-1$ より小ならば S_1 は即ち此剰余にして S_1 若し $t-1$ に等しからば A は $t-1$ の倍数なり．S_1 若し $t-1$ より大ならば更に S_1 のすべての位の係数の和 S_2 を作りて此の鑑定法を適用すべし．

例．十進法に於て
$$A = 1234567$$
なる数の与へられたるときは
$A \equiv 1+2+3+4+5+6+7 = 28 \equiv 10 \equiv 1 \quad (mod.\ 9)$
にして実際
$$1234567 = (9 \times 137174) + 1$$
なり．

3 は 9 の約数なるが故に十進法に於ては
$$A \equiv S_1 \quad (mod.\ 3)$$
之よりして 3 の倍数の鑑定法を得．

一般に t を 1 より大なる整数とするとき，t を基数とせる記数法にて表されたる数の $t-1$ の倍数なるや否やを鑑識するにも同様の方法によることを得．

四，11 の倍数．又は一般に t を基数とせる命数法に於ける $t+1$ の倍数．

先づ
$$t \equiv -1 \quad (mod.\ t+1)$$
といへる明白なる相合式より一般に
$$t^n \equiv (-1)^n \quad (mod.\ t+1)$$
を得．$(-1)^n$ とは n が偶数なるとき 1，n が奇数なるとき

−1 といふに同じ．
$$A = (a_m \cdots a_2 a_1 a_0) = a_m t^m + \cdots + a_1 t + a_0$$
に於て
$$D_1 = a_0 - a_1 + a_2 - \cdots$$
と置くときは
$$A \equiv D_1 \quad (mod. \ t+1)$$
故に十進法に於ける 11 の倍数を鑑定するには次の法則による可し．

先づ A の最終の位の数字より始めて隔一の位の数字の和を作り，之より其の他の位の数字の和を引きて得たる数を D_1 と名づくれば，A を 11 にて除して得べき最小の正剰余は D_1 を 11 にて除して得べき最小の正剰余に等し．D_1 若し 0 ならば A は 11 の倍数なり．D_1 若し絶対的に t より大ならずして 0 にあらずば D_1，又は D_1 若し負ならば $11+D_1$ は即ち求むる所の最小の正剰余なり．D_1 が絶対的に 10 よりも大なる場合に於ては D_1 につきて同様なる（D_1 が負数なる場合には相当の変更をなして）鑑定法を反復すべし．

例へば
$$1234567 \equiv 7-6+5-4+3-2+1 = 4 \quad (mod. \ 11)$$
$$1234567 = (11 \times 112233) + 4$$
又 $\quad 1929090 \equiv -9-9+2-9+1 = -24 \quad (mod. \ 11)$
さて $\quad -24 \equiv -(4-2) = -2 \qquad\qquad (\ \ ''\ \ )$
よりて $1929090 \equiv -2 \equiv 9 \qquad\qquad (mod. \ 11)$
実際

$$1929090 = (11 \times 175371) + 9$$

(三)

　此章に於て向後用ふべき文字は，特に其然らざるを明言せざる限り，常に正数を表せるものなりとす．

　$a, b, c, \cdots$等の数のいづれもの倍数なる数を其公倍数と云ふ．0は凡ての数の倍数と見做し得べきものなれども，姑く之を度外に置かんに，$a, b, c, \cdots$の公倍数の必ず而も限なく存在すべきことは明白なり．現に$a, b, c, \cdots$の積又は其倍数は皆$a, b, c, \cdots$の公倍数なり．さて$a, b, c, \cdots$の公倍数は$a, b, c, \cdots$のいづれよりも小なることを得ざるにより，此等限りなく存在する公倍数の中に最小なるものなかるべからず．之を$a, b, c, \cdots$の最小公倍数と云ふ．凡ての公倍数は最小公倍数の倍数なり．其故如何にといふに，今$a, b, c, \cdots$の最小公倍数をmと名づけ，μを或一個の公倍数となすとき，若しμにしてmの倍数ならずば，mを以てμを除し，剰余としてmより小にして0にはあらざる数m'を得べし，即ち

$$\mu = q \cdot m + m'$$

さてμ, m共に$a, b, c, \cdots$のいづれにても割り切るるが故にm'も亦然らざるを得ず．而もこはmが$a, b, c, \cdots$の最小公倍数なるべしとの約束に牴触せるにあらずや．是によりて次の定理を得．

　一，μ若し$a, b, c, \cdots$のいづれにても割り切れなばμは亦$a, b, c, \cdots$の最小公倍数にても割り切れざるを得ず．

$a, b, c, \cdots$のいづれをも割り切る数を其公約数と云ふ．1は必ず$a, b, c, \cdots$の公約数なり．$a, b, c, \cdots$が1を外にして公約数を有せざるときは$a, b, c, \cdots$を公約数なき一組の数と云ふ．公約数なしとは絶て公約数なきにあらず．当然にして極端なる公約数1を外にしてはこれなしと言ふなり．公約数なき二つの数を相素なる数と云ふ．

　$a, b, c, \cdots$の公約数は$a, b, c, \cdots$のいづれよりも大なることを得ざるにより其数に限あり．是故に其中一個最大なる者なかるべからず．之を$a, b, c, \cdots$の最大公約数と云ふ．$a, b, c, \cdots$の最大公約数をdと名づけ
$$a = a'd, b = b'd, c = c'd, \cdots$$
となすときは$a', b', c', \cdots$には1を外にして公約数あることを得ず．如何にとならば若し$a', b', c', \cdots$に1より大なる公約数あらば其一をgと名づくべし．しかするときはgdは$a, b, c, \cdots$の公約数にして且dよりも大なり，而もこれdが$a, b, c, \cdots$の最大公約数なるべしとの約束に反するに非ずや．$a, b, c, \cdots$の公約数は凡て其最大公約数dの約数なり．其故如何にといふに，今δを以て公約数の一となさんに$a, b, c, \cdots$は各dにても亦δにても割り切るるが故に前に証明せる定理によりて$a, b, c, \cdots$は各dとδとの最小公倍数にても亦割り切れざるを得ず．さてdにして若しδの倍数ならずばdとδとの最小公倍数はdよりも大なり．dのδにて割り切るること是に已むを得ざる所也．是によりて次の定理を得．

　二，$a, b, c, \cdots$の公約数は其最大公約数の約数なり．最大

公約数は凡ての公約数の最小公倍数なり．

a, b なる二個の数与へられたるとき，其最小公倍数又は最大公約数を定むるは，a, b の順序に関係なき一の算法なり．即ち此算法は交換の法則に従へり．又 a, b, c なる三個の数の与へられたるとき其最小公倍数は a, b, c の順序に関係なき定まりたる数なり．

今 a, b の最小公倍数を m と名づけんに，定理一によりて a, b, c の公倍数は必ず m, c の公倍数にして，又 m, c の公倍数は必ず a, b, c の公倍数なり．是故に a, b, c の最小公倍数は亦 a, b の最小公倍数 m と c との最小公倍数に等し．同一の理由によりて a, b, c の最小公倍数は又 a と b, c の最小公倍数との最小公倍数なり．最小公倍数を定むる算法は組み合せの法則に従へり．最大公約数につきても亦同じ．

是故に多くの数の最小公倍数又は最大公約数を求むるに当て，第二章（四）の方法を適用することを得．随て此算法は畢竟二個の数の最小公倍数又は最大公約数を求むることを反復するに帰着す．

（四[7]）

a, b なる二数の最小公倍数を m と名づけ
$$m = ka = hb$$

---

7) 最小公倍数を先にするの便利なること，蓋しポアンソー (Poinsot) の創意なり．最大公約数を求むる普通の方法，ユークリッドの法式につきては第八章を看よ．

となすときは，a, b の公倍数の一なる ab といふ数は，m の倍数即ち ab は ka の倍数なるが故に b は k の倍数，又同様にして h は a の倍数にして，而も
$$a = hg, \quad b = kg, \quad ab = mg$$
g は a, b の公約数なり．然れども g は亦 a, b の最大公約数なり．げにも h, k には公約数なし，若し仮に $h = h'd$，$k = k'd$ $(d>1)$ なりとせば
$$m' = k'a = h'b$$
は a, b の公倍数にして而も m よりも小なりとの矛盾の結論に陥るべければなり．是故に次の定理を得．

一，二つの数の積は其最大公約数と最小公倍数との積に等し．

ポアンソーはこの論法に極めて趣味ある幾何学的の解釈を与へたり．一の円周を a 個に等分し，其分点に順次 $0, 1$,

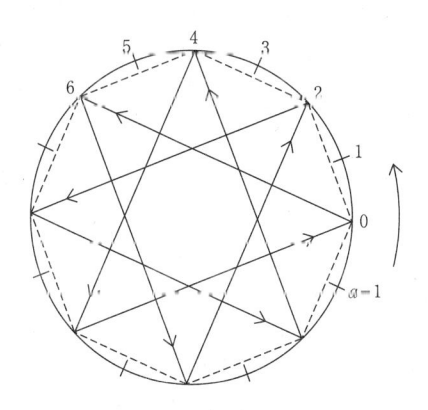

$2, \cdots, a-1$ の番号を附す. さて 0 より始め b 個毎の分点 $0, b, 2b, \cdots$ を直線にて連結し行くときは, 分点の数は a 個に過ぎざるが故に竟には円周を幾度か廻りたる後, 既に一たび通過せる分点に到着せざるを得ず. 而も始めて再度逢着する点は必ず 0 なり. 何となれば再度例へば b 点に来り得べきためには其前必ず 0 点を経来らざるを得ざればなり (図に於ては a を 16, b を 6 となせり).

今分点を通過すること h 回, 其間円周を廻ること k 回にして 0 に復帰せりとせば,

$$hb = ka$$

なり, hb は $b, 2b, \cdots$ 等の中始めて a の倍数となるものにして即ち a, b の最小公倍数なり. 同時に又 h と k とに公約数なきを知るべし. さて此手続きによりて円内に一種の正 h 角形を画き出せり. 是故に a は h の倍数なることを知る. $a = hg$. 随て前の如くにして a, b の最大公約数は g なることを知るべし.

此幾何学的の考究より学び得べき, 尚一の重要なる事実あり. 上に述べたる作図の中に於て通過せる分点の中 (矢の方向に円周を廻るものとして) 0 に最も近きは如何なる点ぞや. 若し上の作図に於て逢着せる分点を更に 0 より円周上の分布の順序に従ひて直線にて連結し行くときは (図にて点線にて示せる如く) 即ち普通の正 h 角形を得べきが故に, 此等の分点の中 0 に最も近き者は $a:h$ 即ち g なる番号を帯べるものに外ならず. 然るに此点は最初の作図に於て, 0 より b 個毎の分点に移り行きつつ到着することを

得たる点なるが故に，
$$g = h'b - k'a$$
の如き関係成立するを知るべし．但此処 h' は h よりも小，又 k' は k よりも小なること勿論なり．幾何学的の仮装を剝奪するときは，此事実は整数論の重要なる定理となる．曰く，a, b の最大公約数を g とし，$a=hg$, $b=kg$ となすときは，h' は h よりも，又 k' は k よりも小にして，而も $g=h'b-k'a$ なるが如き整数 h', k' は必ず，而も唯一対に限り，存在す．然れども又上の研究に於て a と b との位置を転倒するも，g は依然として変ずることなきが故に，$h''<h$, $k''<k$ にして而も $g=k''a-h''b$ なるが如き整数 h'', k'' も必ず，而も唯一対に限り，存在すべきを知るべし．

此等の事実を総括して次の定理を得．

二，a, b の最大公約数を g とし $a=hg$, $b=kg$ と置かば
$$ax + by = g$$
なる方程式に適合すべき正又は負の整数 x, y は必ず存在す．就中 x が k より小なる正数にして y が絶対値に於て h より小なる負数なる者 ($x=k''$, $y=-h''$) 及 x が絶対値に於て h より小なる負数にして y が k より小なる正数なる者 ($x=-k'$, $y=h'$) 各唯一対に限り存在す．

例へば $a=16$, $b=6$ とせば $g=2$, $h=8$, $k=3$ にして
$$16x + 6y = 2$$
の解答の中上文特筆せる二対は $x=2$, $y=-5$ 及 $x=-1$, $y=3$ なり．

吾輩が幾何学的に証明したる事実を直接に論証せんこと

も亦容易なり．今
$$b, 2b, \cdots, (h-1)b$$
を a にて除して得べき剰余（最小正剰余，以下同じ）を考へんに此等の剰余は $nb-qa=r$ の如き数なるが故に何れも a, b の公約数なる g の倍数なること明白なり．而も此等の剰余の中相等しき者決してあることなし．何となれば今仮に n, n' は $1, 2, \cdots, h-1$ の中より採りたる二個の相異なる数にして，而も $nb-qa=r$, $n'b-q'a=r$ なりとせば，例へば $n > n'$ となすとき，$(n-n')b = (q-q')a$ を得．b に h よりも小なる数 $n-n'$ を乗じて得たる積が既に a の倍数なりとの許すべからざる結論を生ずべければなり．吾輩の作れる $b-1$ 個の剰余は皆相異にして，而も尽く a 即ち hg より小なりと言ふ上は，此等の剰余は其全体に於て $g, 2g, \cdots, (h-1)g$ なる数と同一ならざるを得ず．即ち其中一つ而も唯一つが g に等しきなり．さて例へば
$$h'b - k'a = g$$
なりとせば $h' < h$ 随て $k' < k$ にして定理一は再び証明せられたり．a, b を転倒するも亦同様の結果に達し得べきこと勿論なり．或は又 $-k'$ を k を以て除して得べき最小正剰余を k'' と名づけ，即ち $-k' = -k + k''$, $k > k'' > 0$ となすときは
$$(h'-h)b + (k-k')a = g$$
即ち
$$k''a - h''b = g$$
にして，$h'' = h - h'$ は h より小なる正数なり．

　上の定理を特に $g = 1$ の場合につきて繰り返すときは次

の事実を得.

三, a, b が相素なる数なるときは
$$ax + by = 1$$
なる如き正又は負の整数 x, y は必ず存在す. 而して定理一に述べたる如き二対の特殊なる解答の此場合に於ても亦成立すべきこと勿論なり.

(五)

前節の定理一は特別の場合として次の事実を包括す.

一, a, b が相素なるときは, a, b の最小公倍数は其積 ab に等し.

此事実より推して更に整数論に於て最重要なる一個の定理を得. 曰く

二, a, b は相素なる数にして而も ac が b の倍数なるときは, c は必ず b の倍数なり.

証. a, b は相素なる数なるが故に, 其最小公倍数は ab なり. ac は b の倍数なるが故に, こは a, b の公倍数, 随て其最小公倍数 ab の倍数なり. 即ち $ac = ab.q$ なる如き整数 q は存在す. 随て $c = b.q$ 即ち c は b の倍数なり.

前節に於て a, b の最大公約数を g となすとき
$$ax + by = g \qquad (1)$$
なる方程式は必ず正又は負の整数 x, y によりて解き得らるべきことを証明し, 且 x, y の大さに或る制限を設くるとき, 斯の如き解答の唯一組に限り存在すべきを説けり. 今定理二を用ゐて上の一次不定方程式 (一次のヂオファン

ト方程式）の最完全なる解答を求めんとす[8]．

方程式 (1) の解答許多(あまた)あり得べき中の一つを x_0, y_0 となすときは

$$ax_0 + by_0 = g$$

なり．よりて一般に凡ての解答は

$$a(x-x_0) = -b(y-y_0)$$

なる条件に適合すべきを知る．さて例によりて $a=hg$, $b=kg$ となすときは h, k は相素にして

$$h(x-x_0) = -k(y-y_0)$$

さて $h(x-x_0)$ は k の倍数にして而も h は k と相素なりといふが故に，二によりて $x-x_0$ は k の倍数なり．今

$$x-x_0 = kt, \quad x = x_0 + kt$$

と置かば

$$y - y_0 = -ht, \quad y = y_0 - ht$$

を得．(1) の解答を求めんと欲せば之を

$$\begin{cases} x = x_0 + kt \\ y = y_0 - ht \end{cases} \tag{2}$$

の如き数の中より捜り出すべきなり．

然るに t を如何なる整数となすとも此の如き値はよく

---

[8] ヂォファント (Diophant) はアレキサンドリヤの人，紀元三百五十年頃ジュリヤン帝の治下に生存せり．享年八十四歳，著書十三巻．一次方程式の解法はヂォファントに始まる．整数を係数とし，未知数若干を含める方程式を整数を以て解かんとする問題即ち所謂(いはゆる)不定方程式の解法亦ヂォファントに始まる．故に此種の方程式を一般にヂォファント方程式と名づけ，之を論ずる整数論の一部をヂォファンチーク (Diophantik) と云ふ．

(1) に適合すべきが故に (2) は凡て (1) の解答なり．

今一般に
$$ax + by = c \qquad (3)$$
なるヂォファント方程式を提供するに，此方程式は c が a, b の最大公約数 g の倍数なるにあらずば整数の解答を有することを得ず．c が g の倍数にして，例へば $c = gc'$ なるとき，x_0, y_0 を (1) の解答とせば
$$x = c'x_0, \qquad y = c'y_0$$
は (3) の一個の解答にして，其一般の解答は
$$\begin{cases} x = c'x_0 + kt \\ y = c'y_0 - ht \end{cases} \qquad (4)$$
なり．t に相当の値を与へて x, y の中一方が k 又は h より小なる正数なる如き唯一組の解答を得．例へば x を k より小なる正の整数となさんと欲せば，$c'x_0$ を k にて除して最小の正剰余 $\bar{x}$ を求むべし．

今
$$c'x_0 = k\bar{t} + \bar{x}, \qquad k > \bar{x} > 0$$
なりとせば，t を $\bar{t}$ となして得たる y の値を $\bar{y}$ となし，ここに一組の解答 $(\bar{x}, \bar{y})$ を得．但此場合に於て $\bar{x}$ を k より小なる正数となすことを得たりと雖(いへども) 前の如く同時に $\bar{y}$ を絶対的に h よりも小となすことを得たりと誤解すること勿(なか)れ．

二個以上の未知数を含めるヂォファント方程式
$$a_1x_1 + a_2x_2 + a_3x_3 + \cdots = c \qquad (5)$$
も亦 c が $a_1, a_2, a_3, \cdots$ の最大公約数 g の倍数なるときに限

り整数の解答を有す．

　未知数の数三個なる場合につきて言はんに，先づ a_1, a_2 の最大公約数を d と名づくれば

$$a_1 y_1 + a_2 y_2 = d$$

は整数の解答を有す．さて d と a_3 との最大公約数は即ち a_1, a_2, a_3 の最大公約数 g にして，c は g の倍数なりとせるが故に

$$dz + a_3 x_3 = c$$

は整数の解答を有す．而して

$$x_1 = y_1 z, \quad x_2 = y_2 z, \quad x_3$$

は即ち $a_1 x_1 + a_2 x_2 + a_3 x_3 = c$ の解答なり．

　未知数の数三個以上なるときは唯同様の手続きを幾回も反復すべきのみ．

　特に

　$a_1, a_2, a_3, \cdots$ に公約数なきときは

$$a_1 x_1 + a_2 x_2 + a_3 x_3 + \cdots = 1 \tag{5'}$$

なるが如き正又は負の整数 $x_1, x_2, x_3, \cdots$ は必ず存在す．

　(5) 又は (5') の如きヂオファント方程式の一般の解答はオイラーの方法により求め得べし．今特別なる例題につき此方法を説明せんとす．

　(a)　$357x + 238y + 204z = 17$

の解答を求めんとするに，先づ最小の係数 204 を以て其他の係数を除し

$$357 = 2 \times 204 - 51, \quad 238 = 1 \times 204 + 34$$

を得．よりて

(b)　　　$2x+y+z = z'$

と置き (a) を次の形となす．

(a')　　$-51x+34y+204z' = 17$

(a) の解答を求めんと欲せば，先づ (a') の解答 x, y, z' を求め，さて (b) により て z を定むれば可なり．

(a') を解かんが為に 34 を以て其他の係数を除し，

$$-51 = -1\times 34 - 17, \quad 204 = 6\times 34$$

を得．よりて

(c)　　　$-x+y+6z' = y'$

と置き，(a') を更に変形して

(a'')　　$-17x+34y' = 17$

を得．17 を以て 34 を除し $34 = 2\times 17$ を得．

(d)　　　$-x+2y' = x'$

と置き (a'') を改めて

(a''')　　$17x' = 17$

と書く．

　最一般なる場合に於ても，与へられたる方程式の左辺を順次変形して遂に (a''') の如く只一個の未知数のみを含める形となすことを得ること明白なり．何とならば (a), (a'), (a''), … 等の左辺は其生成上漸次小なる整の係数を得べく，又上に述べたる変形の方法は (a), (a'), … 等が少なくとも二個の未知数を含める間は必ず継続することを得べりればなり．

　最後に得たる唯一個の未知数の係数は即ち与へられたる方程式の左辺の係数の最大公約数なること，容易に悟り得

べき所なり．上の例につきて $357, 238, 204$ の最大公約数 17 に達する演算を再び記さば次の如し．

357	-51	17	$\underline{17}$
238	34	34	0
204	204	0	0

さて (a''') は $x'=1$ なる解答を有す．よりて (d) より
$$x = 2y'-1$$
随て (c) より
$$-2y'+1+y+6z' = y' \quad 即ち \quad y = 3y'-6z'-1$$
を得．更に (b) より
$$2(2y'-1)+(3y'-6z'-1)+z = z' \quad 即ち$$
$$z = -7y'+7z'+3$$
を得．此等の結果を集めて
$$x = 2y'-1, \quad y = 3y'-6z'-1, \quad z = -7y'+7z'+3$$
を得．y', x' を如何なる整数となすとも此式より生じ来るべき x, y, z は必ず (a) の解答にして，又 (a) の解答は尽く此式に網羅せらるること明白なり．

例へば $y'=0, z'=0$ となすときは
$$x = -1, \quad y = -1, \quad z = 3$$
又 $y'=1, z'=0$ となすときは
$$x = 1, \quad y = 2, \quad z = -4$$
にして，果して
$$-1.357-1.238+3.204 = 17$$
$$1.357+2.238-4.204 = 17$$
なり．

（六）

如何なる整数にても割り切るる数は0に限り，唯一個の約数のみを有する整数は1に止まれり．

此二個の特異なる数は姑らく之を度外に置くとき，凡て整数は少くとも二個の約数を有す．其数自身及1即ち是なり．凡ての数の当然有すべき此二個の約数を仮の約数と云ひ，此他の約数を真の約数と云ふ．

d 若し a の約数なるときは $a = d.d'$ なるべき整数 d' は必ず存在し，d' も亦 a の約数なり，d, d' は a の約数として相塡補す．1と a とは a の塡補約数なり．凡て整数は必ず少くとも一対の塡補約数を有せり．

塡補約数僅に一対を有するに止まる数，即ち真の約数を有せざる数を素数と云ひ，然らざるを合成数と云ふ．2, 3は素数にして6は合成数なり．

一，整数 a と素数 p とあるとき，a 若し p の倍数ならずば a と p とは相素なり．

其故如何にといふに a, p の公約数は必ず p の約数の中につきて之を索めざるを得ずして，p の約数は p 及1に限れるが故に，a, p の最大公約数は p ならずば1ならざるを得ざるなり．

a 若し素数 p の倍数ならずば am の p の倍数なるは m が p の倍数なるときに限れり．一般に

二，$a, b, c, \cdots$ の積素数 p の倍数なるときは，因子の中少なくとも一は p の倍数ならざるを得ず．

素数ならざる数を合成数と名づけたる所以(ゆゑん)は其必ず素数因子の積として表はされ得べきによるなり．今之に関する事実を闡明(せんめい)せんが為に先次の簡短なる定理を証明せんとす．

合成数 a は少くとも一個の素数を真の約数となす．

a の真の約数は皆 a より小なるが故に其数に限あり．是故に其中最小なる者必ずあり．a の真の約数の中最小なるものを p と名づく．今 p の素数なるべきを論じ，以て当面の定理を証せんとす．p 若し素数ならずば p は（1 にも又 0 にもあらざるにより）合成数にして少くとも一個の真の約数を有す．p の真の約数の一を d と名づくれば，d は p より小にして而も又 a の真の約数なり．即ち a は p よりも小なる真の約数を有せざるを得ず．而も是 p に関する約束に牴触する事実ならずや．

吾輩は更に進みて

三，凡て合成数は必ず素数因子の積として表はし得べきことを証せんとす．

a の素数因子の一を p と名づけ $a=pa'$ と置く．a' 若し素数ならば吾輩の定理既に成立せり．a' 若し合成数ならば a' の素数因子の一を p' と名づけ $a'=p'a''$ と置くときは $a=pp'a''$ を得．次第に斯の如く考へ行くに $a, a', a'', \cdots$ は順次減少するが故に，斯の如き手続きは限(かぎり)なく継続せらるることを得ず．而も其究極する所は即ち吾輩の定理の成立する時にして 畢竟(ひっきゃう)

$$a = pp'p''\cdots$$

を得．此処 $p, p', p'', \cdots$ と称するは何れも素数なれども，其記号異なるが為に此等の素数も亦尽く異なりと速断すべからざること論を俟たず．若し $p, p', p'', \cdots$ 等の中より相等しきものを尽く集めて冪となすときは
$$a = p^{\pi} q^{x} r^{\rho} \cdots$$
の如き形を得．此処にては $p, q, r, \cdots$ は相異なる素数を表はせり．

吾輩は凡て合成数の必ず素数冪に分解せられ得べきことを証明せり．然れども a の与へられたるとき此の如き分解は唯一通りに限らるべきや否やは未知の問題なり．今や進で此重大なる問題を解決せんとす．

四，凡て合成数の素数因子分解は唯一なり．

仮に a を素数因子に分解して二様の結果を得たりとし，
$$a = pp'p'' \cdots = qq'q'' \cdots$$
と置かんに，先ず a 即ち $pp'p'' \cdots$ は素数 q にて割り切るるにより $pp'p'' \cdots$ の中少くとも一は q にて割り切れざるを得ず（定理二）．

例へば p は q の倍数なりとせんに p も亦素数なるが故に p は q に等しからざるを得ず．是故に上の式より
$$p'p'' \cdots = q'q'' \cdots$$
を得．之に同様の論法を適用して例へば $p' = q'$ を得．次第に斯の如くにして結局上の定理の証明を完くすべし．

凡て合成数が素数の積として表はされ得べきのみならず，此分解が唯一様に限れりといふは，整数論に於ける最重要なる事実にして，又此事実の証明が（五）の定理二を

根拠とせることは深長なる意義を包蔵す．

整数の中より素数を撰み出す方法は既に古希臘(ギリシヤ)の数学者の知れる所にして，所謂(いはゆる)エラトステネスの篩是なり[9]．

$$\begin{array}{cccccccccc} & 2 & 3 & \underline{4} & 5 & \underline{\underline{6}} & 7 & \underline{\underline{8}} & \underline{9} & \underline{10} \\ 11 & \underline{\underline{12}} & 13 & \underline{\underline{14}} & \underline{\underline{15}} & \underline{\underline{16}} & 17 & \underline{\underline{18}} & 19 & \underline{\underline{20}} \end{array}$$

整数を自然の順序に書き列べ先づ1を去るとき，最初に残れる数2は素数なり．何となれば2に真の約数あらば，そは2より小なる整数にして，2より小なる整数は1を外にして之なければなり．さて2より二つ目毎の数4, 6, 8, 10, …に符標を附すべし．2の次に符標を帯ばざる数は3にして，3は素数なり，何となれば3に真の約数あらば，そは2なるざるを得ず．然れども3に符標なきは其2の倍数に非ざるを示せばなり．さて3より三つ目毎の数に符標を附し，残れる最初の数5の素数なるを知り，5より五つ目毎の数に符標を附し，斯の如く進みて遂に p なる素数に達したりとせよ．さて此時 p^2 以下の数にして未だ符標を帯ばざるものは尽く素数なり．例へば a を符標なき数の一となさんに，a にして若し合成数ならんには，其塡補真約数の一対を d, d' となすときは，a は p^2 より小なるが故に d, d' の中少とも一方は p より小なり．随て a は p より小なる素数（d, d' 又は其約数）にて割り切れざるを得ず．而も a に符標なきは其然らざるを示すに非ずや．

---

9) エラトステネス（Eratosthenes）紀元前276-194年．

素数の数に限なきことも亦古希臘人の知れる所にしてユークリッドの証明は甚だ有名なり[10].

仮に素数の数に限ありとせよ. 凡ての素数の連乗積に 1 を加へ

$$2.3.5.\cdots.p+1$$

---

10) ユークリッド (Euclid) 紀元前 300 年. プラトーの門人. 著書の最有名なるはエレメンツ (Elements) にして其中十三巻は後世に伝はれり. 其幾何学に関せる部分は汎く世に知らる. 第七, 八, 九の三巻は整数論を含む.

偶数にして素数なるは 2 に限る. 奇数の素数の中 $4h+1$, $4h-1$ なる形の二種を区別するに, 両者共に無限に存在す. $4h-1$ の如き素数 (3, 7, 11, 19 等) の限りなく存在するを証するには

$$4.3.5.\cdots.p-1$$

なる数につきてユークリッドの証明を模倣すべし. $4h-1$ の如き形の数は因子として少くとも一個の $4h-1$ なる形の素数を含まざるを得ざるに注意すべし.

$4h+1$ の形の素数 (5, 13, 17 等) の限りなく存在することは, しかく簡単には証明し難し. 第六章 (十) の結果を用ゐて次の如く此事実を証明することを得.

x^2+1 なる式に於て x を任意の偶数となし得べき数の素数因子は尽く $4h+1$ の形を有す. げにも今 x を或偶数とし, x^2+1 の素数因子 (必ず奇数) の一つを p と名づくれば $x^2 \equiv -1 \pmod{p}$ にして第六章 (十) の (1) 式に於ける e は 4 又 $\varphi(b)$ は $p-1$, 随て $p-1=4f$ 即 $p=4f+1$. 例へば x を 2, 4, 6, 8 となすに, $2^2+1=5$, $4^2+1=17$, $6^2+1=37$, $8^2+1=65=5.13$. さて $4h+1$ の形の素数の限りなく存在すべきを証せんに, 仮に斯の如き素数の数に限ありて 5, 13, 17, $\cdots$, p に尽きたりとせば, 次の如くにして矛盾の結果に陥る. $x=2.5.13.\cdots.p$ となして x^2+1 を作るに此数の素数因子は $4h+1$ の形をなし, 而も 5, 13, 17, $\cdots$, p 以外の数なり.

x を奇数となすときは x^2+1 は 2 を以て整除し得べく $\dfrac{x^2+1}{2}$ の素数因子は尽く $4h+1$ の形をなせり. 例へば

なる数を作りて考ふるに，此数若し素数ならば，是 2, 3, …, p 以外仍ほ素数あるなり．又若し此数合成数なりとするも其素数因子は 2, 3, 5, …, p の中にはなし．何となれば上に掲げたる数を 2, 3, …, p の何れにて割るも剰余 1 を得べければなり．素数の数に限ありとの主張は保持すべからず．

（七）

整数 a を素数冪に分解して
$$a = p^\pi q^x r^\rho \cdots$$
なる結果を得たりとするときは，a の約数は凡て
$$d = p^{\pi'} q^{x'} r^{\rho'} \cdots$$

$3^2+1=2.5$, $5^2+1=2.13$, $7^2+1=2.5.5$, …

2, 3 以外の素数は尽く $6h+1$ 又は $6h-1$ の形をなせり，7, 13, 19, … は前者に属し，5, 11, 17, … は後者に属せり．$6h-1$ の形の数の素数因子の中には同じ形の者少くとも一個存在せざるべからざるに着眼し

$2, 3, 5, 7, 11, \cdots, p-1$

なる数につきてユークリッドの証明を適用し $6h-1$ の形の素数無限に存在するを証明すべし．$6h+1$ の形の素数の限りなく存在すべきを証せんと欲せば先づ x^2-x+1 に於て x を 3 の倍数となすとき，此数の素数因子尽く $6h+1$ の形をなせるを認むべし．$(x+1)(x^2-x+1)=x^3+1$ を用ゐて前の証明を模倣すべし．

一般に a, b が相素なるときは $ah+b$ の形の素数無限に存在す．即初項と公差とに公約数なき算術級数の諸項中には限りなく多くの素数あり．此定理は整数論に於て頗る有名にして，ヂリクレーの始めて証明せる所なり．$b=1$ の場合の外，此定理の証明は甚困難なり．

の如き形をなし，π' は 0 より π まで，x' は 0 より x まで，又 ρ' は 0 より ρ までの中の整数なり．此故に a の約数の表を作らんとせば，d の式に於て $\pi', x', \rho', \cdots$ に順次此等の整数の値をあらゆる組み合せに於て配与すれば則ち可なり．

今二個以上の数 $a, a', \cdots$ につきて説かんが為に，此等の数の中少くとも何れか一つに因子として関係せる素数を尽く採り，之を $p, q, r, \cdots$ と名づけ

$$a = p^\pi q^x r^\rho \cdots$$
$$a' = p^{\pi'} q^{x'} r^{\rho'} \cdots$$
$$a'' = p^{\pi''} q^{x''} r^{\rho''} \cdots$$

と置く．但し $\pi', \pi'', \pi''', \cdots, x, x', x'', \cdots$ 等は一般に正の整数なれども其中 0 なるものも亦あり得べしとなさざるを得ず．或数の分解を示せる式の中，或素数の指数の 0 なるは，即ち其素数が実は此数の約数に非ざることを示せり．又 d を $a, a', a'', \cdots$ の公約数とし

$$d = p^P q^Q r^R \cdots$$

と置かば，P は $\pi, \pi', \pi'', \cdots$ の何れよりも大ならず，Q は $x, x', x'', \cdots$ の中何れよりも大ならず．是故に $a, a', a'', \cdots$ の最大公約数 g を得んと欲せば

$$g = p^m q^{m'} r^{m''} \cdots$$

に於て m をば $\pi, \pi', \pi'', \cdots$ の何れよりも大ならざる範囲内に於て成るべく大に，即ち m を $\pi, \pi', \pi'', \cdots$ の中最小の数に等しくなし，又 m' を $x, x', x'', \cdots$ の中最小の数に，m'' を $\rho, \rho', \rho'', \cdots$ の中最小の数に等しくせば可なり．

又 $a, a', a'', \cdots$ の公倍数
$$v = p^{P'} q^{Q'} r^{R'} \cdots$$
にありては P' は $\pi, \pi', \pi'', \cdots$ の何れよりも, 又 Q' は $x, x', x'', \cdots$ の何れよりも小ならず. 故に $a, a', a'', \cdots$ の最小公倍数
$$l = p^M q^{M'} r^{M''} \cdots$$
を得んと欲せば, M を $\pi, \pi', \pi'', \cdots$ の中最大なる者に, 又 M' を $x, x', x'', \cdots$ の中最大なる者に, 等しからしむるを要す.

例一. $60 = 2^2 . 3 . 5$ の凡ての約数を作らんと欲せば
$$d = 2^{\pi'} . 3^{x'} . 5^{\rho'}$$
に於て π' を $0, 1, 2$, x' を $0, 1$, ρ' を $0, 1$ の中より, あらゆる組み合はせに撰み出さざるべからず, 其結果は次の如し.

d	1	2	4	3	6	12	15	30	60
π'	0	1	2	0	1	2	0	1	2
x'	0	0	0	1	1	1	1	1	1
ρ'	0	0	0	0	0	0	1	1	1

例二. $60 = 2^2 . 3 . 5,$ $72 = 2^3 . 3^2$
の最大公約数及最小公倍数を求めて次の結果を得.

$$\left.\begin{array}{lll} p=2, & q=3, & r=5 \\ \pi=2, & \varkappa=1, & \rho=1 \\ \pi'=3, & \varkappa'=2, & \rho'=0 \\ m=2, & m'=1, & m''=0 \\ M=3, & M'=2, & M''=1 \end{array}\right\} \begin{array}{l} g=2^2 \cdot 3^1 \cdot 5^0=12, \\ l=2^3 \cdot 3^2 \cdot 5=360. \end{array}$$

第五章　分　数[11]

分数班の構成，分数班内の相等大小及加法減法，整数と分数班との内容の一致／通分，一般分数の相等大小及加法減法，既約分数／分数班の総括，数の新系統，其特徴，分布の稠密なること及等分の可能／倍加及等分，最小公倍数及最大公約数／分数の比，比例式，分数の乗法，除法

(一)

　分数の起源は量を計るにあり．然れども吾輩は姑らく此事実を度外に置き，此処には先づ順序の思想を根拠として分数の観念に到達せんとす．是れ一には汎く知られざる立脚点を紹介するの意に出で，又一には，負数の条に言へるが如く，数学上の観念に具体的の内容を与ふることの，様々になされ得べきを例証せんと欲するに由れり．

　順序数の冒頭0を添へ，更に又0に先ちて，逆に究なく連亙せる負数を附加して数の範囲を拡張することを得た

---

11)　分数の普通の定義はよく知らるる事にて又後章に於ても説かるべきにより，此処には故らに新奇の立脚点をとれり．
　「分数班」の語は便利の為め仮に用ゐたるに過ぎず，一般に通用すべからず．

り．今同一の思想を敷衍して，更に此方向に一歩を進めんとす．

先づ順逆両面に互(わた)りて究(きは)る所なき，物の引続きを考へ，此等の物の中任意に或一つを採りて，之を0と名づけ（此物に0を配合し），之に先後せる凡(すべ)ての物に順次凡ての正及負の整数を配合すべし．此等の物の各(おのおの)には，直に之に次げる唯(ただ)一個の物あり，斯の如く相隣接せる二つの物の中間に更に一個づつ新しき物を挿入せりとし，さて此等新旧両種の物を一括して考ふるに，是亦順逆の両方面に互りて究る所なき，物の引き続きにして，此等凡てにも亦其(その)順序に従ひて凡ての正及負の整数を配合すること得．若(もし)先に0を配合せる物には此度も亦0を配合せりとし，且前後両回の配合を区別せん為に，後に配合せる数を包むに括弧を以てするときは，此両回の配合は次の如き形貌を呈すべし．

　　　-2　　　-1　　　0　　　1　　　2
＊　●　＊　●　＊　●　＊　●　＊　●　＊　●
(-4) $(\ 3)$ (-2) (-1) 0 (1) (2) (3) (4) (5)

同一の物に二様の命名をなし，一たびは其凡てに命名し，又一たびは其一半に命名して他の一半の命名を闕(か)げり．一半には二様の命名ありて，一半には唯一様の命名あり．二様の名称の同一の物に属するを表はすに次の記法を用ゐるべし（上の図式を看よ）．

　$(-2) = -1,$　　$(0) = 0,$　　$(2) = 1,$　　$(4) = 2,$　…

一般に
$$(2k) = k. \tag{1}$$

不等の符号 $<>$ は先後を表はすものとなして，例へば
$$(3) > (-4), \quad (7) > 3$$

など書く，一般に
$$(2k+2) > (2k+1) > (2k)$$

或は物の異同にのみ着目して，名称の新旧を問はずば
$$k+1 > (2k+1) > k \tag{2}$$

物の順序定まりたる上は第三章（二）のI，IIによりて加法の意義を定むることを得．しかするときは例へば
$$(1)+(1) = (2) = 1$$
$$(7) = (6)+(1) = 3+(1)$$

一般に
$$(2k+1) = k+(1) \tag{3}$$

こは直に k に次げる物は $(2k+1)$ なりと言ふに同じ．例へば前の図式に於て直に 2 に次げるは (5) にして，又直に -2 に次げるは (-3) なり．

$(k)+(k)$ を (k) の二倍と名づくれば，一般に
$$(k) \text{ の二倍は } k \tag{4}$$

なり．

若し又当初隣接せる二個の物の中間に $n-1$ 個づつの新しき物を挿入し，前の如く二様の命名をなし，此度の新名称をば，特に此 n を添へたる記法にて書き表はさば，次頁の図式を得．先に (k) と書けるは此記法に従はば $(k)_2$ となすべきものなり．

```
              0           1           2
 *   *   ●   *   *   *   ●   *   *   ●   *
(−2)_n (−1)_n (0)_n  (1)_n (2)_n ⋯ (n)_n (n+1)_n ⋯ (2n)_n ⋯
```

前と同様に，一般に

$$(nk)_n = k \tag{1*}$$
$$k+1 > (nk+m)_n > k \tag{2*}$$
$$(nk+m)_n = k + (m)_n \tag{3*}$$
$$(m = 1, 2, \cdots, n-1)$$

又 n 倍といふ語を前の如き意義に用ふれば，

$$(k)_n \text{ の } n \text{ 倍は } k \tag{4*}$$

なり．

隣接せる整数の間に $n-1$ 個づつの新しき数を挿入して数の範囲を拡張し，$(a)_n$ の如き記法を以て此等の数を表して其大小の順序を明にし，又

I.　$(a)_n + (1)_n = (a+1)_n$

II.　$(a)_n + (b+1)_n = (a+b)_n + (1)_n$

により其加法を定む（第三章（二）を参照せよ）．又整数 k は新範囲の一員として (1*) の名称を得たりとす．(2*)(3*)(4*) は此等の規定の中に含まれたり．

$(a)_n$ の如き記法はことごとし，代ふるに $\dfrac{a}{n}$ を以てすべし．n は自然数にして a は正又は負の整数（又は 0）なり．斯の如き数を分数といひ，n を其分母，a を其分子といふ．分母，分子を分数の両項となす．

n を 1 となすは，隣接せる整数の中間に新しき数を挿入

することなきの謂なりとなし，整数 k を分母1なる分数と呼びて用語上の便利を享ること大なり．

同一の分母 n に属せる分数を総括して仮に之を分数班といふ，一の分数班の範囲内に於ける大小の関係及加法減法は次の如し．

一，　$a \gtreqless b$　と共に　$\dfrac{a}{n} \gtreqless \dfrac{b}{n}$

二，　$a \pm b = c$　と共に　$\dfrac{a}{n} \pm \dfrac{b}{n} = \dfrac{c}{n}$

特に　$\dfrac{0}{n} = 0$,　$\dfrac{nk}{n} = k$,　$\dfrac{a}{n} + \dfrac{-a}{n} = 0$

$$k+1 > \frac{nk+m}{n} = k + \frac{m}{n} > k \quad (k > m > 0)$$

$$\frac{1}{n} + \frac{1}{n} + \cdots + \frac{1}{n} = 1$$

$$\frac{k}{n} + \frac{k}{n} + \cdots + \frac{k}{n} = k$$

　(1)　(2)　$\cdots$　(n)

要するに同一の分母 n に属せる分数の大小の関係及加減の算法は，其分子のそれぞれと全く同一に帰す．分数班は其一部として凡ての整数を包括せるが故に，其範囲整数のそれよりも広大なるの観ありと雖，実は両者其内容を同じくして，唯個々の数の名称に異同あるに過ぎず．

分母 n なる分数班の中にありて，$\dfrac{1}{n}$ は整数の範囲内に於ける1と同様の位置を占めたり．$\dfrac{1}{n}$ を此分数班の単位或

は幹分数といふ．

(二)

今 $m=qn$ と置き，分母 m に属せる分数の中其分子が q の倍数なるもののみを保留して，其他を排斥するときは

$$\cdots, \frac{-2q}{m}, \frac{-q}{m}, 0, \frac{q}{m}, \frac{2q}{m}, \frac{3q}{m}, \cdots \quad (A)$$

を得．此等の数は又順逆両面に亙りて究りなく連続し，而も其大小の関係及加法は全く分母 n に属せる凡ての分数のそれと異ならず．先づ隣接せる二つの整数 $k, k+1$ の中間には (A) の数恰も $n-1$ 個の挟はれるを見る，

$$\frac{(kn+1)q}{m}, \frac{(kn+2)q}{m}, \cdots, \frac{(kn+n-1)q}{m}$$

是なり．又

$$a \gtreqless b \quad \text{と共に} \quad \frac{aq}{m} \gtreqless \frac{bq}{m}$$

$$a+b=c \quad \text{と共に} \quad \frac{aq}{m} + \frac{bq}{m} = \frac{cq}{m}$$

(A) の諸数と，分母 n に属せる分数

$$\cdots, \frac{-2}{n}, \frac{-1}{n}, 0, \frac{1}{n}, \frac{2}{n}, \frac{3}{n}, \cdots \quad (B)$$

とは其成立の由来を外にして之を区別する所以の者全く有ることなし．是故に吾輩は (A), (B) を同一視して一般に

$$\frac{hq}{nq} = \frac{h}{n}$$

と置き，以て分母 n に属せる分数を分母 $m=qn$ に属せる分数班の中に包括せしむ．分母 m に属せる分数班は其一部として m の或約数を分母とせる分数を含蓄す．同一の分数は種々の分母に属せる分数班中に包括せられ，此等の分数班の一員として種々の形式に表はさるることを得．

n, n' の公倍数の一つを m となせば，分母 n に属する分数及分母 n' に属する分数は共に尽(ことごと)く分母 m なる分数班の中に含蓄せられたり．今

$$m = qn = q'n'$$

と置かば

$$\frac{a}{n} = \frac{aq}{m}, \quad \frac{a'}{n'} = \frac{a'q'}{m}$$

$\dfrac{a}{n}, \dfrac{a'}{n'}$ を分母 m に属せる分数班の一員として，其大小を比較し又之に加法減法を施こすことを得．即ち

$$aq \gtreqless a'q' \quad \text{に伴ひて} \quad \frac{a}{n} \gtreqless \frac{a'}{n'}$$

$$\frac{a}{n} \pm \frac{a'}{n'} = \frac{aq \pm a'q'}{m}$$

然れども之を以て分数の大小及加法減法の定義となさんと欲せば，斯の如くにして定められたる大小の関係及加法減法の結果が公分母 m の選択に関係なきことを確めざるべからず．

相等及大小．$\dfrac{a}{n}, \dfrac{a'}{n'}$ の相等大小は $aq, a'q'$ の相等大小に随伴す．さて $aq \gtreqless a'q'$ に伴ひて $aqnn' \gtreqless a'q'nn'$（n, n' は共に自然数 随(したがひ)て正数なることを記憶すべし）．$m = qn =$

$q'n'$, $m>0$ によりて, $an' \gtreqless a'n$. 斯(かく)の如く $aq, a'q'$ の相等大小は必ず $an', a'n$ の相等大小と相伴ふにより, $\dfrac{a}{n}, \dfrac{a'}{n'}$ の相等大小を判定するには $an', a'n$ を比較せば則ち足る. さて $an', a'n$ に m の痕跡なきにより $\dfrac{a}{n}, \dfrac{a'}{n'}$ の相等大小は n, n' の公倍数 m の選択に関係なし. 二つの分数を如何なる分数班に属せるものとして其大小を比較するとも, 其結果は恒(つね)に同じ.

上述の説明の中より特に次の法則を採り出すべし.

$$an' \gtreqless a'n \quad \text{と} \quad \frac{a}{n} \gtreqless \frac{a'}{n'} \quad \text{とは相伴ふ.}$$

加法及減法. 二つの分数 a, a' に同一の分母を与へて

$$a = \frac{a}{m}, \quad a' = \frac{a'}{m}$$

と置き,

$$a + a' = \frac{a + a'}{m}$$

によりて其和を定むるとき, 此和は公分母 m の選択に関係なきを確めざるべからず. 今公分母 m に代ふるに M を以てし, 更に

$$a = \frac{A}{M}, \quad a' = \frac{A'}{M}, \quad a + a' = \frac{A + A'}{M}$$

と置けば, 先づ

$$\frac{a}{m} = \frac{A}{M} \quad \text{より} \quad aM = mA$$

$$\frac{a'}{m} = \frac{A'}{M} \quad \text{より} \quad a'M = mA'$$

を得. 之を加へて

$$(a+a')M = m(A+A')$$

随(したがひ)て

$$\frac{a+a'}{m} = \frac{A+A'}{M}$$

なるを知る. 減法の場合も亦同じ.

是によりて分数の大小及加減を含める算式は, 此等の分数を之に等しき他の分数を以て置き換へたるが為に, 其成立を妨げらるることなきを覚るべし.

分数の加法が組み合はせの法則及交換の法則に遵(したが)ふこと明白なり. 又整数の加法減法に関して第三章に述べたる事実は語句の更(あらた)むべきを更めて, 汎く之を分数に適用することを得. 此処(ここ)に此等の事実を証明する方法の一例として加法の交換の法則を証せんとす.

a, β が二つの分数なるとき $a+\beta=\beta+a$ なるを証せんことを要す. a, β を公分母に直して $a=\dfrac{a}{m}$, $\beta=\dfrac{b}{m}$ と置けば

$$a+\beta = \frac{a+b}{m}, \quad \beta+a = \frac{b+a}{m}$$

を得, 整数 a, b の加法には交換の法則を適用し得べきが故に $a+b=b+a$. 随て $a+\beta=\beta+a$.

（三）

　相等しき分数を総括して之を唯一つの数となし，即ち分数の値に着目して分数の形式の異同を度外に置き，さて凡ての分数を打して一団となし，新に数の一系統を組織するときは，此範囲内に於て，二つの異なる（値の異なる）数の中唯一つが他の一よりも大にして，且大小なる語の意義は，よく自然数の場合に於て第一章（二）にいへるが如き条件に遵へり．又二つの数は必ず一定の和を有し，減法は凡ての場合に可能にして恒に一定の結果を与へ，且加法，減法は整数の場合と同一の性質を具へたり．

　斯の如くにして作り出せる数の系統は，特別の場合として凡ての整数を含蓄せり．而して此新系統が啻に形式の上のみならず，内容に於て，実際整数の系統よりも広大なる一範囲を成せることは，次の二つの事実の明に示す所なり．

　一，分数の分布は各処稠密なり．凡て整数には必ず直に之より大又は小なる他の整数あり．相隣接せる整数の中間に第三の整数あるを許さず．整数に異様の命名をなせるに過ぎずして，其内容の拡張にはあらざる，彼分数班なるものの範囲内に於ても，亦同様の事実成立せり．然れども凡ての分数班を合同して作り成せる吾輩の新系統の範囲に於ては則ち然らず．

　如何なる分数を考ふとも直に之より大又は小なりと云ひ得べき分数存在することなし．相隣接せる二個の分数は不

可有なり．相異なる二つの分数の中間に必ず第三の分数存在す．詳しく言はば α, β が相異なる分数にして，例へば $\alpha > \beta$ なるときは $\alpha > \mu > \beta$ なる如き分数 μ は必ず存在す．此事実は直に証明せらるべし．姑らく此事実成立せりとなさんに μ は亦 α と異なるが故に，α, μ の中間に $\alpha > \mu' > \mu$ なる分数 μ'，又 α, μ' の中間に $\alpha > \mu'' > \mu'$ なる分数 μ'' 存在し，μ, μ', μ'' はいづれも α, β の中間に横はるが故に，斯の如くにして，相異なる二つの分数の中間には限りなく多くの分数を容るを知るべし．分数の分布各処稠密なりといへるは此意なり．

α, β が相異なる分数にして $\alpha > \beta$ ならば，α, β を同分母の分数となして

$$\alpha = \frac{a}{m}, \ \beta = \frac{b}{m}$$

と置くとき $a > b$ にして a, b は整数なるが故に a, b の差は少くとも1に等し．a, b の差1より大ならば，a, b の中間に横はれる整数あり，其一つを c と名づけ，$\mu = \frac{c}{m}$ を採らば $\alpha > \mu > \beta$ 又若 a, b の差1に等しからば h を1より大なる自然数となし

$$\alpha = \frac{ah}{mh}, \ \beta = \frac{bh}{mh}$$

となすとき ah と bh との差は1よりも大なり．是故に如何なる場合にも α, β の中間には必ず第三の分数 μ の存在するを知るべし．

二，等分の可能．h を以て一の自然数を表はすとき，α

なる数 h 個の和を α の h 倍といふ．α の h 倍は α と同一分数班の中に於て之を求め得べし．β が α の h 倍に等しといふことを

$$\beta = h\alpha (= \alpha + \alpha + \cdots + \alpha)$$
$$(1)(2) \cdots (h)$$

と書く．今 β 及 h が与へられたりとして，α を求めんとするに，α は必しも β と同一の分数班の中に存在せず．例へばある整数を h 等分することは必しも整数の範囲内に於てなさるべくもあらず．然れども凡ての分数を包括せる数の新系統の範囲内にありては，等分は凡ての場合に可能なり．げにも今

$$\beta = \frac{b}{m}$$

と置かば

$$\alpha = \frac{b}{mh}$$

は明に上の条件に適せり．

稠密なる分布，及等分の可能は整数に欠如せる所にして，此二条件は凡ての分数より成立せる数の新範囲が内容の上に於て，果して整数のそれよりも広大なるを証する著明なる特徴なりといふべし．

此処に於て，尚分数の標準形式につきて一言するの機会を逸すべからず．凡て分数は之を限りなく多くの相異なる形式に表はし得べきことは既に説きたり．$\dfrac{a}{n}$ なる分数の与へられたるときは，d を如何なる（正の）整数となすとも，

恒に

$$\frac{a}{n} = \frac{ad}{nd}$$

なることは前節に説きたる分数相等の照準によりて明白なり．此等式を順に又逆に読むときは，凡て分数の分母及分子に同一の自然数を乗じ，又は分母及分子を其公約数 d にて除して得らるべき分数は原分数に等しきを知るべし．今 a, n を其最大公約数にて除し

$$\frac{a}{n} = \frac{a_0}{n_0}$$

を得たりとせば，a_0, n_0 は相素なる整数なり，斯の如く分母と分子とに公約数なき分数を既約分数と云ふ．凡て分数は之を「既約分数に直す」ことを得．既約分数とは特殊なる分数にあらずして，分数の特殊なる形式なり．

又逆に $\frac{a}{n}$ なる分数が $\frac{a_0}{n_0}$ なる既約分数に等しきときは，a 及 n はそれぞれ a_0 及 n_0 の同係数の倍数なり．げにも

$$\frac{a}{n} = \frac{a_0}{n_0}$$

より

$$an_0 = a_0 n$$

を得，此等式は an_0 の a_0 の倍数なるべきを示せり．さて n_0 は a_0 と相素なるが故に第四章（五）によりて a は a_0 の倍数ならざるを得ず，今 $a = a_0 d$ と置かば上の等式より $n = n_0 d$ を得べきなり．

是故に既約分数は，ある分数の有し得べき種々の形式の

中最小の分母を有せるものなり．二個の既約分数の相等しきは其分母及分子各相等しき場合に限る．

（四）

a を分数，h を自然数とするとき，a なる数 h 個の和を a の h 倍といひ，之を表すに ha なる記法を以てせり．此定義は h の 1 より大なるべきを予想す．今 $0.a=0$, $1.a=a$, $-h.a=-(ha)$ によりて此定義を h が正又は負の任意の整数なる場合に拡充し，$\beta=ha$ なるとき β を a の倍数，a を β の約数と称す．a の倍数に関する次の諸定理は容易に証明し得べき所なり．

$$ha \pm ka = (h \pm k)a$$
$$h(ka) = hk.a$$
$$h(a \pm a') = ha \pm ha'$$

$ha=0$ なるは $h=0$ 又は $a=0$ なるときに限る，$ha=h'a$ は a の 0 に等しからざる限り必ず $h=h'$ に伴ひ，又 $ha=ha'$ は h の 0 ならざる上に必ず $a=a'$ に伴ふ．

a の等分は恒に可能にして且一定の結果を与ふ．$h\beta=a$ なる条件に適すべき数 β を表はすに分数の記法を襲用して $\beta=\dfrac{a}{h}$ となす．$\dfrac{a}{h}$ なる分数の h 倍は a に等し．よりて分数の分母は必ず正の整数なるべしとの制限を撤去し，一般に

$$\frac{a}{-h} = \frac{-a}{h}$$

となして記法の変通を許すべし．

$\dfrac{a}{h}=\dfrac{a}{k}$ は a の 0 ならざる限り必ず $h=k$ に伴ふ. $\dfrac{a}{h}=\dfrac{a'}{h}$ は h の 0 ならざるときに限り意義を有し, 恒に $a=a'$ に伴ふ.

倍加と等分とを引続き適用する場合に, 其順序は最終の結果に影響することなし. 即ち

$$\frac{ma}{n} = m\left(\frac{a}{n}\right)$$

$\dfrac{ma}{n}$ とは等分の記法の定義によりて a の m 倍を n 分して得らるべき数にして, $m\left(\dfrac{a}{n}\right)$ とは a を n 分して得たる数の m 倍なり. 此二つの数の相等しきを確めんが為に其 n 倍を比較すべし. $\dfrac{ma}{n}$ の n 倍は即ち ma にして, 又 $m\left(\dfrac{a}{n}\right)$ の n 倍即ち $n\left\{m\left(\dfrac{a}{n}\right)\right\}$ は $nm\left(\dfrac{a}{n}\right)=m\left\{n\left(\dfrac{a}{n}\right)\right\}=ma$ なり. 此相等しき数を表はすに

$$\frac{m}{n}a$$

なる記法を以てす.

今 r, r' 等を以て一般に $\dfrac{m}{n}$ の如き分数を表はすときは, $ra=r'a$ は a の 0 ならざる限り必ず $r=r'$ に伴ひ, 又 $ra=ra'$ は r の 0 ならざる限り必ず $a=a'$ に伴ふ, 又

$$ra \pm r'a = (r \pm r')a$$
$$ra \pm ra' = r(a \pm a')$$

a, β が与へられたる分数にして a が 0 に非ざるときは, $\beta = ra$ なる条件に適すべき分数 r は必ず存在す. 先づ β が 0 なるときは $r=0$ なり, 又 β が 0 にあらざるときは a,

β に分母を同じくせる形式を与へて

$$\alpha = \frac{a}{m}, \ \beta = \frac{b}{m}$$

となし

$$\beta = \frac{b}{a} \cdot \alpha$$

を得.

斯(か)くして定め得たる分数 $\dfrac{b}{a}$ を既約分数に直して $\dfrac{h_0}{a_0}$ を得たりとせば

$$\beta = \frac{b_0}{a_0}\alpha$$

にして之を

$$\frac{\alpha}{a_0} = \frac{\beta}{b_0} = \delta \qquad \mu = (a_0 b_0)\delta \qquad (1)$$
$$b_0\alpha = a_0\beta = \mu$$

なる形に書き改むることを得.

δ は α 及 β の約数にして, α 及 β の公約数は必ず δ の約数なり. げにも今 δ' を α, β の公約数の一となし

$$\alpha = a'\delta', \ \beta = b'\delta'$$

となさば, 之を (1) より得らるべき

$$\alpha = a_0\delta, \ \beta = b_0\delta$$

と組み合はせて

$$b_0 a'\delta' = b' a_0 \delta$$

を得. 随て

$$b_0 a' = b' a_0$$

にして a_0, b_0 は公約数なき整数なるが故に，屢々(しばしば)用ゐたる論法によりて
$$a' = a_0 t, \quad b' = b_0 t$$
なる如き整数 t の存在すべきを知り
$$\alpha = a_0 t \delta', \quad \beta = b_0 t \delta'$$
を得．随て
$$\delta = t \delta'$$
を知る，δ' は δ の約数なり．δ を α, β の最大公約数と云ふ．最大の語は値の大小に関係なく，単に α, β の公約数は尽く δ の約数なるを示せる形容詞なりと認めて可なり．実際 δ に於て最大なるは α, β の公約数の絶対値なり．然れども大小の関係はここに枢要の意義を有せるに非ず．

又 μ は α 及 β の倍数にして，α, β の公倍数は必ず μ の倍数なり．此意義に於て μ を α, β の最小公倍数といふ．げにも μ' を α, β の公倍数の一となし
$$b' \alpha = a' \beta = \mu'$$
と置けば
$$\frac{\alpha}{a'} = \frac{\beta}{b'} = \delta'$$
によりて定めらるる δ' は α, β の公約数，随て δ の約数なり．今
$$t \delta' = \delta$$
となさば，(1) の $\alpha = a' \delta' = a_0 \delta$ より
$$a' = a_0 t \quad 随て又 \quad b' = b_0 t$$
を得．これより

$$\mu' = t\mu$$

を得.μ' は μ の倍数なり.

斯の如くにして,最大公約数及最小公倍数の観念を分数の上に拡張することを得たり.二つの整数の最大公約数が1なるとき此二つの整数を相素なりといへる称呼は之れを分数の場合に襲用せんこと無用なり.二つの分数は限りなく多くの公約数を有す.

例へば

$$\alpha = \frac{5}{12}, \ \beta = \frac{10}{9}$$

となさば

$$\alpha = \frac{15}{36}, \ \beta = \frac{40}{36}, \ \beta = \frac{40}{15}\alpha = \frac{8}{3}\alpha$$

にして

$$\delta = \frac{5}{36}, \qquad \mu = \frac{10}{3}$$
$$\alpha = 3\delta, \ \beta = 8\delta, \quad \mu = 8\alpha = 3\beta$$

なり.又 $\alpha=7, \beta=3$ とせば $\delta=1$ にして,凡て 1 を分子とせる分数は尽く $7, 3$ の公約数なり.

(五)

倍数及約数なる語によりて言ひ表はされたる,二数の関係を拡張し,比の観念を得.α, β の最大公約数を δ とし $\alpha = h\delta, \beta = k\delta$ と置き,符号の不定を避けんが為に k を正となす如く δ の符号を定むるものとせば斯の如くにして

α, β なる二つの与へられたる数より一定の相素なる一対の整数 h, k を得. さて此手続きによりて α', β' より同一の整数 h, k の導き出さるるときは, α, β の比と α', β' との比相等しと称し, 之を書き表すに

$$\alpha : \beta = \alpha' : \beta'$$

なる記法を以てす. 此意義に従て

$$\alpha : \beta = h : k, \ \alpha' : \beta' = h : k$$

同一の比に等しき二つの比は亦相等し. $\dfrac{h}{k}$ が既約分数なるときは $\dfrac{h}{k}$ と 1 との最大公約数は $\dfrac{1}{k}$ に等しく

$$\frac{h}{k} : 1 = h : k$$

なり. 是故に凡て二つの数の比は或定まれる相素なる一対の整数の比に等しく, 又或定まれる分数と 1 との比に等し.

此一定の分数 $\dfrac{h}{k}$ を $\alpha : \beta$ なる比の値と称す. 相等しき比は同一の値を有し, 同一の値を有する比は相等し. 向後思想の紛乱の虞（おそれ）なきこと明なる場合には比の値といふべきを略して単に比といふことあるべし.

$\alpha : \beta$ なる比の値 r なりといふことを書き表はすに

$$\alpha : \beta = r$$

なる記法を用ゐる. 此場合には前節に説きたる意義に従ひて

$$\alpha = r\beta$$

なり. 例へば

$$\frac{-3}{5} : \frac{9}{10} = -2 : 3 = \frac{-2}{3} \qquad \frac{-3}{5} = \frac{-2}{3}\left(\frac{9}{10}\right)$$

$$\frac{-3}{7} : -1 = 3 : 7 = \frac{3}{7} \qquad \frac{-3}{7} = \frac{3}{7}(-1)$$

α, β を一般に二つの数，a, b を二つの整数となすときは

(1) $\alpha : \beta = a . b$, (2) $\alpha . \beta = \dfrac{a}{b}$, (3) $\dfrac{\alpha}{a} = \dfrac{\beta}{b}$, (4) $b\alpha = a\beta$

はいづれも同一の事実を表はせり．

二つの比の相等しきを表はせる等式を比例式といふ．

$$\alpha : \beta = \alpha' : \beta'$$

なる比例式成立するときは，$\alpha, \beta, \alpha', \beta'$ は比例を成せりといふ．$\alpha, \beta, \alpha', \beta'$ なる四つの数比例を成せるときは，其中三つの与へらるるとき，第四の者は自ら定まる．此第四者を定むるを比例を解くといふ．

比例を成せる四つの数の中，三つの与へられたるは即ち相等しかるべき二つの比の中の一つと，他の一つの比の両項の中一つとが与へられたるなり．是故に比例を解くとは，γ の与へられたるとき

$$\gamma : \xi \quad \text{又は} \quad \xi : \gamma$$

なる比の値を与へられたる数に等しからしむべく ξ を定むるに外ならず．此与へられたる値を $\dfrac{a}{b}$ となし

$$\gamma : \xi = \frac{a}{b}$$

なるべきを要求するは，畢竟

$$a\xi = b\gamma$$

なる条件により ξ を定めんとするなり．是故に $\xi=\dfrac{b\gamma}{a}$ なり．$\xi:\gamma$ の場合も亦同様なり．

　α,β を与へて $\alpha:\beta$ の値を求むるは
$$\alpha:\beta=\gamma:1$$
を解きて γ を定むるに外ならず．

　$\alpha:\beta$ の値が整数 k に等しきときは α は β の k 倍なり．此場合に $\alpha:\beta$ の値を求むるは $\alpha=k\beta$ より k を定むることにして，是即ち倍加の問題の転倒なり．是故に吾輩は除法の意義を拡張して，α,β より
$$\alpha:\beta=\gamma$$
なる条件に適すべき数 γ を定むる算法を分数の除法と名づけんとす．実，法，商の語又此場合に襲用すべし．分数除法は法が 0 ならざる限り，凡ての場合に可能にして常に唯一の結果を与ふ，又特別の場合に於て実及法が共に整数にして実が法の倍数なるときは，商は整数除法の商と異ならず．整数の除法はここに定めたる除法の特例たるに過ぎずと謂ふべし．

　此意義に従ふときは整数 a を整数 n にて除して得たる商は即ち分数 $\dfrac{a}{n}$ なり．

　整数 b に整数 k を乗ずるは $\xi:b=k$ より ξ を定むるに同じく，β を k 倍するは $\xi:\beta=k$ より ξ を定むるに異ならず．一般に β 及 γ を与へて
$$\alpha:\beta=\gamma$$
なる条件に適合すべき α を定むるは即ち除法の転倒にして，此算法は特別の場合として整数の乗法及一般に数の倍

加を包括す．是故に此算法を仍(なほ)乗法と名づけ[12]，α, β, γ の関係を表すに

$$\alpha = \beta\gamma$$

なる記法を以てす．因子及積の語又此場合に襲用すべし．
β に γ を乗ずるは畢竟

$$\alpha : \beta = \gamma : 1$$

なる比例式を解きて α を定むるに帰着し，α は β, γ と共に全く定まる．

 分数の乗法，除法は比例式解法の特例に過ぎず，其演算は次の如くにして整数の乗法及除法に帰着せしむることを得．

 先づ

$$\beta = \frac{b'}{b}, \ \gamma = \frac{c'}{c}$$

と置き $\xi : \beta = \gamma : 1$ を解きて $\xi = \beta\gamma$ を求めん為に，右辺の比を $c' : c$ となして前節の比例解法を適用すれば

---

[12] 乗法の定義を次の如く言ひ表すは不正確なり．a に b を乗ずるは 1 より b に達すべき手続きを a に施こすなり．例へば $\frac{2}{3} = \frac{1+1}{1+1+1}$, $a \times \frac{2}{3} \neq \frac{a+a}{a+a+a}$, 又 $2 = \sqrt{1} + \sqrt{1}$, $a \times 2 \neq \sqrt{a} + \sqrt{a}$. 上述の定義を完全ならしめんと欲せば次の如く之を修正すべし．1 より倍加及等分によりて b に達すると同様にして a より倍加及等分によりて ab に達す．こは勿論正し．然れども亦平凡なり．b が無理数なる場合には斯の如き定義は用に堪へず．要するに，これ数の観念の明瞭ならざりし時代の遺物なり．

$$\beta\gamma = \frac{b'c'}{bc}$$

を得. 此結果は分数乗法の組み合はせの法則及交換の法則に遵ふを明示するものなり.

加法減法に対する分配の法則も亦此結果を用ゐて容易に証明することを得. 今更に

$$\gamma' = \frac{c''}{c}$$

と置けば

$$\beta(\gamma \pm \gamma') = \frac{b'}{b}\frac{c' \pm c''}{c} = \frac{b'(c' \pm c'')}{bc}$$
$$= \frac{b'c' \pm b'c''}{bc} = \frac{b'c'}{bc} \pm \frac{b'c'}{bc}$$
$$= \beta\gamma \pm \beta\gamma'$$

ここに γ' の分母を γ の分母と同一となせるは, 此法則の汎通を妨ぐるものにあらざるや明白なり.

乗法に於て因子の形式の異同は積に影響することなし. 即ち $\beta=\beta'$, $\gamma=\gamma'$ ならば必ず $\beta\gamma=\beta'\gamma'$ なるべし. こは比の両項を夫々之に等しき数を以て置き換ふるも比の値変することなしといへる事実の当然の結果なり. 是故に $\beta=\gamma$ より $\beta a=\gamma a$ を得. 然れども又逆に $\beta a=\gamma a$ なるときは必ず $\beta=\gamma$ なりといふことを得べし. げにも $\beta a:a=\beta$, $\gamma a:a=\gamma$ にして $\beta a=\gamma a$ は $\beta=\gamma$ に随伴せざるを得ず. a の 0 なる場合は例外なるを忘るることなかれ.

比例式の外項の積と内項の積とは相等し, 即ち

$$\alpha:\beta = \gamma:\delta$$

なるときは又

$$\alpha\delta = \beta\gamma$$

にして，且此二つは実は同一の関係なり．げにも先づ $\alpha:\beta = \gamma:\delta$ なるとき此相等しき二つの比の値を ξ と名づくれば $\alpha=\beta\xi$, $\gamma=\delta\xi$, よりて $\alpha(\delta\xi)=(\beta\xi)\gamma$, 乗法の組み合はせの法則により $\alpha\delta.\xi=\beta\gamma.\xi$, 随て $\alpha\delta=\beta\gamma$. 又逆に $\alpha\delta=\beta\gamma$ なるときは $\alpha:\beta$ の値を ξ と名づけ，$\alpha=\beta\xi$ を得，随て順次 $\beta\xi\delta=\beta\gamma$, $\xi\delta=\gamma$, $\gamma:\delta=\xi$ を経て $\alpha:\beta=\gamma:\delta$ に達す．是故に

$$\alpha:\beta = \gamma:\delta$$
$$\alpha:\gamma = \beta:\delta$$
$$\beta:\alpha = \delta:\gamma$$

は必ず相随伴す．

比の両項に 0 と異なる同一の数を乗ずるも，比の値変ることなし，即ち $\alpha:\beta=\alpha\gamma:\beta\gamma$ げにも $\alpha(\beta\gamma)=\beta(\alpha\gamma)$.

$\beta=\dfrac{b'}{b}$, $\beta'=\dfrac{b}{b'}$ なる二つの数は $\beta\beta'=1$ なる関係をなせり，而して此等式は β, β' の中の一つと共に他の一つを定むるものなり，斯の如き二数 β, β' を互に逆なる数といふ．β, β' が互に逆なる数なるときは

$$\beta:1 = 1:\beta'$$

なり．此結果を利用して

$$\alpha = \frac{u'}{a}, \ \beta = \frac{b'}{b}$$

なるとき

$$\alpha:\beta=\xi:1$$

を解きて $\xi=\alpha:\beta$ を求めんとするに,先づ β の逆数 $\beta'=\dfrac{b}{b'}$ を採り之を左辺に立てる比の両項に乗じて $\alpha\beta':1=\xi:1$ を獲,これより直に $\xi=\alpha\beta'$ 即ち

$$\alpha:\beta=\frac{a'b}{ab'}$$

を得,α を β にて除するは,α に β の逆数 β' を乗ずるに異ならず.分数の範囲内にありては,乗法除法,其致一なり.

β, γ の積は $\xi:\beta=\gamma:1$ の ξ に代入して此比例式を成立せしむべき数なりとの乗法の定義は一の欠陥を有す.そは β の 0 なる場合に於て $\xi:0$ なる比,随て $0.\gamma$ の如き積の意義なきこと是なり.然れども γ の 0 なるときは $0:1=0$ より $\xi=\beta.0=0$ を得べくして,乗法は一般に交換の法則に従ふが故に,$0.\gamma$ も亦 0 なるべしと定めて,此欠陥を補ふことを得べし.

法の 0 なる除法に意義なきは勿論にして,此点につきて誤解あるべからず.

第六章　分数に関する整数論的の研究

最小公倍数及最大公約数／冪の定義の拡張，負の指数／素数分解の応用／分数を部分的分数に分解すること／与へられたる分母を有する既約真分数の数，ガウスの函数 $\varphi(n)$，其性質及算式／分数の展開，命数法，小数／循環小数の起源／フェルマーの定理の間接証明／小数の四則演算

(一)

前章に於て定めたる分数除法の意義に従ふときは，α が β の倍数なるは $\alpha:\beta$ なる商が整数に等しき場合に限れり．整除に関する基本の二定理は分数につきても亦整数の場合に於けると同一なり．曰く，

一，α, α' が共に β の倍数なるときは $\alpha\pm\alpha'$ も亦 β の倍数なり．

二，α は β の倍数，β は γ の倍数ならば，α は亦 γ の倍数なり．

げにも α, α' は β の倍数なるが故に $\alpha=a\beta$, $\alpha'=a'\beta$ なる如き整数 a, a' は存在す．さて $\alpha\pm\alpha'=(a\pm a')\beta$ にして $a\pm a'$ は整数なるが故に $\alpha\pm\alpha'$ は β の倍数なり．二の証亦類推すべし．

整除に関する性質につきては数の正負は度外に置きて可なり．後文の説明中関係せる数の符号より論理の不明を生ずべき場合には，其数(その)皆正なりとなすべし．又単に分数の分母分子と称するは，特に其然(しか)らざるを明言せざる限り，此(この)分数に等しき既約分数の分母，分子を指せるものとす．前章の例に倣ひて一般にギリシャ文字を以て分数を表はし，イタリックを以て整数を表はさんとす．

　さて β, β' を既約分数の形式に表はして

$$\beta = \frac{a}{n}, \quad \beta' = \frac{a'}{n'}$$

と置くとき β' が β の倍数なるが為に必須にして且(かつ)完全なる条件は如何(いかん)．$\beta' = k\beta$ なるが如き整数 k 存在せば $\frac{a'}{n'} = \frac{ka}{n}$ より

$$a'n = kan'$$

を得．$a'n$ は a によりて整除せられ，而(しか)も n は a と素なるが故に第四章 (五) によりて a' は a によりて整除せられざるを得ず．又 $a'n$ は n' によりて整除せられ，而も a' は n' と素なりといふが故に，n は n' によりて整除せられざるを得ず．又若し倒(さかさま)に a' は a の倍数 $a' = pa$ 又 n は n' の倍数 $n = qn'$ なりとせば

$$\frac{a'}{n'} = \frac{pa}{n'} = \frac{pqa}{n} = (pq)\frac{a}{n}$$

即ち β' は β の pq 倍なり．是故(これ)に次の定理を得．

　一，β' が β の倍数なる為には β' の分子は β の分子の倍数なること及び β' の分母は β の分母の約数なるを必要と

し又之を以て足れりとす．β が β' の約数なる為には β の分子は β' の分子の約数なること及び β の分母は β' の分母の倍数なることを必要とし又之を以て足れりとす．

此定理を利用して直に次の結果に到達すべし．

二，$\beta, \beta', \cdots$ の公倍数の分子は此等諸分数の分子の公倍数にして，其分母は諸分数の分母の公約数なり，故に $\beta, \beta', \cdots$ の最小公倍数 μ の分子は $\beta, \beta', \cdots$ の分子の最小公倍数にして，μ の分母は $\beta, \beta', \cdots$ の分母の最大公約数なり．$\beta, \beta', \cdots$ の公約数の分子は此等諸分数の分子の公約数にして，其分母は諸分数の分母の公倍数なり．故に $\beta, \beta', \cdots$ の最大公約数 δ の分子は $\beta, \beta', \cdots$ の分子の最大公約数にして，δ の分母は $\beta, \beta', \cdots$ の分母の最小公倍数なり．

例．$\qquad \beta = \dfrac{5}{6}, \ \beta' = \dfrac{3}{8}, \ \beta'' = \dfrac{15}{4}$

分子の最小公倍数　15　　　分母の最大公約数　2
分子の最大公約数　1　　　　分母の最小公倍数　24

$$\mu = \dfrac{15}{2} - 9\,\beta \qquad \delta = \dfrac{1}{24} - \beta : 20$$
$$ = 20\,\beta'   = \beta' : 9$$
$$ = 2\,\beta''   = \beta'' : 90$$

整数の場合にありては，無限に多くの整数に最大公約数あり得べし．例へば凡ての偶数の最大公約数は 2 なるが如し．然れども無限に多くの分数を与ふるときは，其公約数は必ずしも存在せず．例へば $\dfrac{1}{2}, \dfrac{1}{4}, \dfrac{1}{6}, \cdots$ 一般に $\dfrac{1}{2k}$ の如

きあらゆる分数を考ふるに，其公約数なるもの有ることなし．上文の説明に於て $\beta, \beta', \cdots$ 等与へられたる分数の数には限りあるべきものと解すること必要なり．

分数の最小公倍数，最大公約数の観念は其真髄に於ては整数のそれらと異なることなし．然れども第四章に用ゐたる証明を其儘分数の場合に適用することを得ず．読者試に其の然る所以を究究せば，得る所少からざるべし．

$\beta, \beta', \cdots$ の最小公倍数を μ，又其最大公約数を δ と名づけ

$$\mu = k\beta = k'\beta' = \cdots$$
$$\beta = l\delta, \ \beta' = l'\delta \cdots$$

と置かば，整数 $k, k', \cdots$ 及 $l, l', \cdots$ の最大公約数はいづれも 1 なり．

二つの数 α, β の最大公約数を δ，最小公倍数を μ とせば

$$\alpha\beta = \delta\mu.$$

以上二定理の証明をば練習の資料として読者に薦めんとす．

（二）

素数分解を分数に適用せんが為に，先づ冪の定義を拡張して，指数が負の整数なる場合に及ぼさんとす．

指数 n が自然数なるとき，a^n は a なる因子 n 個の積を表はせりといふ冪の定義を基礎となすに，分数乗法の意義既に定まりたる上は基数 a が分数なりとも a^n なる冪は此

定義に従て完全なる意義を有し，冪につきて第二章（六）に説きたる諸定理は，基数が分数（正又は負の）なる場合にも，其まま適用せられ得べし．要するに冪の凡ての性質は次の二等式より推定し得べきものなり．

$$a^1 = a \tag{1}$$

$$a^{n+1} = a^n . a \tag{2}$$

吾人は今指数は自然数なるべしとの制限を撤去し，此二等式を以て冪の定義として，以て冪の観念を指数 n が 0 又は負の整数なる場合に拡充せんとす．基数 a が 0 なる場合は姑らく之を度外に措かんに，(2) に於て n に代ふるに 0 を以てするときは $a^1 = a^0 . a$ を得，更に (1) を用ゐて $a = a^0 . a$ ．さて a は 0 にあらずとせるにより

$$a^0 = 1 \tag{3}$$

指数が 0 なる場合に於ける冪の意義は之によりて定まる．次に (2) に於て n に代ふるに -1 を以てせば $a^0 = a^{-1} . a$ 即ち (3) によりて $1 = a^{-1} . a$，よりて

$$a^{-1} = \frac{1}{a}$$

次に (2) に於て n に代ふるに順次 $-2, -3, \cdots$ を以てするときは，

$$a^{-2} = \frac{1}{a^2}, \quad a^{-3} = \frac{1}{a^3}, \quad \cdots$$

を得．一般に

$$a^{-n} = \frac{1}{a^n} \tag{4}$$

なるべきは数学的帰納法によりて容易に証明し得べし．

冪の新意義に従ふとき，第二章（六）の諸定理は仍ほ成立すべし．

$$\left.\begin{array}{l}a^{m+n} = a^m \cdot a^n \\ a^{m-n} = a^m : a^n\end{array}\right\} \quad (5)$$

$$(a^m)^n = a^{mn} \quad (6)$$

$$\left.\begin{array}{l}(ab)^n = a^n b^n \\ \left(\dfrac{a}{b}\right)^n = \dfrac{a^n}{b^n}\end{array}\right\} \quad (7)$$

此等の定理の証明は二様の方法によりて成され得べし．其一はここに冪の定義となせる (1) (2) の等式は第三章 (四) に於て乗法に与へたる定義に酷似せることに着眼して彼処の証明法を摸倣するなり．又一は此等の諸定理は指数が正なるとき既に成立せるが故に (3) 及 (4) を用ゐて指数が 0 又は負数なる場合をば指数の正なる場合に帰着せしむるなり．今簡単に第一の方法によりて (5) を又第二の方法によりて (6) を証明し，其他は読者の補充を待たんとす．

(5) の両等式は負の指数の許せられたる上は，実は同一の事実を表はせるものなること明白なれば，ここには唯其前なる一つを証明すれば足れり．さて此等式が，n の 0，±1 なる場合に成立すべきことは (3) (2) (4) の最直接なる結果なり．n より $n\pm1$ に移らんに，

$$\begin{aligned}a^{m+(n\pm1)} &= a^{(m+n)\pm1} = a^{m+n} \cdot a^{\pm1} \\ &= a^m \cdot a^n \cdot a^{\pm1} = a^m \cdot (a^n \cdot a^{\pm1}) \\ &= a^m \cdot a^{n\pm1}\end{aligned}$$

此処に用ゐたる論法の根拠は加法の組み合はせの法則，m に代ふるに $m+n$ 又 n に代ふるに ± 1 を以てせる (5)，n の場合の (5)，乗法の組み合はせの法則，m に代ふるに n，n に代ふるに ± 1 を以てせる (5) にして最後に到着せるは即ち $n\pm 1$ の場合の (5) なり．数学的帰納法の両段完成せり．

m, n 両ふたつながら正にはあらざる場合に (6) を証明せんに，先づ m 又は n の中少くとも一つが 0 なる場合は両辺共に 1 となりて落着す．さて m, n を自然数とし

$$(a^{-m})^n = \left(\frac{1}{a^m}\right)^n = \frac{1}{(a^m)^n} = \frac{1}{a^{mn}} = a^{-mn} = a^{(-m)n}$$

$$(a^m)^{-n} = \frac{1}{(a^m)^n} = \qquad \text{〃} \qquad = a^{m(-n)}$$

$$(a^{-m})^{-n} = \frac{1}{(a^{-m})^n} = \frac{1}{a^{-mn}} = a^{mn} = a^{(-m)(-n)}$$

によりて凡ての場合を落着せしむ．

基数 1 なるときは冪は指数に関係なく常に 1 なり．基数正数ならば冪は恒つねに正にして基数負数ならば冪は指数の偶数たり奇数たるに従ひて或は正或は負なり．基数 0 なる冪は指数が自然数なる場合に限りて意義を有す．

指数の変動に伴ふ冪の変動につきては後条更に説く所あるべし．

(三)

素数分解を分数に適用するに当り，其分数の正負は問題

に関係なきが故に之を度外に置くべし．今

$$\alpha = \frac{a'}{a}$$

なる分数与へられたるとき其分母及分子 a, a' を素数冪に分解し

$$a = p^e q^f \cdots$$
$$a' = p'^{e'} q'^{f'} \cdots$$

を得

$$\alpha = p^{-e} q^{-f} \cdots p'^{e'} q'^{f'} \cdots$$

とし，此式の右辺に於て更に同一の素数因子（分母，及分子に共通せしもの）を一個の冪に集むるときは

$$\alpha = p_1^{e_1} p_2^{e_2} p_3^{e_3} \cdots$$

を得，ここに $p_1, p_2, p_3, \cdots$ は相異なる素数にして，指数 $e_1, e_2, e_3, \cdots$ は正又は負の整数なり．此等の素数冪の中，正の指数を有せるもののみの積及負の指数を有せるものの積は，それぞれ α に等しき既約分数の分子及分母に該当す．

例へば

$$\alpha = \frac{100}{126}$$

$$100 = 2^2 \cdot 5^2, \quad 126 = 2 \cdot 3^2 \cdot 7$$
$$\alpha = 2^2 \cdot 5^2 \cdot 2^{-1} \cdot 3^{-2} \cdot 7^{-1}$$
$$= 2 \cdot 3^{-2} \cdot 5^2 \cdot 7^{-1}$$

或分数を斯(かく)の如く素数冪に分解するときは唯一の結果を得べきこと明白なり．ここに後文に引用せん為，次の事実を特筆す．$p_1, p_2, p_3, \cdots$ が相異なる素数を表はすときは

$$p_1{}^{e_1} p_2{}^{e_2} p_3{}^{e_3} \cdots$$

の如き積は指数 $e_1, e_2, e_3, \cdots$ が尽く正（或は 0）なるときに限り，整数に等しきことを得．特に此積が 1 に等しきは指数が尽く 0 なるときに限る．

二個以上の数の整除に関する関係を論ぜんが為に因子として此等の数の中少くともいづれか一つに関係せる素数を尽く採りて之を $p_1, p_2, p_3, \cdots$ と名づけ，此中或素数が或一つの数に関係せざることを表はす為には数の分解式の中にて該素数に指数 0 を附することとし

$$\beta = p_1{}^{e_1} p_2{}^{e_2} p_3{}^{e_3} \cdots$$
$$\beta' = p_1{}^{e'_1} p_2{}^{e'_2} p_3{}^{e'_3} \cdots$$

と置き，さて β' が β の倍数たるべき条件を求めんとす．此条件は甚だ簡単なり．$\beta' : \beta = p_1{}^{e'_1 - e_1} p_2{}^{e'_2 - e_2} p_3{}^{e'_3 - e_3} \cdots$ が整数なるべき為には，前に述べたる所により

$$e'_1 - e_1 \geq 0, \ e'_2 - e_2 \geq 0, \ e'_3 - e_3 \geq 0, \ \cdots$$

即ち

$$e'_1 \geq e_1, \ e'_2 \geq e_2, \ e'_3 \geq e_3,$$

なるを要し，又之を以て足れりとす．

$\beta, \beta', \cdots$ の最大公約数 δ 及最小公倍数 μ を得んと欲せば

$$\delta = p_1{}^{d_1} p_2{}^{d_2} p_3{}^{d_3} \cdots$$

に於て d_1 を $e_1, e'_1, \cdots$ の中最小の者，d_2 を $e_2, e'_2, \cdots$ の中最小の者となすべく，又

$$\mu = p_1{}^{m_1} p_2{}^{m_2} p_3{}^{m_3} \cdots$$

に於て $m_1, m_2, \cdots$ をそれぞれ $e_1, e'_1, \cdots,\ e_2, e'_2, \cdots$ の中最大の者となすべし．

例へば

$$\beta = \frac{5}{6} = 2^{-1} \cdot 3^{-1} \cdot 5$$

$$\beta' = \frac{3}{8} = 2^{-3} \cdot 3 \cdot 5^0$$

$$\beta'' = \frac{15}{4} = 2^{-2} \cdot 3 \cdot 5$$

$e_1 = -1,\ e_1' = -3,\ e_2'' = -2;\quad d_1 = -3,\ m_1 = -1$
$e_2 = -1,\ e_2' = 1,\ e_2'' = 1;\quad d_2 = -1,\ m_2 = 1$
$e_3 = 1,\ e_3' = 0,\ e_3'' = 1;\quad d_3 = 0,\ m_3 = 1$

$$\delta = 2^{-3} \cdot 3^{-1} \cdot 5^0 = \frac{1}{24}$$

$$\mu = 2^{-1} \cdot 3^1 \cdot 5^1 = \frac{15}{2}$$

(一) の例を参照すべし.

素数分解を利用して，前節に述べたる分数の最大公約数及び最小公倍数に関係せる諸定理を証明せんこと，初学者に有益なる練習なり．

(四)

正又は負の既約分数 $\dfrac{m}{n}$ の与へられ，其分母 n が相素なる二つの整数 a, b の積に等しきとき，此分数を分母 a 及 b なる二つの分数の和として表はさんことを要求す．此問題は第四章（五）に説きたるヂォファント方程式の解法に帰着すること次の如し．

$$\frac{m}{n} = \frac{a'}{a} + \frac{b'}{b} \tag{1}$$

は

$$m = ba' + ab'$$

と同一に帰するが故に，a', b' は

$$m = bx + ay$$

なるヂォノァント方程式の一対の解答なることを要し，又之を以て足れりとす $(x=a', y=b')$．さて a, b は相素なるが故に此方程式は必ず，而も限りなく多くの，整数の解答を有す．此等の解答の中 x が a より小なる正の整数なる者唯一対あり．若し此特殊なる解答を採らば $\frac{a'}{a}$ を正の真分数（1 より小なる分数）となすことを得れども既に a' を斯く定めたる上は b' も亦自ら定まるべきが故に $\frac{b'}{b}$ は或は正或は負にして其絶対値は或は 1 より大或は 1 より小なるべし．

例へば $\frac{1}{60}$ の分母 60 を相素なる整数 4 及び 15 の積となして，$\frac{1}{60}$ を分母 4 及び 15 なる分数の和に分解せんが為に

$$1 = 15x + 4y$$

を解けば

$$x = -1 + 4t, \ y = 4 - 15t$$

を得，t を $0, 1, -1, \cdots$ となして

$$\left.\begin{array}{l} x = -1 \\ y = 4 \end{array}\right\} \quad \left.\begin{array}{l} x = 3 \\ y = -11 \end{array}\right\} \quad \left.\begin{array}{l} x = -5 \\ y = 19 \end{array}\right\} \cdots$$

を得．随て

$$\frac{1}{60} = \frac{-1}{4} + \frac{4}{15} = \frac{3}{4} - \frac{11}{15} = \frac{-5}{4} + \frac{19}{15} = \cdots$$

若し4を分母とせる分数が正にして1より小なるべきを要せば第二の分解を採るべし．又15を分母とせる分数が正にして1より小なるべきを欲せば第一の分解を採るべし．此時同時に他の一分数にも或条件を充実せしめんとするは，即ち例へば其正なること又は1より小なることを望むは過当の要求なり．

若し分母 n が二つづつ相素なる整数 $a, b, c, \cdots$ の積なるときは右の方法を運用して，先づ $\frac{m}{n}$ を分母 a なる分数及び分母 $bc\cdots$ なる分数の和となし，更に此第二の分数を分解して分母 b なる分数及分母 $c\cdots$ なる分数の和となし，斯の如くにして竟に $\frac{m}{n}$ を分解して，$a, b, c, \cdots$ 等を分母とせる分数の和となすことを得．

$$n = abc\cdots, \quad \frac{m}{n} = \frac{a'}{a} + \frac{b'}{b} + \frac{c'}{c} + \cdots$$

此場合に於ても亦 $a, b, \cdots$ を分母とせる分数が正の真分数なるべきを要求することを得べしと雖，唯最後の一分数は其他の分数の定まると共に自ら定まるべきが故に，此の一つの分数には何等の条件をも予定することを得ざるべし．

例へば

$$\frac{1}{60} = \frac{3}{4} + \frac{-11}{15}$$

$$\frac{-11}{15} = \frac{2}{3} - \frac{7}{5}$$

よりて

$$\frac{1}{60} = \frac{3}{4} + \frac{2}{3} - \frac{7}{5}$$

　若し強て凡ての分数が正の真分数たるべきを欲せば，分解式の右辺に正又は負の整数一項を添加するを避くべからず．例へば $n=abc$ なるとき既に $\frac{a'}{a}$, $\frac{b'}{b}$ を正の真分数となしたる上は $\frac{c'}{c}$ は自ら定まれり．さて $\frac{c'}{c}$ は大小の順序に於て或隣接せる二つの整数の中間に落ち，例へば

$$k < \frac{c'}{c} < k+1$$

となる．k は正又は負の整数なり．されば

$$\frac{c'}{c} - k = \frac{c''}{c}$$

と置くとき

$$0 < \frac{c''}{c} < 1$$

にして即ち $\frac{c''}{c}$ は正の真分数なり．よりて $\frac{m}{n}$ の分解式に次の形状を与ふることを得．

$$\frac{m}{n} = \frac{a'}{a} + \frac{b'}{b} + \frac{c''}{c} + k$$

例へば上に掲げたる $\frac{1}{60}$ の分解式に於て

$$-2 < \frac{-7}{5} < -1$$

よりて

$$\frac{-7}{5}+2=\frac{3}{5}$$

$$\frac{1}{60}=\frac{3}{4}+\frac{2}{3}+\frac{3}{5}-2$$

以上の所論を総括して次の定理を得.

分数 $\frac{m}{n}$ の分母 n が二つづつ相素なる整数 $a, b, c, \cdots$ の積に等しきときは

$$\frac{m}{n}=\frac{a'}{a}+\frac{b'}{b}+\frac{c'}{c}+\cdots\pm g \tag{3}$$

の如く $\frac{m}{n}$ を部分的分数の和に分解することを得．此処右辺の諸分数はいづれも正の真分数にして g は或整数なり．

斯の如き特殊の制限の下にありては $\frac{m}{n}$ の定まるときは如上の分解は唯一の結果を与ふべきこと上文説明の裡に明示せられたり．此点は亦次の如くにして直接に之を確むることを得べし．上の等式の両辺に n を乗ずれば

$$m = a'(bc\cdots)+b'(ac\cdots)+c'(ab\cdots)+\cdots\pm g(abc\cdots)$$

を得．之を

$$m = a'h+ak$$

と書くことを得．h, k は次に記する如き整数なり．

$$h = bc\cdots = \frac{n}{a}$$

$$k = b'(c\cdots) + c'(b\cdots) + \cdots \pm g(bc\cdots)$$
$$= b'\frac{n}{ab} + c'\frac{n}{ac} + \cdots \pm g \cdot \frac{n}{a}$$

是故に
$$m = hx + ay$$
なるヂォファント方程式は $x=a'$, $y=k$ なる解答を有し，且 h と a とは相素なるが故に此方程式の解管の中 $a > x > 0$ なる条件に適合すべきもの唯一個 ($x=a'$) を外にして存在することを得ず．即ち a' は一定の数なり．$b', c', \cdots$ につきても亦同じく，随て $\pm g$ も亦一定の整数なり．

n を素数冪に分解して
$$n = p^\alpha q^\beta r^\gamma \cdots$$
を得たりとせば，上の結果により
$$\frac{m}{n} = \frac{P}{p^\alpha} + \frac{Q}{q^\beta} + \frac{R}{r^\gamma} + \cdots \pm g \tag{4}$$
を得，$P, Q, R, \cdots$ はそれぞれ $p^\alpha, q^\beta, r^\gamma, \cdots$ より小なる正の整数なり．これら $P, Q, R, \cdots$ 等を $p, q, r, \cdots$ の冪に従て展開し
$$P = \pi_1 p^{\alpha-1} + \pi_2 p^{\alpha-2} + \cdots + \pi_{\alpha-1} p + \pi_\alpha, \quad p > \pi \geq 0,$$
$$Q = \chi_1 q^{\beta-1} + \chi_2 q^{\beta-2} + \cdots + \chi_{\beta-1} q + \chi_\beta \quad q > \chi \geq 0,$$
$$\cdots \qquad \cdots \qquad \cdots \qquad \cdots \qquad \cdots$$
となす．ここに係数 $\pi_1, \pi_2, \cdots, \pi_\alpha, \chi_1, \chi_2, \cdots, \chi_\beta$ 等はそれぞれ p, q 等より小なる正の整数なるべきこと勿論なり．之を (4) に収用して

$$\frac{m}{n} = \frac{\pi_1}{p} + \frac{\pi_2}{p^2} + \cdots + \frac{\pi_\alpha}{p^\alpha}$$

$$+ \frac{\chi_1}{q} + \frac{\chi_2}{q^2} + \cdots + \frac{\chi_\beta}{q^\beta} \qquad (4^*)$$

$$+ \cdots \quad \cdots \quad \cdots \quad \cdots \pm g$$

を獲．

此処になほ次節に引用すべき一の事実を附記すべし．$\frac{m}{n}$ が既約分数なるときは (1) (2) (3) (4) 等の右辺に現はれたる分数は，いづれも亦既約分数なるべきこと明白なり．又逆に $a, b, c, \cdots$ が二つづつ相素なるときは

$$\frac{a'}{a} + \frac{b'}{b} + \frac{c'}{c} + \cdots \pm g$$

の如き和は，$\frac{a'}{a}, \frac{b'}{b}, \frac{c'}{c}, \cdots$ が尽く既約分数なるときは，$a, b, c, \cdots$ を分母とせる或既約分数に等し．随て斯の如き和が一の整数となり得べきは $\frac{a'}{a}, \frac{b'}{b}, \frac{c'}{c}, \cdots$ 等の尽く整数なるべき場合に限れり．

（五）

正の整数 n を分母とし，$1, 2, \cdots, n$ を分子とせる n 個の分数

$$\frac{1}{n}, \frac{2}{n}, \cdots, \frac{n}{n} \qquad (1)$$

の中既約分数なるは幾個ぞ．此数は畢竟(ひっきゃう) $1, 2, 3, \cdots, n$ なる n 個の整数の中 n と相素なるものの数に同じ．此数を表は

(五)既約真分数の数 $\varphi(n)$ の性質

すに，ガウスは
$$\varphi(n)$$
なる記号を用ゐたり．この記号の意義によれば
$$\varphi(1) = 1, \quad \varphi(2) = 1, \quad \varphi(3) = 2, \quad \varphi(4) = 2, \cdots$$
なること直に験証せらるべし．さて $\varphi(n)$ の一般の算式は如何．此問題を解決するに先ち，$\varphi(n)$ の特異なる一性質につきて数言を費さんとす．

d を以て n の約数の一となさば (1) の諸分数を既約分数に直すとき，其中必ず d を分母とせるものを得．又 d を分母とせる既約分数の中 1 より大ならざるものは尽く (1) の中に包括せられたり．げにも今 $n = dd'$ と置かば (1) の中
$$\frac{d'}{n}, \frac{2d'}{n}, \cdots, \frac{(d-1)d'}{n}, \frac{dd'}{n}$$
なる d 個はそれぞれ
$$\frac{1}{d}, \frac{2}{d}, \cdots, \frac{d-1}{d}, \frac{d}{d}$$
に等しくして，上に言へる d を分母とせる既約真分数は尽くこの d 個の中に網羅せらる．是によりて $d_1, d_2, d_3, \cdots$ を以て n の凡ての約数（1 及び n を含む）となし，(1) の n 個の分数を既約分数に直し，之を其分母に従て分類するときは d_1 を分母とせる既約真分数の全体，其数 $\varphi(d_1)$，d_2 を分母とせる既約真分数の全体，其数 $\varphi(d_2)$，を得，即ら
$$\varphi(d_1) + \varphi(d_2) + \varphi(d_3) + \cdots = n \qquad (2)$$
例へば n を 15 とし，(1) なる十五個の分数を既約分数と

なし

$$\frac{1}{15}, \frac{2}{15}, \frac{1}{5}, \frac{4}{15}, \frac{1}{3}, \frac{2}{5}, \frac{7}{15}, \frac{8}{15}, \frac{3}{5}, \frac{2}{3}, \frac{11}{15}, \frac{4}{5}, \frac{13}{15}, \frac{14}{15}, 1$$

を得. 之を分母に従ひて四類に分つに

$\varphi(1) = 1$: $\quad 1$

$\varphi(3) = 2$: $\quad \dfrac{1}{3}, \dfrac{2}{3}$

$\varphi(5) = 4$: $\quad \dfrac{1}{5}, \dfrac{2}{5}, \dfrac{3}{5}, \dfrac{4}{5}$

$\varphi(15) = 8$: $\quad \dfrac{1}{15}, \dfrac{2}{15}, \dfrac{4}{15}, \dfrac{7}{15}, \dfrac{8}{15}, \dfrac{11}{15}, \dfrac{13}{15}, \dfrac{14}{15}.$

$\varphi(1) + \varphi(3) + \varphi(5) + \varphi(15) = 1+2+4+8 = 15.$

n の凡ての約数 d につきて $\varphi(d)$ を作れば其和 n に等し，といふ整数論にて有名なる定理は分数を利用して甚(はなはだ)簡単に証明せられたり．

n が相素なる二つの整数 a, b の積に等しきとき ($n = ab$)

$$\frac{m}{n} = \frac{a'}{a} + \frac{b'}{b} \pm g \tag{3}$$

なる等式を二様に観察することを得．第一，左辺の分数を逐次 n を分母とせる $\varphi(n)$ 個の既約真分数となし，右辺は前節に述べたるが如くにして，之を部分的分数に分解せるものなりとなさば，右辺の分数 $\dfrac{a'}{a}, \dfrac{b'}{b}$ は共に既約分数に

して（前節の結尾を看よ），且 $\pm g$ は 0 又は -1 の外に出でず．よりて斯の如くにして得たる $\varphi(n)$ 個の等式 (3) の右辺の分数部分は尽く相異にして，ここに現はるる二つの分数はそれぞれ a, b を分母とせる $\varphi(a)$ 個 $\varphi(b)$ 個の既約真分数一つ一つの相異なる組み合はせなり．是故に

$$\varphi(n) \leq \varphi(a) \cdot \varphi(b)$$

次に又 (3) の右辺に立てる二つの分数を逐次 a, b を分母とせる $\varphi(a)$ 個 $\varphi(b)$ 個の既約真分数となし，$\dfrac{a'}{a}+\dfrac{b'}{b}$ が 1 より小なるときは g を 0，又此和が 1 より大なるときは $\pm g$ を -1 となし行かば，斯の如くにして作らるる $\varphi(a) \varphi(b)$ 個の等式 (3) の左辺に現はれ来るものはいづれも n を分母とせる尽く相異なる既約真分数なり（前節の結尾を看よ）．是故に

$$\varphi(n) \geq \varphi(a) \cdot \varphi(b)$$

以上二様の結論を綜合して次の定理を得．

a, b が相素なる整数なるときは

$$\varphi(ab) = \varphi(a) \cdot \varphi(b) \tag{4}$$

此結果は之を因子三個以上の場合に拡張することを得，$a, b, c, \cdots$ が二つづつ相素なる整数なるときは，先づ a と $bc\cdots$ とは相素なるが故に

$$\varphi(a, bc\cdots) = \varphi(a) \cdot \varphi(bc\cdots)$$

同じ様にして $\varphi(bc\cdots) = \varphi(b)\varphi(c\cdots)$, $\varphi(c\cdots) = \varphi(c)\cdots$ を得，竟に

$$\varphi(a, b, c \cdots) = \varphi(a)\varphi(b)\varphi(c)\cdots \tag{4*}$$

に達す．今 n を素数冪に分解して

$$n = p^\alpha q^\beta r^\gamma \cdots$$

を得たりとせば

$$\varphi(n) = \varphi(p^\alpha)\,\varphi(q^\beta)\,\varphi(r^\gamma)\cdots \tag{5}$$

例へば $n=15=3.5$

$$\frac{1}{15} = \frac{2}{3} + \frac{2}{5} - 1, \qquad \frac{8}{15} = \frac{1}{3} + \frac{1}{5},$$

$$\frac{2}{15} = \frac{1}{3} + \frac{4}{5} - 1, \qquad \frac{11}{15} = \frac{1}{3} + \frac{2}{5},$$

$$\frac{4}{15} = \frac{2}{3} + \frac{3}{5} - 1, \qquad \frac{13}{15} = \frac{2}{3} + \frac{1}{5},$$

$$\frac{7}{15} = \frac{2}{3} + \frac{4}{5} - 1, \qquad \frac{14}{15} = \frac{1}{3} + \frac{3}{5},$$

にして右辺には $\frac{1}{3}, \frac{2}{3}$ なる $\varphi(3)=2$ 個の分数と $\frac{1}{5}, \frac{2}{5}, \frac{3}{5}, \frac{4}{5}$ なる $\varphi(5)=4$ 個の分数との一つ一つのあらゆる組み合はせが唯一度づつ立てるを見るべし．

一般に $\varphi(n)$ の算式を求むるは (5) によりて素数冪 p^α につきて $\varphi(p^\alpha)$ を求むるに帰着す．さて 1 より p^α に至る p^α 個の整数の中 p^α と相素ならざるは p の倍数なる $p, 2p, \cdots, p^{\alpha-1}\cdot p$ の $p^{\alpha-1}$ 個に止まれり，故に

$$\varphi(p^\alpha) = p^\alpha - p^{\alpha-1} = p^{\alpha-1}(p-1) = p^\alpha\left(1-\frac{1}{p}\right)$$

随て (5) によりて

$$\varphi(n) = p^{\alpha-1}(p-1)\,q^{\beta-1}(q-1)\cdots$$

又は $\qquad \varphi(n) = n\left(1-\frac{1}{p}\right)\left(1-\frac{1}{q}\right)\cdots$

ここに $p, q, \cdots$ は n の約数なる相異なる凡ての素数を表せり．

例へば
$$60 = 2^2 \cdot 3 \cdot 5$$
$$\varphi(60) = \varphi(4)\varphi(3)\varphi(5)$$
$$= 60\left(1-\frac{1}{2}\right)\left(1-\frac{1}{3}\right)\left(1-\frac{1}{5}\right) = 16$$

げにも 1 より 60 に至る整数の中 60 と相素なるは次の十六個なり．

1, 7, 11, 13, 17, 19, 23, 29, 31, 37, 41, 43, 47, 49, 53, 59

（六）

前節に説きたる $\varphi(n)$ の算式を直接に，最初等なる手段によりて再び算出せんが為に，ここに尚両三頁を割愛すべし．

$\varphi(n)$ の算式を得るに次に述ぶる二つの事実を基礎となすことを得べし．

一，p が n の素数因子の一なるときは
$$\varphi(pn) = p\varphi(n)$$

二，素数 p が n の約数ならざるときは
$$\varphi(pn) = (p-1)\varphi(n)$$

今之を証明せんが為に 1 より n に至る整数の中 n と相素なる $\nu = \varphi(n)$ 個を

$$a_1, a_2, \cdots, a_\nu$$

と名づけ，さて此等の数に順次 n の倍数を加へて次の表を

作る，

$a_1,$　　　　　$a_2,$　　　　　$\cdots$　$a_\nu,$

$a_1+n,$　　　$a_2+n,$　　　$\cdots$　$a_\nu+n,$

$a_1+2n,$　　$a_2+2n,$　　$\cdots$　$a_\nu+2n,$

$\cdots$　　　　　$\cdots$　　　　　$\cdots$

$a_1+(p-1)n,$　$a_2+(p-1)n,$　$\cdots$　$a_\nu+(p-1)n.$

先づ第一の場合より始めん，ここに列記せる $p\nu$ 個の数は皆 pn より小にして，いづれも pn と相素なり．実にも此等の数の一つ例へば a_h+kn と pn とを観るに，若し両者に公約数あらば，其素数因子の一つを q と名づけんに，q は p に等しきも又は然らざるも，必ず n の約数ならざるを得ず．よって q が a_h+kn の約数ならん為には，q は a_h の約数随て a_h 及び n の公約数なるを要す．而も a_h と n とは相素なりといふが故に，是不可有の事に属す．又逆に b を以て 1 より pn に至る数の中 pn と相素なるものの一なりとせば b は亦 n と相素なり．さて b を n にて除し $b=qn+r$, $n>r>0$ を得たりとせば，r は亦 n と相素なるが故に r は $a_1, a_2, \cdots, a_\nu$ の中の一つなり．又 b は pn より大ならざるにより q は p より小なり．是によりて b は上の表の中に載せられたる数ならざるを得ず．上の表に載せたる $p\varphi(n)$ 個の数は 1 より pn に至る整数の中 pn と相素なるものを尽くせり．即ち $\varphi(pn)=p\varphi(n)$．

第二の場合に於ては，上の表の数は尽く n と相素なれども，p の倍数なるもの各縦列に唯一個づつ含まれたり．例へば第一の縦列の数につきて言はんに此中の或数が p の

倍数ならんが為には
$$a_1 + xn = py$$
なる関係が整の x, y によりて成立せんことを要す．さて p と n とは相素なるが故に此ヂォファント方程式は必ず解答を有し而も x が b より小なる正の整数なるべき解答は唯一対に限れり．是故に此場合に於ては
$$\varphi(pn) = p\nu - \nu$$
$$= (p-1)\varphi(n)$$

上述の結果を利用して $\varphi(n)$ の算式を獲んと欲せば次の如く考ふべし．

先づ p が素数なるときは $\varphi(p) = p-1$ なること明白なり．よりて一によりて順次
$$\varphi(p^2) = p\varphi(p) = p(p-1),$$
$$\varphi(p^3) = p\varphi(p^2) = p^2(p-1)$$
一般に $\quad \varphi(p^\alpha) = p\varphi(p^{\alpha-1}) = p^{\alpha-1}(p-1)$
次に q は p と異なる素数なりとせば，二によりて $\varphi(p^\alpha q) = (q-1)\varphi(p^\alpha)$．次に又一によりて
$$\varphi(p^\alpha q^v) = q\varphi(p^\alpha q) = q(q-1)\varphi(p^u)$$
一般に $\quad \varphi(p^\alpha q^\beta) = q^{\beta-1}(q-1),$
$$\varphi(p^\alpha) = p^{\alpha-1}(p-1)q^{\beta-1}(q-1)$$
斯の如くにして竟に
$$\varphi(p^\alpha q^\beta r^\gamma \cdots) = \varphi(p^\alpha)\varphi(q^\beta)\varphi(r^\gamma)\cdots$$
$$= p^{\alpha-1}(p-1) \cdot q^{\beta-1}(q-1) \cdot r^{\gamma-1}(r-1)\cdots$$
を得．若し形式的に論理の最厳密ならんことを欲せば数学的帰納法を用ゐるべし．

（七）

　吾人は先に倍数の観念を分数の上に拡充せり．α が β の倍数なりとは $\alpha:\beta$ なる商の整数なるをいふ．α 若し β の倍数ならずば $\alpha=\beta x$ によりて定めらるる x は整数に非ず，x は大小の順序に於て或隣接せる二つの整数の中間に落つ．今

$$q < x < q+1$$

なりとせば $x-q$ は正の真分数にして随て

$$\alpha - q\beta = (x-q)\beta = \gamma$$

によりて定められたる γ は β より小なる正の分数なり．

　是故に一般に α 及び β ($\beta \neq 0$) が与へられたるときは

$$\alpha = q\beta + \gamma, \qquad \beta > \gamma \geqq 0 \tag{1}$$

なる条件に適すべき整数 q 及び剰余 γ は必ず存在す．而も斯の如き二つの数が唯一対に限り存在し得べきことは明白なり．第二章（七）の定理は分数の場合に拡張せられたり．

　今 α を正の分数とし，α 若し 1 より大ならば直に α より小なる正の整数を g と名づけ，

$$\alpha = g + \alpha_1$$

と置けば α_1 は正の真分数なり．さて t を 1 より大なる自然数となし，$\beta = \dfrac{1}{t}$ として（1）に於けるが如く

$$\alpha_1 = \frac{c_1}{t} + \alpha_2 \qquad \frac{1}{t} > \alpha_2 \geqq 0$$

によりて整数 c_1 及び α_2 を定むれば α_1 は 1 より小なるが故に，c_1 は t より小なり．α_2 若し 0 ならずば

$$a_2 = \frac{c_2}{t^2} + a_3 \qquad \frac{1}{t^2} > a_3 \geqq 0$$

によりて整数 c_2 及び剰余 a_3 を定む，c_2 は亦 t より小なり．次第に斯の如くにして竟に

$$a_n = \frac{c_n}{t^n} + a_{n+1}, \qquad \frac{1}{t^n} > a_{n+1} \geqq 0$$

に至り，此等の諸式を一括して

$$a = g + \frac{c_1}{t} + \frac{c_2}{t^2} + \cdots + \frac{c_n}{t^n} + a_{n+1}$$
$$t > c_1, c_2, \cdots, c_n \geqq 0, \qquad \frac{1}{t^n} > a_{n+1} \geqq 0$$
(2)

を得．a を t の冪に従て展開し，t^{-n} の項に至て止むとき，剰項 a_{n+1} は t^{-n} より小なり．

斯の如き展開が唯一の結果を与ふべきことは第二章（七）に於けると同様なり．

若し

$$a_1 = \frac{a}{b}$$

と置かば，$c_1, c_2, \cdots, c_n$ は次の如くにして定め得べし．$a_1 < 1$ なるが故に $a < b$ 随て $at^n < bt^n$．今 at^n を b にて除し，整数商 C 及び剰除 r を得たりとせば，即ち

$$at^n = Cb + r, \qquad b > r \geqq 0$$

と置かば，$C < t^n$ にして

$$a_1 = \frac{a}{b} = \frac{C}{t^n} + \frac{r}{bt^n}$$

C を t の冪に従て展開すれば，C は t^n より小なるがゆへに

$$C = c_1 t^{n-1} + c_2 t^{n-2} + \cdots + c_n$$

を得べし．ここに現はれ来れる係数 $c_1, c_2, \cdots, c_n$ は即ち (2) の係数と同じく，剰項は

$$a_{n+1} = \frac{r}{bt^n}$$

なり．

斯の如き展開は剰項 a_{n+1} の 0 となると共に其局を結ぶべし．さて剰項の竟に 0 となり得べき条件は如何．

a の展開が t^{-n} の項に至て局を結べりとなさば

$$a_1 = \frac{a}{b} = \frac{C}{t^n}$$

よりて

$$at^n = C \cdot b$$

さて $\frac{a}{b}$ を既約分数なりとせば屢々用ゐたる論法によりて，b は t^n の約数ならざるを得ず．即ち b の素数因子は尽く t の中に含まるるを要す．又逆に b の素数因子は尽く t の中に含まれたりとせば指数 n を適当に選みて，t^n をして b の倍数たらしむることを得べく，n を斯く選まば

$$\frac{a}{b} = \frac{C}{t^n}$$

なる如き整数 C を得，$\frac{a}{b}$ の展開は実際 t^{-n} の項以上に及ぶことなし．

t を 10 となすときは (2) は即ち b を小数の形に表はせ

り．十進の命数法に於て a なる分数が有限の小数として表はされ得べきが為には，a を既約分数となすとき，其分母が 2 及 5 以外の素数因子を含まざるべきを要し，又之を以て足れりとす．

実際 $b=2^\lambda 5^\mu$ なるときは λ, μ の中大なる方を n となすとき，始めて b は 10^n の約数となり，$\dfrac{a}{b}$ は分子に関係なく，小数点以下 n 桁の小数として表はされ得べし．

例へば

$$a = \frac{73}{16}, \quad t = 10$$
$$16 = 2^4$$
$$73 \times 10^4 = 16 \times 45625$$
$$\frac{73}{16} = 4,5625.$$

若又 $t=2$ となすときは

$$\frac{73}{16} = 4 + \frac{1}{2} + * + * + \frac{1}{2^4}$$

*は $2^{-2}, 2^{-3}$ の項の係数 0 なるを示せり．

（八）

分数 a を既約の形式に表はして $\dfrac{a}{b}$ となすとき，a の展開が有限なるは，分母 b の素数因子尽く命数法の基数 t の約数なる場合に限れることは既に説きたり．是故に b 若 t に含まれざる素数因子を有せば a の展開に於て剰項の 0 となることなし．此場合に於ては展開の係数は竟に一定の

週期を以て循環するに至るべし．

　分母 b が t に含まれざる素数因子を有するときは，b を素数冪に分解し，其中 t に含まるる素数に属するものと，然らざるものとを別々に集めて $b=b_0b'$ となさば，b_0 の素数因子は尽く t に含まれ，b' は t と相素なり．しかするときは b_0b' は相素にして，指数 l を適当にとるとき b_0 は t^l の約数となる．さて a に t^l を乗ずれば

$$at^l = \frac{at^l}{b_0b'} = \frac{a'}{b'}$$

を得．a' は $a\times(t^l:b_0)$ なる整数にして b' と相素なり．若 t の素数因子を含まずば b_0 を 1，l を 0 となすべく，随て $b'=b$ なり．

　a の展開は之を at^l の展開に帰着せしめ得べきが故に，吾輩は始めより

$$a = \frac{a}{b}$$

なる既約分数の分母 b は t と相素なりとなすべし．

　さて先 a を超えざる最大の整数を a より引き去りて

$$a = g+a_1, \qquad a_1 = \frac{a_1}{b}$$

$$0 < a_1 < 1, \qquad a_1 < b$$

となし a_1 の展開の係数 $c_1, c_2, \cdots$ を求めんが為に a_1t を b にて除し，商 c_1 及剰余 a_2 を得．次に a_2t を b にて除し商 c_2 及剰余 a_3 を得．順次斯の如くなし行きて

$$a_1 t = c_1 b + a_2$$
$$a_2 t = c_2 b + a_3$$
$$\dots\dots\dots\dots\dots$$
$$a_n t = c_n b + a_{n+1}$$
(1)

を得,a_1の展開式を定むること次の如し.

$$a_1 = \frac{c_1}{t} + \frac{c_2}{t^2} + \dots + \frac{c_n}{t^n} + a_{n+1} \qquad (1^*)$$

$$a_{n+1} = \frac{a_{n+1}}{bt^n}$$

さて b は a_1 及 t と相素なるが故に, (1) の第一の等式によりa_2はbと相素なるを知るべし.何となればbとa_2との公約数は$a_1 t$の約数即ち$a_1 t$とbとの公約数ならざるを得ざるが故にbとa_2との公約数は1を外にしてあり得べからざればなり.a_2とbと相素なるが故に同一の理由によりてa_3とbとも亦相素ならざるを得ず.次第に斯の如くして$a_1, a_2, a_3, \dots$等逐次現れ来る剰余は尽くbと相素なるを知るべし.

$a_1, a_2, a_3, \dots$は皆bより小なる正の整数にして,bより小なる正の整数に限あるが故に$a_1, a_2, a_3, \dots$等を何処までも求め行かば,其中に同一の数の反復して出て来ること已むを得ざる所なり.今

$$a_h = a_{h+e}$$

なりとせば

$$a_1 = \frac{c_1}{t} + \frac{c_2}{t^2} + \dots + \frac{c_{h-1}}{t^{h-1}} + \frac{a_h}{bt^{h-1}} \qquad (2)$$

$$= \frac{c_1}{t} + \frac{c_2}{t^2} + \cdots + \frac{c_{h-1}}{t^{h-1}} + \frac{c_h}{t^h} + \cdots + \frac{c_{h+e-1}}{t^{h+e-1}} + \frac{a_{h+e}}{bt^{h+e-1}}$$

より引き算によりて

$$\frac{a_h}{bt^{h-1}} = \frac{c_h}{t^h} + \cdots + \frac{c_{h+e-1}}{t^{h+e-1}} + \frac{a_h}{bt^{h+e-1}}$$

を得. 之を約めて

$$\frac{a_h}{bt^{h-1}} = \frac{C}{t^{h+e-1}} + \frac{a_h}{bt^{h+e-1}}$$

と書く. C は

$$C = c_h t^{e-1} + \cdots + c_{h+e-1}$$

なる整数を表せり. 上の等式の両辺に bt^{h+e-1} を乗じ

$$a_h(t^e - 1) = Cb$$

を得. これより a_h と b と相素なることに着眼して, t^e-1 の b の倍数なること即ち

$$t^e \equiv 1 \quad (mod. \ b) \tag{3}$$

なることを知る. $a_h = a_{h+e}$ より (3) を得たり, 而して (3) は h なる数に関係なきに注意すべし. 若し倒に (3) の関係成立せりとなさば即ち或指数 e につきて t^e-1 が b の倍数なりとせば, h を如何なる自然数となすとも (2) より

$$\frac{a_h}{bt^{h-1}} = \frac{C}{t^{h+e-1}} + \frac{a_{h+e}}{bt^{h+e-1}}$$

即ち

$$a_h t^e - a_{h+e} = Cb$$
$$a_h(t^e - 1) + (a_h - a_{h+e}) = Cb$$

を得. さて t^e-1 は b の倍数なりといふが故に $a_h - a_{h+e}$

も亦然り,而も a_h, a_{h+e} は共に b より小なる正数なるが故に $a_h - a_{h+e}$ は絶対値に於て b より小なる整数なり．此整数が b の倍数なりといふは，其 0 なるべきを意味するが故に

$$a_h = a_{h+e}$$

即ち (2) にして成立せば，h に関係なく a_h と a_{h+e} と相等しからざるを得ず，即ち

$$a_1 = a_{1+e}, \quad a_2 = a_{2+e}, \quad a_3 = a_{3+e}, \cdots$$

$a_1, a_2, a_3, \cdots$ 等逐次の剰余の中には同一の数必ず現出すべしとの簡単なる事実より発足して，若し相距ること e 位なる或二個の剰余相等しからば $t^e \equiv 1 \pmod{b}$ なるべきを知り，逆に $t^e \equiv 1 \pmod{b}$ なるときは相距ること e 位なる剰余はすべて相等しからざるべからざるを確めたり．是剰余 $a_1, a_2, a_3, \cdots$ が $(a_1 a_2 \cdots a_e)$ なる週期を以て限りなく循環し来るべきを証するものなり．

e を以て $t^e - 1$ を b の倍数たらしむべき最小の正の整数なりとなさば，$a_1, a_2, \cdots, a_e$ なる週期を組成する剰余は尽く相異なり．げにも若し $a_1, a_2, \cdots, a_e$ の中に相等しきものありて例へば $a_k = a_{k'}$ $(e \geq k' \geq k \geq 1)$ なりとせば上文弁明せる所により，e より小なる正の指数 $k'-k$ につきて既に $t^{k'-k} - 1$ が b の倍数なりといふ，e に関する規定に撞着せる結論に陥るべきなり．

剰余 $a_1, a_2, a_3, \cdots$ にして既に e 項の週期を以て循環せば，係数 $c_1, c_2, c_3, \cdots$ も亦同じく e 項の週期を以て循環せざるを得ず．但し $c_1, c_2, \cdots, c_e$ なる一週期の係数は必ずし

も尽く相異なりといふことを得ず．$a_1, a_2, a_3, \cdots$ より $c_1, c_2, c_3, \cdots$ を定めたる (1) の算式を観るに一般に相等しき a は相等しき c を与ふべけれども，飜(ひるがへ)て相等しき c は必ず相等しき a より出て来れりとなすことを得ざるにあらずや．

如上の観察は吾人を導きて次の結果に到達せしむ．

既約分数 $\dfrac{a}{b}$ の分母 b が展開の基数 t と相素なるときは，展開の途次現出する剰余 $a_1, a_2, a_3, \cdots$ 随て又展開の係数 $c_1, c_2, c_3, \cdots$ は其第一項に始まる或一定の週期を以て限りなく循環す．此循環の週期を組成せる項数 e は $t^e - 1$ を b の倍数たらしむべき最小の正の整数，随て e は分母 b のみによりて定まるべき，而して分子 a には関係なき数なり．

t が b と相素なるときは $t^e - 1$ を b の倍数たらしむる如き指数 e の必ず存在すべきことは，上文の弁説の中間接に証明せられたる所なり．

t を 10 となすときは，上述の定理により 2 にても又 5 にても整除し得べからざる整数を分母とせる分数は必ず所謂(いはゆる)純粋なる循環小数に等しきを知るべし．

二三の実例は必ずしも蛇足ならじ．

$b = 3$ 又は $b = 9$, $10 \equiv 1 \ (mod.\ 3)(mod.\ 9)$, $e = 1$

$$\frac{1}{3} = 0{,}333\cdots \qquad \frac{2}{3} = 0{,}666\cdots$$

$$\frac{1}{9} = 0{,}111\cdots \quad \frac{2}{9} = 0{,}222\cdots \quad \frac{4}{9} = 0{,}444\cdots, \cdots$$

$$b = 11, \quad 10^2 - 1 = 99 = 9 \times 11. \quad e = 2$$

$$\frac{1}{11} = 0.\overline{09} \qquad \frac{10}{11} = 0.\overline{90}$$

$$\frac{2}{11} = 0.\overline{18} \qquad \frac{9}{11} = 0.\overline{81}$$

$$\frac{3}{11} = 0.\overline{27} \qquad \frac{8}{11} = 0.\overline{72}$$

$$\frac{4}{11} = 0.\overline{36} \qquad \frac{7}{11} = 0.\overline{63}$$

$$\frac{5}{11} = 0.\overline{45} \qquad \frac{6}{11} = 0.\overline{54}$$

$$b = 13, \quad 10^6 - 1 = 13 \times 76923, \quad e = 6$$

$$\frac{1}{13} = 0.\overline{076923}, \quad \frac{2}{13} = 0.\overline{153846}, \quad \cdots$$

$$b = 37, \quad 10^3 - 1 = 37 \times 27, \quad e = 3$$

$$\frac{1}{37} = 0.\overline{027}, \quad \frac{2}{37} = 0.\overline{054}, \quad \cdots$$

ここに横線は循環の週期を示せり．

分母が t と相素ならざる場合に於ては指数 l を適当に定めて

$$\alpha t^l - \frac{a}{b}$$

の分母を t と相素なるものとなし，而して後 $\frac{a}{b}$ を展開すべし．α の展開は $\frac{a}{b}$ の展開に於ける諸項を更に t^l にて除して之を得べし．此場合には循環は $t^{-(l+1)}$ の項に始まる，

週期を組成せる項の数は前の場合に同じ．

例．

$$\frac{1}{12}\times 10^2 = \frac{25}{3} = 8{,}333\cdots$$

$$\frac{1}{12} = 0{,}08333\cdots$$

$$\frac{7}{55}\times 10 = \frac{14}{11} = 1{,}2727\cdots$$

$$\frac{7}{55} = 0{,}12727\cdots$$

a の展開式中整数の部分 g をも亦第二章（七）に説きたる如くにして t の冪に従て展開し，其展開の係数を表はすに負数の附標を以てするときは

$$a = \cdots + c_{-2}t^2 + c_{-1}t + c_0 + \frac{c_1}{t} + \frac{c_2}{t^2} + \cdots$$

を得．或は之を省略して

$$a = (\cdots c_{-2}c_{-1}c_0, c_1c_2c_3\cdots)$$

と書く．ここにコンマは t^0 の項の所在を表示せり．循環の週期を示すには或は横線を用ゐ，或は其両端の係数に・を冠せしむべし．

最後に注意すべきは展開の係数の中循環の週期に入らざる者ある場合，即ち十進法に於ける所謂混循環小数の場合に於て，係数の循環の始まるは必ずしも t の指数負なる項即ち十進法に於ける小数点以下の或桁にはあらざることなり．例へば

$$\frac{100}{3} = 33,33\cdots$$

に於ては循環は既に整数部分より始まれり．一般に $\frac{a}{b}$ の分母が t と相素にして分子 a が t の倍数なるとき必ず然り．斯の如き場合に於て整数部分に属する循環の係数を度外に置きて強ひて循環は小数第一位に始まると規定するは，事実の真相に背馳せりと謂ふべし．

（九）

分数の展開決して局を結ぶことなきときは，竟に其係数一定の週期を以て循環するに至るべきことをば既に知り得たり．是に至て自然に起らざるを得ざる疑問あり．曰く，若し予め任意に係数の一週期を定むるとき，果して斯の如き展開を与ふべき分数存在し得べきや否や．分数を十進の小数に展開して循環小数を得べきことは之を知る．未だ知らず，凡ての考へ得べき循環小数は必ず其起源を分数に有するや，否やを．

$\frac{a}{b}$ なる分数の展開が $c_1, c_2, \cdots, c_e$ なる係数の週期を与へたりとせば

$$\frac{a}{b} = \frac{c_1}{t} + \frac{c_2}{t^2} + \cdots + \frac{c_e}{t^e} + \frac{a}{bt^e}$$

なり．よりて

$$u(t^e - 1) = C \cdot b$$

但　　$C = (c_1 c_2 \cdots c_e) = c_1 t^{e-1} + c_2 t^{e-2} + \cdots + c_e$

即ち
$$\frac{a}{b} = \frac{C}{t^e - 1}$$

是故に上文の疑問を解決せんと欲せば，予め $c_1, c_2, \cdots, c_e$ なる係数の週期を定め，さて C を上に書きたる如き整数となすとき

$$\frac{C}{t^e - 1}$$

なる分数の展開が果して予定の週期を有すべきや否やを確むれば則ち足る．

先づ

$$\frac{1}{t^e - 1} - \frac{1}{t^e} = \frac{1}{(t^e - 1)\, t^e}$$

なる容易に験証せらるべき等式を立て，其両辺に C を乗じて，少しく之を書き改め

$$\frac{C}{t^e - 1} = \frac{c_1}{t} + \frac{c_2}{t^2} + \cdots + \frac{c_e}{t^e} + \frac{C}{(t^e - 1)\, t^e} \tag{1}$$

を得．記法を透明ならしめんが為に更に

$$\frac{C}{t^e - 1} = \frac{a}{b}$$

となして，上の等式を変形し

$$\frac{a}{b} = \frac{c_1}{t} + \frac{c_2}{t^2} + \cdots + \frac{c_e}{t^e} + \frac{a}{b t^e} \tag{1*}$$

となし之を前節の (1*) と比較するときは $\dfrac{a}{b}$ の展開の係数が果して $c_1, c_2, \cdots, c_e$ を週期とせること一目瞭然なり．予定の週期を以て循環する展開を与ふる分数は果して存在せ

り.

若し混循環小数の最一般なる形式を採りて
$$a = (\cdots a''a'ac_1c_2\cdots c_e)$$
に於て $\cdots, a'', a', a$ は循環せざる係数, $c_1, c_2, \cdots, c_e$ は循環の週期, 而して循環の始まるは t^{k-1} (k は正又は負又は 0) の項なりとなさば斯の如き展開を与ふべき分数 α は次の如くにして之を定むることを得.

前の如く
$$C = (c_1c_2\cdots c_e) = c_1t^{e-1} + c_2t^{e-2} + \cdots + c_e$$
となし, 又循環せざる係数のみより作れる整数を A_1 と名づく. 即ち
$$A_1 = (\cdots a''a'a) = \cdots + a''t^2 + a't + a$$
しかするときは (1) によりて
$$at^{-k} = A' + \frac{C}{t^e - 1}$$
即ち
$$= \frac{(A't^e + C) - A'}{t^e - 1}$$

さて $A't^e + C$ は循環せざる係数及循環週期の係数より作りたる整数にして之を A と名づくれば
$$A = (\cdots a''a'ac_1c_2\cdots c_e)$$
$$= \cdots + a''t^{e+2} + a't^{e+1} + at^e + c_1t^{e-1} + \cdots + c_e$$
よりて
$$\alpha = \frac{A - A'}{t^e - 1} \cdot t^h$$

例へば十進法に於て ($t = 10$)

$$a = 5{,}36\overline{702}$$

循環は t^{-3} の項に始まる. $k-1=-3$, $k=-2$, $e=3$

$$A = 536702, \quad A' = 536$$

$$a = \frac{536166}{99900} = \frac{9929}{1850}$$

又

$$a = 7\overline{504{,}9} = 7504{,}95049\cdots$$

$$k = 3, \quad e = 4, \quad A = 75049, \quad A' = 7$$

$$a = \frac{75042000}{9999} = \frac{758000}{101}$$

先には (1) 又は (1*) の形式より直に $\frac{a}{b}$ の展開の係数が $c_1, c_2, \cdots, c_e$ を週期とせるを論断せり,然れども此結論は或る一つの点に於て少しく軽率に過ぎたり.

上の等式が $\frac{a}{b}$ の展開式なるべきが為には剰項が

$$\frac{a}{bt^e} < \frac{1}{t^e}$$

なる条件を充実すべきを要す. 即ち $\frac{a}{b}<1$, $C<t^e-1$ なるべきを必須とす. $c_1, c_2, \cdots, c_e$ が尽く t より小なるべきは勿論なるが故に $C=c_1 t^{e-1}+c_2 t^{e-2}+\cdots+c_e$ は t_e-1 より大なること決してこれなしと雖,若し $C=t-1$ なるときは上述の条件は成立せず.

是故に例へば十進法に於て $0{,}999\cdots$ なる展開を与ふべき分数は存在せず.

若し展開の意義を少しく緩和して剰項 a_{n+1} の充実すべき条件を

$$a_{n+1} \leqq \frac{1}{t^n}$$

となして，此処に等号の成立すべきを容(ゆる)さば，$C = t^e - 1$ なるとき即ち $c_1, c_2, \cdots, c_e$ 尽く $t-1$ に等しきとき

$$1 = \frac{t-1}{t} + \frac{t-1}{t^2} + \cdots + \frac{t-1}{t^n} + a_{n+1}$$

$$a_{n+1} = \frac{1}{t^n}$$

一般に

$$\frac{1}{t^k} = \frac{t-1}{t^{k+1}} + \frac{t-1}{t^{k+2}} + \cdots + \frac{t-1}{t^n} + a_{n+1}$$

$$a_{n+1} = \frac{1}{t^n}$$

特に十進法に於て

$$1 = 0{,}999\cdots$$

の如き展開成立するに至るべし．然れども同時に一方に於て，展開の結果唯一なりとの法則は其汎通を失ふ．例へば十進法に於て

$$\frac{1}{2} = 0{,}5 \quad 又は \quad \frac{1}{2} = 0{,}4999\cdots$$

なるが如き是なり．

（十）

分数の展開を基礎として，整数論に関係せる，興味ある或る事実に到達することを得．

$\dfrac{a_1}{b}$ の分母 b が t と素なるとき,分子 a_1 を b より小にして b と素なる正の整数となし,$\dfrac{a_1}{b}$ の展開に於て逐次現出する剰余 $a_2, a_3, \cdots$ を定むる(八)の算式(1)を発足点となす.

$$a_1 t = c_1 b + a_2$$
$$a_2 t = c_2 b + a_3$$
$$\cdots\cdots\cdots\cdots\cdots$$
$$a_e t = c_e b + a_1$$

此処 $a_1, a_2, a_3, \cdots, a_e$ は皆 b より小にして且 b と相素なり.e は

$$t^e \equiv 1 \quad (mod.\ b)$$

を成立せしむべき最小の正の指数なり,随て $a_{e+1} = a_1$ にして,此事実は既に上の算式に明記せられたり.

$a_1, a_2, a_3, \cdots, a_e$ は尽く相異なる数にして又尽く b より小に且 b と相素なるが故に其数 e は決して $\varphi(b)$ を超ゆることなきに注意すべし.

若し a_1 に代ふるに a_2 を以てし,$\dfrac{a_2}{b}$ の展開を得んが為に,上の如き算式を立てたりとせば,此時逐次現出すべき剰余は $a_2, \cdots, a_e, a_1$ にして商は $c_2, c_3, \cdots, c_e, c_1$ なるべきこと明白なり.又若し $\dfrac{a_3}{b}$ より発足せば,剰余及商はそれぞれ $a_3, \cdots, a_e, a_1, a_2$ 及び $c_3, \cdots, c_e, c_1, c_2$ にして,一般に $a_1, a_2, \cdots, a_e$ の中の一つを a_h とせば $\dfrac{a_h}{b}$ より発足するとき逐次現出すべき剰余は $a_h, a_{h+1}, \cdots, a_e, a_1, \cdots, a_{h-1}$ にして,同一の e 数が同一の順序に,唯,其の起点を異にして,循環するを看るべし.

例へば t を 10, b を 7, a_1 を 1 となすときは $10^6-1=7\times 142857$, $e=6$ にして 7 を分母とせる分数の展開に於ける剰余及係数の週期は次頁図の如し.

若し $e=\varphi(b)$ なるときは

$$a_1, a_2, a_3, \cdots, a_e \qquad 〔1〕$$

は b より小にして b と素なる凡ての整数を網羅し, b を分母とせる既約分数の展開は斯の如くにして尽く求め得られたりといふべし. 例へば $b=7$, $t=10$ なるとき $e=6=\varphi(7)$ なるが如きは此場合なり.

然れども若し $e<\varphi(b)$ なるときは〔1〕の e 数の外尚 b より小にして b と素なる数存在す, 其一つを a_1' と名づけ, $\frac{a_1'}{b}$ につきて前の如く剰余の週期を求むれば, 此週期を組成せる剰余の数は前と同じく e なり. 此等の剰余を

$$a_1', a_2', a_3', \cdots, a_e' \qquad 〔2〕$$

と名づくれば〔2〕の e 数は尽く相異なる, b より小にして b と素なる数なり. 此等の数の中の一つ例へば a_h' より発足するときは同一の e 数〔2〕が同一の順序に, 唯 a_h' を其起点として循環し来るべきこと前に同じ.

さて〔2〕に現はれたる e 個の数と〔1〕に現はれたる e 個の数との中に同一の数あることなし. げにも若し仮に $a_h=a_k'$ なりとせば

$$a_h, a_{h+1}, \cdots, a_e, a_1, \cdots, a_{h-1}$$
$$a_k', a_{k+1}', \cdots, a_e', \ , a_{k-1}'$$

は同一の e 数ならざるを得ず. 随て a_1' が既に〔1〕の中に存在せりといふ矛盾の結果に陥るべきなり.

剰余の週期

$1 \cdot 10 = 1 \cdot 7 + 3$
$3 \cdot 10 = 4 \cdot 7 + 2$
$2 \cdot 10 = 2 \cdot 7 + 6$
$6 \cdot 10 = 8 \cdot 7 + 4$
$4 \cdot 10 = 5 \cdot 7 + 5$
$5 \cdot 10 = 7 \cdot 7 + 1$

係数の週期

$\dfrac{1}{7} = 0{,}142857\cdots$

$\dfrac{3}{7} = 0{,}428571\cdots$

$\dfrac{2}{7} = 0{,}285714\cdots$

$\dfrac{6}{7} = 0{,}857142\cdots$

$\dfrac{4}{7} = 0{,}571428\cdots$

$\dfrac{5}{7} = 0{,}714285\cdots$

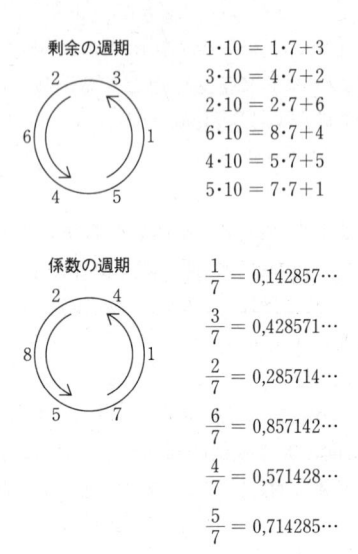

是故に b より小にして b と素なる数 e 個よりも多からば，斯の如き数は少くとも $2e$ 個なかるべからざるを知る．即ち若し $\varphi(b) > e$ ならば必ず $\varphi(b) \geqq 2e$ なり．

若し $\varphi(b) = 2e$ ならばよし，さらずば〔1〕〔2〕の外尚 b より小にして b と素なる整数必ずこれあり．其一つを a_1 と名づけ，a_1'' より発足して前の如く新に

$$a_1'', a_2'', a_3'', \cdots, a_e'' \qquad [3]$$

なる〔1〕にも〔2〕にも含まれざる e 個の数を得．$\varphi(b)$ 若し $2e$ より大ならば，少くとも $3e$ を下らざるを知る．

次第に斯の如くなし行きて竟に b より小にして b と素

なる $\varphi(b)$ 個の整数を $[1], [2], [3], \cdots$ の如き e 個づつの幾組かに分つことを得．今 $[1], [2], [3], \cdots, [f]$ に至りて $\varphi(b)$ 個の数を網羅し得たりとせば

$$\varphi(b) = ef \tag{1}$$

例へば $t=10$, $b=13$, $\varphi(13)=12$．e 及逐次の剰余，係数を求めんが為め，先づ 1 の右に未定数の 0 を附加せる数を実とし，之を 13 にて除す（こは前に 7 の場合になせる算法を約めたるに過ぎず）．

```
          076923                      153846
    13 | 1000000              13 | 2000000
         91                         13
         ──                         ──
         90                         70
         78                         65
         ───                        ──
         120                        50
         117                        39
         ───                        ───
          30                        110
          26                        104
          ──                        ───
          40                         60
          39                         52
          ──                         ──
           1                         80
                                     78
                                     ──
                                      2
```

除して第六段に至り剰余 1 を得たるは 10^6-1 の始めて 13 の倍数なるを示す.故に $e=6$ にして,1 より発足して得らるべき逐次の剰余は

$$1, 10, 9, 12, 3, 4 \qquad [1]$$

の六個を週期とす.其数未だ $\varphi(13)$ 個に充たざるが故に,此中になき数の一つ 2 を採り,前と同様にして

$$2, 7, 5, 11, 6, 8, \qquad [2]$$

を得.斯くして得たる六個づつ二組の数は恰も $\varphi(13)=12$ 個の 13 より小にして之と素なる数を尽せり.

$$\varphi(13)=6\times 2, \quad f=2.$$

此計算によって同時に 13 を分母とせる,凡ての既約真分数の展開を得たり.

$$\frac{1}{13} = 0{,}076923\cdots \qquad \frac{2}{13} = 0{,}153846\cdots$$

$$\frac{10}{13} = 0{,}769230\cdots \qquad \frac{7}{13} = 0{,}538461\cdots$$

$$\frac{9}{13} = 0{,}692307\cdots \qquad \frac{5}{13} = 0{,}384615\cdots$$

$$\frac{12}{13} = 0{,}923076\cdots \qquad \frac{11}{13} = 0{,}846153\cdots$$

$$\frac{3}{13} = 0{,}230769\cdots \qquad \frac{6}{13} = 0{,}461538\cdots$$

$$\frac{4}{13} = 0{,}307692\cdots \qquad \frac{8}{13} = 0{,}615384\cdots$$

又 $b=39$,　　$\varphi(39)=24$,　　$e=6$,　　$f=4$.

此場合に於ける四組 ($f=4$) の剰余は

1,	10,	22,	25,	16,	4,	[1]
2,	20,	5,	11,	32,	8,	[2]
7,	31,	37,	19,	34,	28,	[3]
14,	23,	35,	38,	29,	17,	[4]

にして此の表は実際 39 より小にして之と素なる凡ての数を網羅せり. 此等四組に属せる係数の週期は

$$\frac{1}{39} \quad 025641$$

$$\frac{2}{39} \quad 051282$$

$$\frac{7}{39} \quad 179487$$

$$\frac{14}{39} \quad 358974$$

なり.

分数の展開にことよせて導き出したる等式 (1) は, 其自身には分数の展開に何等の関係なく, 整数論上の一事実を表明せり. 之を独立に言明して次の定理を得.

整数 b が t と素なるときは t^e-1 を b の倍数となすべき最小の正指数 e は $\varphi(b)$ の約数なり.

是故に前の如く $\varphi(b)=ef$ と置きて
$$t^e \equiv 1 \quad (mod.\ b)$$
の両節を指数 f の冪に揚げて (第四章 (一) を看よ) $t^{ef} \equiv 1\ (mod.\ b)$ 即ち

$$t^{\varphi(b)} \equiv 1 \quad (mod.\ b) \tag{2}$$

を得．特に b に代ふるに t の約数ならざる素数 p を以てするときは，$\varphi(p) = p-1$ なるが故に，

$$t^{p-1} \equiv 1 \quad (mod.\ p) \tag{3}$$

を得．(3) は t が素数 p の倍数ならざるときは，$t^{p-1}-1$ は p の倍数なるべきを示せり．是れ即ち有名なるフェ・ル・マ・ーの定理なり．(2) は法が素数なるべしとの条件を撤去して得たる，此定理の拡張にして，オイラーの発見に係る[13]．

例．

$p = 7, \quad t = 10, \quad 10^6 - 1 = 7 \times 142857$

$p = 13, \quad t = 10, \quad 10^{12} - 1 = 13 \times 76923076923$

$b = 21, \quad t = 10, \quad \varphi(21) = 12$．

$\quad 10^{12} - 1 = 21 \times 47619047619$

$p = 3, \quad t = 7, \quad 7^2 - 1 = 3 \times 16$

$p = 5, \quad t = 3, \quad 3^4 - 1 = 5 \times 16$

$b = 15, \quad t = 2, \quad \varphi(15) = 8$

$\quad 2^8 - 1 = 15 \times 17$．

オイラーの定理は更に之を補修することを得．b を素数冪に分解して

$$b = p^\alpha q^\beta r^\gamma \cdots$$

となし

---

[13] フェルマー (Fermat, 1601-1665) は法律家にして数学は其閑余の楽事なるに過ぎず．整数論に於ては空前の碩学なり．
　　オイラー (Euler, 1707-1783) の名は数学の各分科に光輝を放てり．

(十)オイラーの定理の補修

$$P = \varphi(p^\alpha), \quad Q = \varphi(q^\beta), \quad R = \varphi(r^\gamma), \cdots$$

と置けば

$$\varphi(b) = P.Q.R.\cdots$$

さて t と b と素なるときは (2) によって

$$t^P \equiv 1 \quad mod.\, p^\alpha, \quad t^Q \equiv 1 \quad mod.\, q^\beta, \quad t^R \equiv 1 \quad mod.\, r^\gamma, \cdots$$

今 $P, Q, R, \cdots$ の最小公倍数を M と名づくれば

$$t^M \equiv 1 \quad mod.\, p^\alpha,\ mod.\, q^\beta,\ mod.\, r^\gamma, \cdots$$

即ち t^M-1 は $p^\alpha, q^\beta, r^\gamma, \cdots$ のいづれにても整除し得べし. 是故に t^M-1 は $p^\alpha, q^\beta, r^\gamma, \cdots$ の最小公倍数なる b にても亦整除せらるべく, 結局 $\varphi(b)$ に代ふるに M を以てして既に

$$t^M \equiv 1 \quad (mod.\, b) \qquad (4)$$

例.

$b = 21 = 3.7$

$P = 2, \quad Q = 6\,; \quad M = 6 \quad t^6 \equiv 1 \quad (mod.\, 21)$

$2^6 - 1 = 21 \times 3$

$5^6 - 1 = 21 \times 744$

$10^6 - 1 = 21 \times 47619$

$b = 15 = 3.5$

$P = 2, \quad Q = 4\,; \quad M = 4 \quad t^4 \equiv 1 \quad (mod.\, 15)$

$2^4 - 1 = 15$

$4^4 - 1 = 15 \times 17$

$7^4 - 1 = 15 \times 160$

(十一)

　十進法に於ける小数四則の演算につきて此処に尚数言を費さんとす．勿論ここに説く所は命数法の基数が十にあらざる場合にも適用し得らるべし．

　小数に展開せられたる分数を書き表はす為に，加法の記号及び t^n なる数を省略して，単に係数を順次に幷記し，コンマを以て t^0 の位の在る所を示すべきことは既に言へり．此常用の小数記法を用ゐて一般に或数を表はすには係数を同一の文字にて示し，係数の属する t の冪の指数を此文字に附記して，以て此係数の位を表はすを便なりとす．例へば
$$c_3 t^3 + c_2 t^2 + c_1 t + c_0 + c_{-1} t^{-1} + c_{-2} t^{-2}$$
或は之を約めて
$$(c_3 c_2 c_1 c_0 c_{-1} c_{-2})$$
と記するが如き是なり．小数点の所在を明示すること却て不便なる場合には，此記法は特に便利なり．括弧は此記法と積の記法とを區別せんが為に特に用ゐたり．此兩様の記法の混乱する虞なしと認むべき場合には，括弧をも省略することあるべし．例へば単に $a_n a_{n-1}$ と記せるは $a_n t^n + a_{n-1} t^{n-1}$ を表はす．n 若し 1 ならば a_n は十の位の係数，n 若し 0 ならば a_n は一の位の係数にして，又若し n を -2 なりとせば a_n は 10^{-2} 即ち小数第二位の係数を表はせるものとす．個々の係数が $t-1=9$ を超えざる正の整数（又は 0）なることは言ふを須ひず．

　さて一般に

$$t^{n+1} \geq (c_n c_{n-1} c_{n-2} \cdots) \geq c_n t^n$$

げにも中間に書ける数の最大なるは $c_n, c_{n-1}, \cdots$ が尽く9にして，且数字が限りなく連続せる場合にして，此場合に於てのみ中間の数は t^{n+1} に等しきを得べし．又此数の最小なるは c_n の外凡ての係数尽く0なる場合にして，此場合に限り此数は $c_n t^n$ に等しきを得．

又　　　$c_n c_{n-1} \cdots,\quad c_k c_{k-1} \cdots \quad (n > k)$

は $c_n c_{n-1} \cdots c_k$ より小ならず，而も両者の差は t を超ゆることなし．

是によりて

$$\gamma = c_n c_{n-1} \cdots, \quad \gamma' = c'_m c'_{m-1} \cdots$$

の如き二数の大小を比較せんとせば先 γ, γ' の左端の数字の位の高低を比較すべし，n 若し m より大ならば（例へば $n=-2$，$m=-3$ の如く）γ は γ' より大なり．n 若し m に等しからば，左端の係数を比較すべし，c_n 若し c'_n より大ならば γ は γ' より大なり．若し $c_n = c'_n$ ならば，次位の係数を比較すべし，一般に $c_n = c'_n$，$c_{n-1} = c'_{n-1}$，$\cdots c_k \neq c'_k$ 即ち t^k の位に於て始て相異なる係数に遇はば，此等の係数の大小は γ, γ' の大小を決定す．但し $c_k = c'_k + 1$ なるとき γ に於ては $c_{k-1}, c_{k-2}, \cdots$ 等 c_k に継げる係数尽く0にして γ' に於ては $c'_{k-1}, c'_{k-2}, \cdots$ 等無限に連りて且尽く9なるときは γ, γ' は相等し．

小数の加減乗除は畢竟整数の四則に帰着す．先づ或小数に，$10^k (k>0)$ を乗ぜんと欲せば，其数字を変ずることなくして，唯小数点を k 位左に移すべく，又 10^k を以て除す

るには小数点を k 位右に移すべし．勿論其必要あるときは数字の列の左端又は右端に若干の 0 を添ふるの注意肝要なり．

二つの有限の小数
$$\gamma = \cdots c_{h+1} c_h$$
$$\gamma' = \cdots c'_{k+1} c'_k$$

の和又は差を求めんと欲せば先づ h, k の中小なる方を採り，例へば $h \geqq k$ となして，10^{-k} を γ, γ' に乗じて
$$\gamma . 10^{-k} = C = \cdots c_{h+1} c_h 00 \cdots$$
$$\gamma' . 10^{-k} = C'' = \cdots c'_{k+1} c'_k$$

なる二個の整数を得．C, C'' の和又は差を計算して後之に 10^k を乗ずべし．
$$\gamma \pm \gamma' = (C \pm C'') 10^k$$

例．$\gamma = 7,0128$　$\gamma' = 0,936572$　$h = -4,$　$k = -6$
$$\gamma + \gamma' = (7012800 + 936572) \times 10^{-6}$$

或は約めて

$$\begin{array}{r} 7,0128 \\ 0,936572 \\ \hline 7,949372 \end{array}$$

γ, γ' の一方又は双方が循環小数なる場合に於ても加法減法は簡単なり．今 γ, γ' が共に循環小数なる場合に於て，先 γ, γ' の中循環の後れて始まるもの t^k の位よりすとなし，循環週期に属する数字の中 t^k の位に先てるものをば循環せざる部分に編入し，次に γ, γ' の循環週期の位数 e, e' の最小公倍数を m とし $m = \mu e = \mu' e'$ となし，γ にありては

週期 μ 回, γ' にありては週期 μ' 回を列記して, 双方共に形式上同位 t^k に始まれる, 同位数 m の週期を有せる循環小数となす.

さて γ, γ' に於ける t^k の位以上の係数を其儘とりて作りたる整数を A, A', 又 t^k より t^{k+m} に至る延長週期の係数より作りたる整数を C, C' と名づく. γ, γ' の形式次の如し.

$$\gamma = (ACC\cdots) = \left(A + \frac{C}{t^m - 1}\right) t^{k+1}$$

$$\gamma' = (A'C'C'\cdots) = \left(A' + \frac{C'}{t^m - 1}\right) t^{k+1}$$

γ, γ' の和を計算するに先 C, C' の和を求むべし. C, C' はいづれも m 位の整数なり其和もし t^m より小ならば, 是直に $\gamma + \gamma'$ の循環週期なり. $C + C'$ 若し t^m に達せば $C + C' = t^m + S$ となすとき S は m 位の整数にして

$$\frac{C}{t^m - 1} + \frac{C'}{t^m - 1} = 1 + \frac{S + 1}{t^m - 1}$$

よりて $S + 1$ は即ち $\gamma + \gamma'$ の循環週期なり. $S + 1$ は決して t^m に達することを得ず.

和の数字の中, 循環の週期に入らざるものは前後二つの場合に於て, それぞれ $A + A'$ 及 $A + A' + 1$ なる整数によりて与へらる.

$$\gamma + \gamma' = \left\{(A + A') + \frac{C + C'}{t^m - 1}\right\} t^{k+1}$$

又は

$$= \left\{(A+A'+1)+\frac{S+1}{t^m-1}\right\}t^{k+1}$$

$\gamma-\gamma'$ を求むるに亦二様の場合を区別すべし. 先づ $C \geqq C'$ ならば

$$\gamma-\gamma' = \left\{(A-A')+\frac{C-C'}{t^m-1}\right\}t^{k+1}$$

次に $C<C'$ ならば $t^m+C-C'=D$ と置きて

$$\gamma-\gamma' = \left\{(A-A'-1)+\frac{D-1}{t^m-1}\right\}t^{k+1}$$

即ち後の場合に於ては $\gamma-\gamma'$ の週期は $D-1$, 循環せざる部分は $A-A'-1$ によりて与へらるるなり.

例.
$$\frac{17}{70} = 0,2\overline{428571} \qquad k=2, \ m=6$$

$$\frac{3}{11} = 0,2\overline{727272}$$

$$\frac{17}{70}+\frac{3}{11} = \frac{397}{770} = 0,5\overline{155844}$$

$$\begin{aligned} A &= 2, \ C = 428571 \\ A' &= 2, \ C' = 727272 \end{aligned} \qquad S = 155843$$

$$\frac{8}{7} = 1,\overline{142857} \qquad k=-1, \ m=6$$

$$\frac{2}{11} = 0,\overline{181818}$$

$$\frac{8}{7}-\frac{2}{11} = \frac{74}{77} = 0,\overline{961038}$$

$$A = 1, \quad C = 142857$$
$$A' = 0, \quad C' = 181818 \qquad D = 961039$$

(三)

乗法を説くに当り，先づ γ, γ' 共に有限の小数なる場合より始めん．

$$\gamma = \cdots c_{h+1}\, c_h$$
$$\gamma' = \cdots c'_{k+1}\, c'_k$$

の積を計算するには $\gamma.10^{-h} = C$, $\gamma'.10^{-k} = C'$ なる整数の積を求めて後之を 10^{-h-k} にて除すべし．γ, γ' に於ける小数部分の位数 h, k にして，積のは $h+k$ なり．

γ が循環小数にして γ' が有限の小数なるときは，γ の循環週期は e 位より成り t^k の位より始まるとなし，A, C をば例の如き意義に用ゐて

$$\gamma = \left\{ A + \frac{C}{t^e - 1} \right\} t^{k+1}$$

とし，又
$$\gamma' = A'.t^h$$
と置く．さて

$$\gamma\gamma' = \left\{ AA' + \frac{A'C}{t^e - 1} \right\} t^{h+k+1}$$

若し $A'C \leq t^e - 1$ ならば，$A'C$ は直に $\gamma\gamma'$ の週期を与へ，循環は t^{h+k} の位に始まり，週期は e 位より成る．AA' は循環せざる部分の数字を与ふ．然れども若 $A'C$ にして $t^e - 1$ より大ならば $A'C$ を $t^e - 1$ にて除し，商 $\triangle$ 及剰余 P を求むべし

$$A'C = \triangle(t^e-1)+P, \quad t^e-1 > P \geq 0$$

しかするときは

$$\gamma\gamma' = \left\{AA'+\triangle+\frac{P}{t^e-1}\right\}t^{h+k+1}$$

にして P は循環の週期，$AA'+\triangle$ は循環せざる部分の数字を与ふ．循環の始まる位及其週期の位数は前に同じ．ここに t^e-1 を法としての除法は第四章（二）を適用して其計算を短縮することを得．

例．
$$\gamma = 0,\overline{63} \quad k=-1, \ e=2$$
$$\gamma' = 7,3869 \quad h=-4$$
$$A=0, \quad C=63, \quad C'=73869$$
$$A'C = 4653747 = 47007\times 99+54$$
$$\gamma\gamma' = 4,700\overline{754}$$

この例に於て 99 を法とせる除法の商及剰余を計算するに次の如くなすことを得．

$$\underline{4\ \ 65\ \ 37\ \ 47}$$

$a\ \ b\ \ c\ \ d$

46537 ……(abc)

　465 ……(ab)

　　4 ……a

$\overline{47006}$ ……

　　1 ……λ

$\overline{47997}$ …… $\triangle$

47 …… d

37 …… c

65 …… b

 4 …… a

$\overline{153}$ …… $a+b+c+d = 100\lambda+P-\lambda$

 1 …… λ

$\overline{54}$ …… P

γ' の位数甚小なる場合の外，斯の如き計算の方法は実用に適せず．況や γ, γ' 共に循環小数なる場合に於ては，分数の計算を経由して，最後の結果するを寧ろ簡便とすべし．

　γ, γ' が有限の小数なると循環小数なるとには関係なく，一般に γ, γ' の最高位がそれぞれ t^m, t^n の位なるときは $\gamma\gamma'$ の最高位は t^{m+n} 又は t^{m+n+1} の位なるべし．勿論ここに指数 m, n は正又は負の整数又は 0 なることを得べし．

　此事実によりて又 γ, γ' の商の最高位を決定することを得．γ, γ' の最高位の指数は前の如く m, n なりとせば $\gamma : \gamma'$ なる商の最高位の指数は $m-n$ 又は $m-n-1$ なり．此二つの場合を区別せんと欲せば，γ, γ' の数字を左端より観察すべし．最一般なる場合を採りて γ, γ' の数字左端 e 位は全く同一にして，左端より第 $e+1$ 位に至り，始めて相異なる数字に遭遇すとなさば γ, γ' の形式は次の如し

$$\gamma = Pc\cdots$$
$$\gamma' = Pc'\cdots$$

ここに P は γ 及び γ' の左端に於て相一致せる e 位の数字を代表し，c, c' は相異なる数字なり．さて c の c' より大なると小なるとに随ひて，商の最高位の指数は $m-n$ 又は $m-n-1$ なり．

　勿論ここに言へる事は γ 又は γ' が 999… の如く 9 を週期とせる循環小数の形に与へられたる場合には，相当の制限の下にのみ成立し得べし．されども之に関せる縷説は無用なるべし．

　γ, γ' が共に有限の小数なる場合には，γ, γ' の双方に適

当なる t の同一の冪を乗じて之を整数 A, A' に変形するとき，$\gamma : \gamma'$ を定むるは $\dfrac{A}{A'}$ なる分数の展開に帰すべし．実際に於て此計算を行ふには，γ の数字の右端に任意数の 0 を添へ，之を実となし，γ' の小数点を去りて作りたる整数を法として，商の数字の竟に循環するに至るまで除法を継続し，さて商の位取りをなすには，例へば上に述べたる最高位決定の方法によることを得．

γ は循環小数にして γ' は有限の小数なる場合には γ の循環週期を限りなく反復して書き，前の如くにして商の数字の循環するに至るまで除法を継続すべし．

γ' が循環小数なるときは，分数を経由して最後の結果に到達するを良しとす．

例． $\qquad \gamma = 0{,}0333\cdots \qquad \gamma' = 0{,}7$

$$7 \overline{)333333\cdots} \atop 47619\cdots$$

$m = -2,\ n = -1,\ P = 0,\ c = 3,\ c' = 7;$
$m - n - 1 = -2$

$$\gamma : \gamma' = 0{,}0\overline{47619}$$

小数の計算につきてここに説きたる事は簡易なり．然れども小数計算は甚だ侮り難き問題なり．理論的の見地より之を観察して，週期及其位数等に重きを置かば，其解決には整数論の知識を要すること必ずしも少小ならず．ガウスが其「整数論」の一節を特に循環小数の理論に割ける，以て鑑とすべし．

実用に於ては小数の計算は結果の近似値即ち其最高位若

干を決定するを主眼とす．即ち問題の要点は如何にして正しき結果に到達すべきかといふにあらずして，成るべく簡短なる方法によりて，成るべく正確なる結果を獲んとするにあり．問題の困難は此「成るべく」の一語より起る．

第七章　四則算法の形式上不易[14]

有理数，算法の形式上不易，問題の説明／順及逆の算法，其関係／減法の汎通及負数，正負整数の乗法／除法の汎通と分数，有理数四則，除法の例外／有理数の大小

(一)

　吾輩は自然数の観念より発足し，順序又は大小の思想に準拠して負数及分数を導き出だせり．正負の整数分数を総括して之を有理数といふ．さて自然数を基礎として竟に有理数に到達するに，尚一の径行あり．自然数の範囲内に於

---

14)　第七章に説ける如き研究は遠くハミルトンの四元法（Quaternion）に胚胎せり．グラスマンの Ausdehnungslehre は n 元法とも謂ふべし．斯の如き「異算術」にありては，乗法は交換の法則に遵はず．是に於て数と算法とを区別して算法の定義より生ずる結論と，数の性質に因する結論とを鑑別する必要を生ず．此見地より翻て有理数及其四則算法を審査す．所謂算法の形式上不易の原則は斯くして生れ出でたり．此原則の命名はハンケル（Hankel, Theorie der complexen Zahlensysteme, 1878）に始まる．

　グラスマンは合離の算法を表すに（　）なる記号を用ゐたり，ストルツは（　）に代ふるに○を以てしハンケルは函数記法を採りて θ, λ を用ゐたり．吾輩は歴史上の由来に関係なく，印刷の便宜上，合離の記号を本文の如く定めて仮用せり．

ては加法は常に可能なれども，其(その)逆なる減法は則ち然(しか)らず．減法をして無制限に可能ならしめんと欲せば，負数をも併(あは)せ考ふるを避くべからず．正負整数の範囲内にありては，加法減法は之(これ)を凡(すべ)ての場合に施こして誤る所なきのみならず，加法減法は其真髄に於て同一の算法に帰着す．正負整数の範囲内に於て常に可能なる，第二の算法は乗法なり．而も其逆なる除法は其可能の区域に於て羈絆(きはん)せらるる所あり．此羈絆を脱(しか)せんと欲せば分数を導入すること止むべからざる所にして，整数，分数を総括せる有理数は四則算法の汎通に於て制縛せらるる所なき一系統を成せり．以上の観察は算法汎通の要求を以て数の範囲を拡張するの動因となし得べきを示す．此見地は赤(また)近世数学に於て重要なる地歩を占むるものにして，ハンケルは之を算法の形式上不易と名づけたり．

　然れども算法の形式上不易の原則を基礎として数の範囲を拡張せんとするときは，其拡張の区域に自ら制限あることを忘るべからず．自然数より有理数に到達するは此原則を適用すべき最自然的なる場合なり．又此法則を出来得べき限り利用し尽して所謂(いはゆる)「代数的の数」に到達することを得れども[15]，一般の無理数の観念を定めんと欲せば，既に

---

15) 「代数的の数」(algebraische Zahl) とは現代の数学に於て重要なる観念なれども其意義を説明するは此書の企及せざる所なり，但此語につきて注意すべき一条あり．古風の数学書又は通俗数学書（特に或種の初等教科書）等に於て此語を負数又は所謂不尽冪根などの義に用ゐたる者なきを保せず．然れども斯の如きは当今の数学社会一般に用ゐらるる用語例を違犯せる者なり．「代

此原則以外に或立脚点を求むるの必要に遭遇すべし。そは兎も角もあれ，吾人は今此学説の梗概を迅速に通観せんと欲す。

此章に於ける研究は分析的なり，新なる知識を獲るを主眼とせずして，既知の事実を新見地より観察せんとするなり。則ち自然数の観念は既に定まれりとなせども，負数及分数は，論理の表面上，吾人の未だ知らざる所の者と見做し，さて新しき方法によりて自然数の観念より分数及負数のそれを導き出さんとす。是即ち吾人の立脚点なり。

吾人は自然数に関して次の事実を知れり。

原則一．二つの数は相等しきか或は相等しからざるか何れか一なり。甲は乙に等しく又丙にも等しからば，乙は丙に等し。

数に加法及乗法を施すことを得。此等の算法は次の諸性

数的の数」とは正又負の整数を係数とせる代数方程式（$a_0 x^n + a_1 x^{n-1} + \cdots + a_n = 0$, $a_0, a_1, \cdots, a_n$ は整数）の根たり得べき数を言ふなり。凡ての有理数，凡ての有理数の冪根，或はこれらに四則を施して得らるべき数は勿論尽く「代数的の数」の特例なり。然れども代数的の数は未だ斯の如き数に尽きたりと言ふべからず。

算法の形式上不易の原則のみを根拠としては，既に「不尽冪根」を説明するにも困難を感ず。試に $\sqrt{a} + \sqrt{b}$ を説明せよ。但此困難は絶対的に排除し得ざるに非ず。然れども「代数的ならざる数」の観念には此原則のみを根拠として到底到着することを得ず。

此種の問題実は最新数学の進歩によりて激発せられたる所にして，読者に予備の智識を期望せざる此書の範囲以外に属せりと知るべし。唯あまり時代違ひなる誤解を防がんが為に数言を費せるに過ぎず。

質を具へたり．

原則二．結果の一定せること．a, b が与へられたるときは $a+b=c$ 又は $ab=c$ なる第三の数 c は一定の数なり．$a=a'$, $b=b'$ ならば $a+b=a'+b'$；$ab=a'b'$.

原則三．転倒の結果一定せること．a, b の与へられたるとき，$b+c=a$ 又は $bc=a$ なる条件を充実すべき数 c は，若し存在すとも，必 唯一個に限るべし．$b+c=a$, $b+c'=a$ より又 $bc=a$, $bc'=a$ より $c=c'$ を得．

原則四．組み合せの法則　　$(a+b)+c = a+(b+c)$，$(ab)c=a(bc)$.

原則五．交換の法則　　$a+b=b+a$, $ab=ba$

原則六．分配の法則　　$(a+b)c = ac+bc$

加法及乗法の転倒即減法及除法は自然数の範囲内に於て必しも可能ならず．原則三は転倒の可能なる場合に於ては其結果唯一なるべきを言へるに過ぎず．此制限を除かんと欲せば数の範囲を拡張して自然数以外新種の数を作り出さざるを得ず．是に於て一個の問題を生ず．自然数の範囲を拡張して減法及除法を汎通ならしめ，而も数の新範囲に於て上述の諸原則を尽く成立せしめんとすといふこと是なり．此問題は二様の要求を含めり．其一は減法及除法を汎通ならしめんが為に新しき数を作らんとするにあり．此要求は甚 空漠にして寛大なり．之に応ずるに於て吾人は何等の覊絆をも受くることなし．a が b より小なる場合に於ける $a-b$ 又は a が b の倍数ならざる場合に於ける $a:b$ は吾人の意に任じて其意義を定め，形式上減法及除法を汎

通ならしむることを得．然れども斯の如く全く随意に減法除法の結果を定むることの効益果して如何．

　算法適用の区域に制限あるは自然なり．強て此制限を撤去せんとする動因は一は以て理論の統一を保ち，一は依りて数の応用の区域を拡大せんとするにあり．数の観念を拡張して作り得たる新範囲に統一なくば，是或種の算法の汎通を贏け得んが為に，其他の諸法則の汎通を犠牲とせるなり．其弊や算法に自然的の制限あるに譲らず．統一せる法則に遵はざる数は何処にか其応用を求めん．是に於て更に第二の要求を生ず．減法除法を汎通ならしめんが為に作り成せる数の新範囲に於て，自然数につきて上に述べたる諸原則仍成立すべしとの条件，即是なり．此要求は過大にして苛酷なり．上述の諸原則犯すべからずとせば，a の b より大ならざる場合に於ける $a-b$ 及 a の b の倍数ならざる場合に於ける $a:b$ の意義は自ら定まり，此間復た随意選択の余地あることなし．さて斯の如くにして新しき数の相等及加法，乗法の意義定まれる上，仍此既定の意義の決して自然数の諸原則に悖らざるを欲す．此点に於て第二の要求は過大なり．是故に此要求は果して貫徹せらるべきや否やは予め測るべからずして其決定は精細なる調査に待つ所あり．

　事実につきて之を言ふ．若し除法の汎通に唯一の除外例（0 を法とせる除法）あるを容すとの譲歩をなすときは，此要求は全く貫徹せられ得べきこと，後条に至り自ら明なるべし．

（二）

　加法及乗法を順の算法とし，減法及除法を逆の算法となす．加法減法及乗法除法につきて同趣の説明を反復するの煩を避けんが為に，此一節に於ては両者を一括し，＋×に代ふるに○又－：に代ふるに＊を以てすべし．或は一般に○＊は次に掲ぐる諸性質を具へたる一種の算法及其逆の算法を表せりとするも亦可なり．○＊は例へば之を合，離と訓^{よ}むべし．

　合，離の算法は之を自然数に適用する限り次の諸条件を充実す．

　一，a, b の与へられたるとき $a \circ b = c$ なる数 c は必^{かならず}，しかも唯一個に限り，存在す．

　　$a = a'$, $b = b'$ より　$a \circ b = a' \circ b'$ を得．

　二，a, b の与へられたるとき $b \circ c = a$ なる条件を充実すべき数 c は，若し存在すとも，唯一個に限る．此数を表はすに $c = a * b$ なる記法を用ゐる．よりて

$$b \circ c = a \quad と \quad c = a * b$$

とは同一の事実を表はし，又 $a = a'$, $b = b'$ より $a * b = a' * b'$ を得．

　三，　$(a \circ b) \circ c = a \circ (b \circ c)$

　四，　$a \circ b = b \circ a$

　$a * b$ なる記号に本来の意義ある場合と，然らざる場合とあり．本来の意義なきは即離の算法不可能なる場合にして，此場合には $a * b$ は　即^{すなはちあらた}　新に作らるべき一つの数を表

はせり．さて斯くして新に作らるべき数は尽く一，二，三，四の条件を充実すべきを要し，且斯の如き新数の作られたる上は離の算法恒に可能なるを要するが故に，先づ二を改めて次の如くなす．

二*，a, b の与へられたるときは $b \circ c = a$ なる条件に適すべき（本来の，或は新しき）数 c は必ず而も唯一個に限りて，存在す．之を表はすに $c = a * b$ なる記法を用ゐる．即ち次の二つの関係は必ず相随伴す．

$$c = a * b, \quad b \circ c = a$$

一，二*，三，四の論理上必然の結果として次の諸定理を得．

五，$a * b = a' * b'$ と $a \circ b' = a' \circ b$ とは相随伴す．

二*によりて $(a * b) \circ b = a$, $(a' * b') \circ b' = a'$ よりて一により

$$(a * b) \circ b \circ a' = a \circ a'$$
$$(a' * b') \circ b' \circ a = a' \circ a$$

三，四を用ゐて此両式より

$$(a * b) \circ (b \circ a') = (a' * b') \circ (b' \circ a)$$

を得．これより二*及四を用ゐて $a * b = a' * b'$ と $a \circ b' = a' \circ b$ との必相随伴すべきを知る．

五は一，二*，三，四の論理上必至の結果なり．a, b は本来の数にして且 $a * b$ が可能なるときは即ち $a * b$ が本来の数に等しきときは，五は本来の数に関せる当然の結果なり．若し $a * b$ が本来の数の範囲内にて可能ならずば，$a * b$ は即ち新なる数にして五は畢竟 $a * b$, $a' * b'$ なる二つ

の新なる数の相等しといふことに賦すべき意義を与ふるに過ぎず．一乃至四の原則を犯すべからずとなさば，二つの新なる数の相等は斯く解釈するの外途なきなり．

六，$(a*b)\circ(a'*b')=(a\circ a')*(b\circ b')$

記法を簡約せん為 $\mu=a*b$, $\mu'=a'*b'$, $\mu''=\mu\circ\mu'$ と置く．さて三，四によりて $\mu''\circ(b\circ b')=(\mu\circ b)\circ(\mu'\circ b')$，二*によりて $=a\circ a'$, よりて二*により

$$\mu''-\mu\circ\mu'=(a\circ a')*(b\circ b')$$

μ,μ' が共に本来の数ならば此定理は当然成立す．μ,μ' の中少くとも一つが新なる数なるときは μ,μ' に合の算法を施せる結果は斯の如く定めざるを得ず．

五及六によりて新らしき数の相等及び新らしき数の関係せる合の算法の意義全く定まれり．

さて斯の如くにして定まれる相等及び合の算法は果してよく吾人の要求に合へりや否や．之を審査するに当り先づ次の事実より始めんとす．

七，$\mu-a*b$, $\mu'=u'*b'$, $\mu''-u''*b''$ となすとき，五に従ひて $\mu=\mu'$, $\mu=\mu''$ ならば必ず，又 $\mu'=\mu''$ なり．

げにも $\mu=\mu'$, $\mu=\mu''$ より五によりて $a'\circ b=a\circ b'$, $a\circ b''=a''\circ b$ を得．一，二，三，を本来の数 a,a',a'',b,b', b'' に適用して $(a'\circ b'')\circ(a\circ b)=a''\circ b'\circ(a\circ b)$ を得．更に二によりて $a'\circ b''=a''\circ b'$ 即ち五に従ひて $\mu'=\mu''$.

さて一を験証せんが為に $\mu=a*b$, $\mu'=a'*b'$, $\nu=c*d$, $\nu'=c'*d'$ と置き $\mu=\mu'$, $\nu=\nu'$ より $\mu\circ\nu=\mu'\circ\nu'$ を得んとす．先づ

$\mu \circ \nu = (a \circ c) * (b \circ d)$; $\mu' \circ \nu' = (a' \circ c') * (b' \circ d')$ よりて $\mu \circ \nu = \mu' \circ \nu'$ は五によりて $(a \circ c) \circ (b' \circ d') = (a' \circ c') \circ (b \circ d)$ に帰す. 而も此等式は $\mu = \mu'$, $\nu = \nu'$ より得べき $a \circ b' = a' \circ b$, $c \circ d' = c' \circ d$ によりて保証せられたり.

組み合はせの法則は $(a * b) \circ (a' * b') \circ (a'' * b'') = (a \circ a' \circ a'') * (b \circ b' \circ b'')$ によりて直に本来の数の場合に帰着す. 交換の法則も亦同じ.

新しき数の関係せる合の算法につきて, 尚見逃すべからざる問題あり. 先に二*に於て本来の数 b と新なる数 $a * b$ とに合の算法を施せる結果は a なるべしと定め, 又一方に於て一般に本来の数及新らしき数に関する合の算法の意義を定めたり. 此両様の意義は b と $a * b$ とに適用せられて撞着を惹き起すことなきや否や. 即ち六に於て $a' * b' = b$ となすとき六の右辺は果して a に等しきを得べきや否やを験せざるべからず. $a' * b' = b$ より $a' = b \circ b'$ を得. 六の右辺は $(a \circ b \circ b') * (b \circ b')$ を与ふ. 此離の算法は可能にして其結果は a に等し.

八, 本来の数と新定の数とを総括せる新範囲にありては, 離の算法は汎通にして, 次の式の示すが如き唯一の結果を与ふ.

$\mu = a * b$, $\mu' = a' * b'$ ならば
$\mu * \mu' = (a \circ b') * (a' \circ b)$

げにも六によりて $\{(a \circ b') * (a' \circ b)\} \circ \mu' = (a \circ b' \circ a') * (a' \circ b \circ b')$ にして右辺に立てる数の μ に等しきこ

とは $a \circ b' \circ a' \circ b = a' \circ b \circ b' \circ a$ なる明白なる等式の明示する所なり．又逆に $\mu * \mu' = c * d$ と置かば $\mu' \circ (c * d) = \mu$ より

$$(a' \circ c) * (b' \circ d) = a * b$$

を得．これより五によりて $a' \circ c \circ b = a \circ b' \circ d$ 又は $(a' \circ b) \circ c = (a \circ b') \circ d$ を得．$c * d$ は上に掲げたる $\mu * \mu'$ の式に外ならざるを確むべし．

以上の観察により本来の数の外尚 $a * b$ の如き新らしき数を作り，其相等及合の算法の意義を五，六によりて定むるときは，数の新範囲に於て一乃至四の原則は依然成立し且，離の算法は凡ての場合に可能なるべきを知り得たり．

α を任意の一数となすときは八によりて

$$\alpha \circ \varepsilon = \alpha$$

なる条件を充実すべき数 ε 必(かならず) 存在す．さて β を如何(いか)なる数となすとも

$$(\beta * \alpha) \circ \alpha \circ \varepsilon = (\beta * \alpha) \circ \alpha$$

即ち $\qquad \beta \circ \varepsilon = \beta$

なるが故に，ε なる数は α には関係なき一定の数なり．即ち β を如何なる数となすとも

$$\varepsilon = \beta * \beta$$

斯の如き数を仮に合の算法の準数（又は単位）といふ[16)]．

さて再び八によりて，α を如何なる数となすとも

---

16) 準数単位の語亦此書仮に用ゐる所，modulus, Einheit 等を連想す．

不関数（indifferente Zahl—Stolz）無効数（nombre d'effet

$$a \circ a' = \varepsilon$$
を充実すべき数 a' は必ず存在す。a, a' の関係は相互同一にして，此二つを仮に相反せる数と云ふ。しかするときは一般に
$$(\beta \circ a') \circ a = \beta \circ (a' \circ a) = \beta \circ \varepsilon = \beta$$
よりて $\quad\quad\quad\quad \beta * a = \beta \circ a'$

a を合するは a に反せる数を離するに同じく，合の算法も離の算法も其致一なり。

(三)

前節に説きたる合離の算法を加法及減法となすときは，五，六，八は負数（負の整数）の相等及加法減法に関して次の結果を与ふ，

$$a+b' = a'+b \quad \text{なるとき} \quad a-b = a'-b'. \tag{1}$$
$$(a-b)+(a'-b') = (a+a')-(b+b') \tag{2}$$
$$(a-b)-(a'-b') = (a+b')-(a'+b) \tag{3}$$

$a-a$ なる数は a に関係なし，是即ち加法の準数にして，此新しき数を 0 と名づく。0 の関係せる加法は次の如し。

$$a+0 = a, \quad 0+a = a; \quad 0+0 = 0. \tag{4}$$

0 の関係せる場合にも (1) (2) (3) は無論成立すべし。

自然数 a が b より小なるときは $a-b$ は新しき数なり。此場合に於ては $a+c=b$ なる如き自然数 c は存在す。而

---

nul—J. Tannery) 等亦可。群の論（Theory of groups）に於ては Einheit 又は identical element 等の語例あり。

して (1) によりて
$$a-b = 0-c$$
$0-c$ を略して単に $-c$ と書く. 凡て負数は常に斯の如き標準形式を有す. 加法又は減法に於て各の数に代ふるに之に等しき数を以てすることを得るが故に, 凡て負数を標準形式に表はしたりとするときは, (2) より次の結果を得.

$$\left.\begin{aligned}c+(-c') &= c-c' \quad c<c' \\ &= -(c'-c) \quad c<c' \\ (-c)+(-c') &= -(c+c').\end{aligned}\right\} \quad (5)$$

又 $c+(-c)=0$ にして $-c$ は加法につきての c の反数なるが故に, $-c$ を減ずるは, c を加ふるに同じく, 又 $-c$ を加ふるは c を減ずるに同じ.

正負整数の範囲内に於ては加法, 減法は (二) の諸原則に遵ひ, 又凡ての場合に可能なり. 然れどもここに尚ほ考ふべきは, 此範囲内に於ける乗法の意義なり. 乗法は分配の法則に遵ふを要するが故に

$$(\alpha+0)\beta = \alpha\beta+0.\beta$$

さて $\alpha+0=\alpha$ なるにより $\quad \alpha\beta = \alpha\beta+0.\beta$

故に (4) によりて $\quad \left.\begin{aligned}0.\beta &= 0 \\ \beta.0 &= 0\end{aligned}\right\} \quad (6)$

又交換の法則によりて

之によりて 0 の関係せる乗法の意義は定まれり. 次に又

$$\{\alpha+(-\alpha)\}\beta = \alpha\beta+(-\alpha)\beta$$

即ち $\quad 0 = \alpha\beta+(-\alpha)\beta$

より

$$(-\alpha).\beta = -(\alpha\beta) \quad (7)$$

を得，交換の法則によりて
$$\beta \cdot (-\alpha) = -(\alpha\beta) \tag{8}$$
又 β に代ふるに $-\beta$ を以てして
$$(-\alpha)(-\beta) = \alpha\beta \tag{9}$$
を得．以上の諸式によりて負数の関係せる乗法の意義は全く定まれり．一般に若干の数の積は負数因子の数の偶数たると奇数たるとに従て正又は負なり．積の絶対値は因子の絶対値の積に等し．積の0に等しきは因子の中少くとも一つが0なる場合に限れり．是によりて乗法の組み合はせの法則及交換の法則の正負整数の範囲内に於ても仍ほ成立せるを知るべし．

負数及び0の関係せる乗法の意義は分配の法則を・特・殊・の場合に適用して之を定めたり．然れども乗法の意義既に定まりたる上は，分配の法則が果して凡ての場合に於て成立すべきや否や，此疑問は尚ほ解決を待てり．
$$(\alpha+\beta)\gamma = \alpha\gamma + \beta\gamma$$
は γ の0なるとき及び α, β の中一方又は双方の0なる場合には自ら明なり．又此等式若し γ の正数なるとき常に成立せば，γ を之に反せる負数となすとき亦然らざるを得ず．是故に先づ γ を正数とし，α, β が共に正数なる場合を除き，次の三つの場合につきて此等式を験証せば則ち足る．

α, β 共に負数なるときは $\alpha=-a$, $\beta=-b$ と置くに，上の等式の左辺は $-\{(a+b)\gamma\}$ に，又其右辺は $-a\gamma-b\gamma$ に等しく，両辺の相等しきこと明白なり．α, β の中一は正，

一は負なるときは，加法の交換の法則により其いづれを正数なりとするも結果は一様なるが故に，例へば $\alpha=a$ は正 $\beta=-b$ は負にして，先づ $a>b$, $a=b+d$ となすときは，上の等式の左辺は $d\gamma$ に，又其右辺は $a\gamma-b\gamma$ に等しくして此等式は成立す．次に又 $\alpha=a$, $\beta=b$, $a<b$, $a+d'=b$ と置かば，上の等式は $-d'\gamma=a\gamma-b\gamma$ となりて直に明了なり．分配の法則の凡ての場合に成立するを知るべし．

最後に尚乗法及び其転倒の結果の唯一なるべきを証明せざるべからず．先づ $\alpha=\alpha'$, $\beta=\beta'$ より $\alpha\beta=\alpha'\beta'$ を得んと欲せば，次の如く考ふべし．$\alpha=\alpha'$ より $\alpha-\alpha'=0$, $(\alpha-\alpha')\beta=0$. $\beta=0$ 即ち $\alpha\beta-\alpha'\beta=0$, $\alpha\beta=\alpha'\beta$. 又 $\beta=\beta'$, $\beta-\beta'=0$, $\alpha'(\beta-\beta')=0$, $\alpha'\beta=\alpha'\beta'$ よりて $\alpha\beta=\alpha'\beta'$.

次に $\alpha\beta=\gamma$, $\alpha\beta'=\gamma$ より $\beta=\beta'$ を得んとするに，先づ $\alpha\beta-\alpha\beta'=\gamma-\gamma=0$ 即ち $\alpha(\beta-\beta')=0$. 是故に α 及び $\beta-\beta'$ の中少くともいづれか一方は 0 に等しからざるを得ず．よりて α が 0 ならざるときは $\beta-\beta'=0$ 即ち $\beta=\beta'$. α が 0 なるときは，$\beta-\beta'$ なるを必せず．乗法の転倒の唯一なるべしといへる原則は，0 の関係せる場合に於て一の例外を獲たり．

ここに証明せるは乗法の転倒の可能なるとき，其結果の一般に唯一なるべしといふに過ぎず．除法は正負幣数の範囲内に於て未だ汎通を得ず．

(四)

負数の観念は既に定まり，吾人の要求の一半は貫徹せ

り．さて（三）の説明に於て所謂「本来の数」を正負の整数とし，合離の算法を乗法除法となして，再び新しき数（分数）を導き出さんとす．

$a \circ b$, $a * b$ に代ふるに ab, $\dfrac{a}{b}$ を以てするときは（二）の五，六，八より分数の相等及其乗法，除法の意義を得．

$$ab' = a'b \quad \text{なるとき} \quad \frac{a}{b} = \frac{a'}{b'} \tag{1}$$

$$\frac{a}{b} \cdot \frac{a'}{b'} = \frac{aa'}{bb'} \tag{2}$$

$$\frac{a}{b} : \frac{a'}{b'} = \frac{ab'}{a'b} \tag{3}$$

此等式によりて分数の相等及其乗法，除法を定むるときは（二）の諸原則の成立すべきことは既に（三）に於て証明せる所なり．乗法の準数は1にして，乗法につきて相反せる数は即ち所謂逆数なり．

分数相等の定義 (1) に従ふときは，一般に $\dfrac{ac}{bc}=\dfrac{a}{b}$；特に $\dfrac{-a}{b}=\dfrac{a}{-b}$ を得．又乗法の定義 (2) より $\dfrac{a}{b} \cdot b = a$ 又除法の定義より $1 : \dfrac{a}{b} = \dfrac{b}{a}$ を得．此等の諸定理一々枚挙するの要なし．

さて分数の加法及減法の意義を定めんとせば，再び分配の法則を用ゐるべし．

$$\left(\frac{a}{b} + \frac{a'}{b'}\right)bb' = \frac{a}{b}bb' + \frac{a'}{b'}bb' = ab' + a'b$$

より

$$\frac{a}{b}+\frac{a'}{b'}=\frac{ab'+a'b}{bb'}$$

を得．此等式は既に減法の定義

$$\frac{a}{b}-\frac{a'}{b'}=\frac{ab'-a'b}{bb'}$$

を含蓄す．斯の如くにして定められたる加法減法の結果唯一なること及加法の組み合はせの法則及交換の法則は容易に験証せられ得べし．例へば組み合はせの法則を証せんに

$$\frac{a}{b}+\frac{a'}{b'}+\frac{a''}{b''}=\frac{ab'+a'b}{bb'}+\frac{a''}{b''}=\frac{ab'b''+a'bb''+a''bb'}{bb'b''}$$

$$\frac{a}{b}+\left(\frac{a'}{b'}+\frac{a''}{b''}\right)=\frac{a}{b}+\frac{a'b''+a''b'}{b'b''}$$
$$=\frac{ab'b''+ba'b''+ba''b'}{bb'b''}$$

其他類推すべし．

　前節の結尾に特筆せる除法の例外は分数を導入せるが為に撤去せられたるにあらず．$\frac{a}{b}$ の如き記号は b の 0 なるときは没意義(ぼういぎ)なり．仮に b が 0 なる場合に (1) を適用すれば，形式的に

$$\frac{a}{0}=\frac{a'}{0}\,;\quad \frac{0}{0}=\frac{a'}{b'}$$

を得．第二の等式は $\frac{0}{0}$ が如何なる分数にも等しきを示せり．即ち $\frac{0}{0}$ に一定の意義なきなり．第一の等式は $\frac{a}{0}$ は a に関係なきを示せり．人若し此等式に誘惑せられて，例へば $\frac{a}{0}=\infty$ なる一個の「最新数」を作るときは，$a=0.\infty$ な

る関係の, 0 と ∞ との積が如何なる数にも等しきを示すに遇ひて, 狼狽せん. 更に (2) に於て b を 0 となさば

$$\infty \cdot \frac{a'}{b'} = \infty$$

を得. 又 (3) に於て b, b' を共に 0 となさば

$$\infty : \infty = \frac{0}{0}$$

又減法の定義より $\quad \infty - \infty = \frac{0}{0}$

を得. 斯の如き奇異なる等式は畢竟(ひつきやう)何事をか示せる. 此疑問の解釈は一言にして尽すべし. 曰(いは)く, 強て 0 を法とせる除法を成立せしめんが為に, 上の如く ∞ なる一個の数を作成するときは, 数に関する諸の原則は尽く其統一を失ふ. 乗法の結果唯一なるべしとの法則は $0. \infty = a$ の為に破壊せられ, 減法の結果唯一なるべしとの法則は $\infty - \infty = \frac{0}{0}$ の為に攪乱せらる. 最も甚しきは $a : 0$ なる除法を成立せしめんとして, 直に再び $\infty : \infty$ なる除法の例外に撞着せること是なり. 数の範囲を拡張する目的は, 法則の統一を保持するにあること吾輩の既に認めたる所なり. ∞ なる数は排斥せざるべからず. 算法適用の区域に限界あるは自然なり. 0 を法とせる除法の絶対的に排斥すべきは, 即ち算法適用の区域の自然の限界の最好例なり.

高等数学に於て ∞ なる記号の常に用ゐらるることは吾輩のここに言へる所に牴触せりと誤解すること勿(なか)れ. ∞ なる記号は数学に於て決して一個の数を表はすことなし. 例

へば $\frac{1}{x}$ なる式に於て x が漸次減少して限りなく 0 に近接するときは,$\frac{1}{x}$ は漸次増大して其究まる所を知らず.此事実を書き表はさんが為に $\lim_{x=0}\frac{1}{x}=\infty$ なる記法を用ゐる,更に之を簡約して $\frac{1}{0}=\infty$ と書くの俑を作れるは誰ぞ.初学者を誤るの甚しき,此記法に過ぐるはなし.$\frac{1}{0}$ 又は ∞ は或数を表はせるにあらず,$\frac{1}{0}$ も ∞ も独立しては意義を有せず,$\frac{1}{0}=\infty$ なる配合をなして後,始めて上に言へる複雑なる事実を表はすの暗号となることを得るに過ぎず.

(五)

上述の径行によりて形式的論理上有理数の観念を確定することを得たりと雖,斯の如くにして定められたる数は未だ大小なる語によりて表はさるゝ性質を具へず.今此欠点を補はんと欲せば正負の観念より発足するを便利なりとす.

0 は正負の外に超立せる中性の数にして,自然数は凡て正数なり.其他の整数は(四)にいへるが如く $0-a$ の如き(a は自然数)標準的の形式を有す.これらを負の整数となす.

一般に有理数の正負を定むるには符号の法則を根拠とすべし.同号の二数の積は正,異号の二数の積は負なり.形式的に此事実を次の如く書き表はすことを得,

$$(\pm)(\pm)=+,\quad (\pm)(\mp)=-$$

此法則は整数につきては既に成立せり.(二)の(7)(8)(9)を参照すべし.今此法則を凡ての有理数につきて成立せしめんと欲せば,同号の二数の商は正,異号の二数の商は負

なりとなさざるを得ざるが故に，分母，分子が同号の整数なる有理数は正，又異号の整数なるは負なりと謂ふべし．而も有理数の正負を斯く定むるときは，翻て又符号の法則が一般に成立すべきこと容易に験証せらるべし．又正数の和の必ず正なること及負数の和の必負なるべきこと明白なり．

正負の意義既に定まりたる上は次の如くにして大小の意義を定むることを得．$\alpha-\beta$ が正なるときは α を β より大なりといひ，$\alpha-\beta$ が負なるときは α を β より小なりといふ．

自然数の大小はよく此定義と調和せり．又此定義に従ふときは，凡て正数は 0 より大，負数は 0 より小にして，又正数は負数より大なり．

α が β より大ならば，β は α より小なり．げにも $\alpha>\beta$ なるが故に $\alpha-\beta$ は正，随て $\beta-\alpha$ は負なり．即ち $\beta<\alpha$．

α は β より大に，β は γ より大ならば，α は γ より大なり．げにも $\alpha-\beta$, $\beta-\gamma$ は共に正なりといふが故に，其和 $\alpha-\gamma$ も亦正，即ち $\alpha>\gamma$ なり．

$\beta>\beta'$ ならば $\alpha+\beta>\alpha+\beta'$．げにも $(\alpha+\beta)-(\alpha+\beta')=\beta-\beta'>0$．特に $\beta>0$ 即ち β が正ならば $\alpha+\beta>\alpha$．又 $\beta<0$ 即ち β の負ならば $\alpha+\beta<\alpha$．又 $\beta>\beta'$ と共に $\alpha-\beta<\alpha-\beta'$．

α が正数なるときに限り $\beta>\beta'$ より $\alpha\beta>\alpha\beta'$ を得．α 若し負数ならば却て $\alpha\beta<\alpha\beta'$ なり．これ $\alpha\beta-\alpha\beta'=\alpha(\beta-\beta')$ は $\beta-\beta'$ が正なる為め，α と同号の数なるによる．此関係

が加法の場合と少しく其趣を異にせるに注意すべし．

正数負数の大小に関係せる諸々の定理枚挙に遑あらず，要するに其根拠は上出の大小の定義随て符号の法則に尽きたり．

ここに述べたる大小の意義は一見常識に反せり．負数をば代数学の範囲に属せりとなす旧習に因りて之を代数的の大小と言ふことあり．常識の所謂大小は絶対値の大小なり．

$a+a'=0$ なる関係をなせる二数 a, a' 共に 0 ならざるときは，其中唯一つは正にして他の一つは負なり．其正なるを a 及び a' の絶対値といふ．負数の大小は其絶対的の大小に反す．

a, β が同号の数なるときは，其和の絶対値は，a 及び β の絶対値の和に等しく，a, β が異号の数なるときは，和の絶対値は a, β の絶対値の差に等し．積の絶対値は常に因子の絶対値の積に等し．

所謂代数的の大小は応用上に於て便利なる場合あり又然らざるあり．其不便は多くは上に述べたる乗法の場合に於て $\beta > \beta'$ と $a\beta > a\beta'$ との一般に相随伴せざる処より生ず．

ダランベルは正数の負数より大なりといふを否認して次の如く論ぜり，$1 : -1 = -1 : 1$ なる等式を看よ．若し -1 にして 1 より小ならば此等式の左辺に立てる比は其前項後項より人なり，是即ち優比（其値 1 より大なる比）にして，右辺に立てるは劣比（其値 1 より小なる比）なり．即ち -1 が 1 より小なりとの仮定は優比が劣比に等しとの結論を誘

致する者なり．斯の如き誤解の原因は又上述の負数乗法の特異なる現象に基づく．前項が後項より大なる比の値が1より大なりといふは是其絶対値につきて言ふなり．1：-1なる比の値は -1 にして，こは1より大ならず．ダランベルは1>-1故に両辺を -1 にて除し 1：-1>-1：-1 即ち 1：-1>1 を得となせるなり[17]．代数的の大小に関する事実を論ずるに当ては，最此陥穽を恐るべし．

大小の観念を基礎として前諸章にて順次定めたる有理数も，又算法の汎通を根拠として此章に説きたる有理数も，畢竟観念の内容に於ては異なる所なし．一は綜合的にして，一は分析的なる，二様の径行によりて，同一の観念に到達することを得たり．

---

17) （一）の原則より発足して負数の意義を定めたる後再び翻て（一）の原則を験証す．此験証の絶対的に必要なるに注意すべし．（一）の諸原則は幸に負数につきても成立せり．大小に関する性質は正数の場合と負数のと全く同一にあらざるに非ずや．正数の原則を無差別に負数に適用すべからず．ダランベル（D'Alembert, 1717-83）の誤解は良好なる訓戒を含めり．

第八章　量の連続性及無理数の起源

具体の量,抽象の量／量の原則,量の比較,加合及連続／「有理区域」,其性質,量の公約,公倍／量を計るとは何の謂ぞ／ユークリッドの法式,二つの場合／公約なき量の実例／ユークリッドの比の定義,比と有理数との相等及大小,二つの比の相等及大小／量と直線上の点との対照,稠密なる分布は連続に非ず,連続の定義／結論,数の原則

(一)

　物の長短,軽重,明暗,冷熱,時の遅速,運動の緩急,音の高低強弱等,凡そ人の感覚に大小其度を異にする印象を与へ得べきは,皆量なり．量の特徴は其大小にあり,物の長短を考ふるに当ては,即ち唯其長短を観る．其他の性質例へば其軽重,冷熱,色彩の濃淡等挙て之を度外に置く．又其冷熱を考ふるに当ては其長短,軽重,剛柔等尽く措て問はず．斯の如くにして長短,軽重等を各々一種の量と考ふるに至る．若し更に一歩を進めて,物の如何なる性質につきて其大小を考ふるかをも顧慮せずして,即ち,長短,軽重,冷熱につきて,唯其大小を観て,其長さの大小,質量の大小,温度の大小なるを問はざるときは,絶対的抽象

的の量の観念に到達す．

　絶対的の量の観念の内容は，即ち凡ての量に普遍なる特徴の全体より成る．然れども絶対の量は抽象的にして捕捉し難し．若し具象的の例証を得んと欲せば，直線の長さは就中最明亮なる印象を与ふべし．

　量は之を計ることを得，量を計りたる結果は数を以て之を表はすことを得．さて量を計るとは如何，又量と数との関係は如何．

　数学に於て量と称する者既に抽象的なり．量を計るといふことも亦理想的ならざるを得ず．実際上具象的の量を測定するは，畢竟外界が吾人の感覚に与ふる印象の強弱を定むるに外ならず．之を定むるに精粗あり．物に触れて其冷熱を知り，音を聴きて其高低を知るは不精確なり．尺度を以て物の長さを測り，望遠鏡を以て星辰の運行を観て時刻を計るは精密なる測定なり．然れども斯の如きは測定の結果に精粗の差こそあれ，最終に訴ふる所は吾人の感覚に外ならず．即ち観測の方法と共に其結果の精粗異なるも，要するに是れ程度の問題にして，絶対的の精確は決して期すべからず．

　実際に於ける量の測定には精確の度に限界あるを免るべからざるが故に，斯の如き測定の結果を表はすには整数のみを以て之を弁ずべし．小数を用ゐて応用上の便利を享くることあるべきも，小数点以下，仮に七桁と言はんか，十桁と言はんか，若干の限りある位数以上を採るの必要なき上は，是実は整数のみを用ゐるに異ならず．

然れども実際上精密に之を測定し得べきと然らざるとを度外に置きて、理想上、各々の量に一定不動の大さありとなすことを禁ずる能はず。数学に於て量といひ又量を計るといふは、斯の如き理想上の意義に於てしかいふなり。

(二)[18]

吾輩の称して量となすは、次に掲ぐる諸々の性質を具へ(そな)たるものに限る。

第一、量の比較に関する原則。
一、A, B なる二つの量の与へられたるとき、其間に次の三つの関係の中、いづれか一つ而(しか)も唯一つのみ成立す。

　A は B に等し、　$A=B$
　A は B より大なり、　$A>B$
　A は B より小なり、　$A<B$

等しといひ大小といふ語の意義は、よく第一章 (二) 及第三章 (一) に掲げたる規定に遵(したが)ふべきを要す。又量の間に成立する関係は其量に代ふるに之に等しき他の量を以てせるが為に影響を被る(かうむ)ることなしとす。例へば $A>B$, $A=A'$, $B=B'$ なるとき $A'>B'$ なる如き是なり。

第二、量の加合に関する原則。
一、A, B なる二つの量の与へられたるときは、之を加合して、一定せる第三の量 C を得、$A+B=C$.

C が一定の量なりとは $A+B=C$, $A+B=C'$ より $C=C'$ を論断し得べしといふに異ならず．

二，組み合はせの法則．$(A+B)+C=A+(B+C)$

三，交換の法則．$A+B=B+A$

四，加合と大小との関係．$A+B>A$ 又 $A>A'$ と共に

---

18) 吾人が量の原則として挙げたる者は，量の性質の中簡単なるものを無意義に羅列したるにあらず．此等は重複及遺漏なく量の特徴を尽くせる者なり．重複なしといふは此等の原則の中の一が他の者の論理上必然の結果ならざるを言ひ遺漏なしといふは，此等の諸性質を具へたる者は即ち量なり，量といふ者以外に此等の諸性質を具へたる者なきの義なり．本書五八頁の脚注 5) を参照せよ．

量とは増減し得べき者なりといふ通俗の解釈は，量を数学的観念となすには余に粗笨なり．（一）に於て凡そ人の感覚に其度を異にする印象を与へ得べき者を量なりといへるも亦然り．美醜，苦痛，快楽，問題の難易，説明の巧拙等は数学に所謂量となすこと難し．要するに数学に於て量と称するものは（二）に述べたる諸性質を具へたる者に限れり．

又ここに量と称するは連続的の量に限れり．此故に物の数などは之を量の圏外に排斥せり．

又量の大小加合等は本来一定の意義を有するにあらず．（二）の諸原則に牴触せざる範囲内に於て如何やうにも之を定めて可なり．（二）にいへる如くにして加合といふことの成され得べきことは必要なり．然れどもそは幾通りにもなされ得べきか知るべからず．例へば二つの長さの和をば之をつぎ足せる長さとなすは通常の意義なり．然れども又甲の長さの一端に乙の長さを直角に立てて作れる直角三角形の弦を以て甲乙の和なりといふとも，よく（二）の諸原則に適ふべし．此意義にて a なる数値を有する長さは，通常の意義にて $\sqrt{a}$ なる数値を有する長さなり．量の数値は単位と共に定まるとは計り方の定まる上のことなり．実は量の数値は計り方と単位とにて定まるなり．

$$A+B>A'+B.$$

五，加合の転倒．A, B なる二つの量の与へられたるとき，$A>B$ ならば，$A=B+C$ なる如き量 C は必ず存在す．$C=A-B$

斯の如き量 C の唯一個に限り存在し得べきこと，及び C の A より小なるべきことは四の当然の結果なり．

倍加は加合の特例にして，量の倍加に関して第五章(四)に説きたるが如き諸事実の成立すべきこと明白なり．A なる量 n 個を加合して得たる量を A の n 倍といひ，之を表はすに nA なる記号を以てす．

第三，連続の原則．

量は連続の性質を具ふ．

量に連続ありとは，量の変動（即ち其増減）の連続的なるを得るをいふ．物の数の変動の少くとも一個を下ることを得ざるが如きは即ち変動の連続的ならざるなり．之に反して，例へば長さ，時間の如き所謂量にありては其変動連続的なるを得ること何人も承認する所なり．然れども連続といふことを最明白に言ひ表はすことは甚だ難きが故に，其説明は之を後条に譲り，此処には姑らく量の連続に関せる二三の事実を列記するに止むべし．

アルキメデスの法則[19]．A, B なる量与へられ，A は B より大なるとき，B を幾回も加合し行きて，竟に A より

---

19) アルキメデス（Archimedes）紀元前三世紀シラキュースの人，古代にて最有名なる理学者．

大なる量に到達すべし．即ち B の倍の中に必ず A より大なる者あり，$nB>A$ なる如き自然数 n 必ず存在す．

等分の可能．凡て量は之を任意の相等しき部分に分ち得べし．即ち A なる量と n なる自然数の与へられたるとき $A=nB$ なる如き量 B は必ず存在す．B を A の n 分の一と名づけ，之を表はすに $\dfrac{A}{n}$ なる記法を以てす．B の如き量は唯一個に限り存在し得べきこと勿論なり．

稠密なる分布．A,B が相異なる量ならば A,B の中間に必ず第三の量 m を容る．随(したがひ)て A,B の中間には無限に多くの量存在す．

此事実は前条の当然の結果なり．今 A を B より大なりとせば，第二原則五によりて $C=A-B$ なる如き量 C は必ず存在す．さて等分の可能に基き $\dfrac{C}{2}$ なる量は必ず存在し，$B+\dfrac{C}{2}$ は A,B の中間にあり，$A>B+\dfrac{C}{2}>B$．

量に最大の者なく，又最小の者なし．げにも A を如何なる量なりとするも $2A$ は A よりも大にして又 $\dfrac{A}{2}$ は A よりも小なり．

以上列挙せるはいづれも量の連続に関せる性質なり．然れども，これら未だ連続といふことの特徴を尽(つく)すに足らざること，後文に至て自ら明なるべし．

(三)

量の倍加及等分に関して第五章 (四) に説ける如き諸定理成立す．これらの諸定理はいづれも極めて明白にして，殆んど弁説を要せず．此処に記法の説明として唯一つの事

実を挙ぐべし．

A を一の量とし，m, n を自然数となすときは $\dfrac{mA}{n}$ は A の m 倍 mA の n 分の一を，又 $m\left(\dfrac{A}{n}\right)$ は A の n 分の一の m 倍を，表はし，両者相等しきこと容易に証明せられ得べし．此相等しき量を表はすに

$$\frac{m}{n}A$$

なる記法を以てす．又は $\dfrac{m}{n}$ なる分数を一個の文字例へば r にて示せるときは，更に之を略して

$$rA$$

と記すべし．此処なほ読者の注意を乞ふべき一条あり．ここに A, B の如き文字を以て量を表はせること是なり．即ち此等は量の数値を表はせるに非ずして直に量其者を代表せるなり．例へば A を以て図の第一の直線（長さ）を表はせりとせば $2A$ は第二，$\dfrac{2}{3}A$ は第三の直線を表はせり．A の幾寸，幾インチ，幾センチメートルなるかは問ふ所に非ず．否，A は若干寸，若干インチなりとは如何なる意義を有するかは，吾人の之より進みて知らんと欲する所なり．

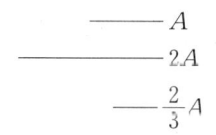

$$\begin{array}{r}\text{———} A \\ \text{——————} 2A \\ \text{———} \dfrac{2}{3}A\end{array}$$

E なる量の与へられたる時，r を正の有理数（自然数及

び正の分数）となし rE の如き量，即ち E より倍加及び等分によつて作り得べき量を総て一括し，仮に之を有理区域と名づけ[20]，此有理区域は E なる量によりて定められたりと称す．

E の定むる有理区域に属せる二個の量 $rE, r'E$ の和又は差は $(r\pm r')E$ にして，此量は又同一の有理区域に属せり．又 n を自然数とせば $\dfrac{rE}{n} = \dfrac{r}{n}E$ 即ち或有理区域に属せる量に加合（及び倍加）等分を施こせる結果は亦同一の有理区域に属せる量なり．

E の定むる有理区域に属せる量の一つを E' と名づけ $E' = e'E$ と置く，e' は自然数又は正の分数なり．さて一般に r を以て正の有理数を表はすときは（三）によりて

$$rE' = re'E, \quad rE = \frac{r}{e'}E'$$

にして $\dfrac{r}{e'}$ は勿論正の有理数なるが故に E の有理区域に属せる量は必ず亦 E' の有理区域に属す．此等の関係は E, E' 同一の有理区域を定むるを示せり．語を換へて之を言はば，凡て有理区域は之に属せる唯一つの量によりて全く定まるなり．

A_1, A_2 が同一の有理区域（例へば E の定むる有理区域）

---

[20] 「有理区域」の語は亦仮設なり．著者は他の処にて此語を他の意義に，即 Rationalitätsbereich の和訳として用ゐたり．ここに所謂「有理区域」は其意義之と異なり．該当の語外国にもなきが如し．Commensurabilitätsbereich, domain of commensurability ともいふべき語を造らば便利なるべし．「公度ある区域」又不可なし．

に属せる量ならば

$$A_1 = \frac{m_1}{n_1}E, \quad A_2 = \frac{m_2}{n_2}E$$

なるにより

$$m_2 n_1 A_1 = m_1 n_2 A_2 = m_1 m_2 E$$

$m_2 n_1, m_1 n_2$ なる二つの自然数が相素ならずば之を其最大公約数にて除し

$$a_2 A_1 = a_1 A_2$$

なる如き相素なる自然数 a_1, a_2 の必ず存在すべきを知る．此相等しき量を M と名づくれば M は A_1 及び A_2 の倍量，即ち A_1, A_2 の公倍量にして，而も A_1, A_2 の公倍量の中最小なる者なり．M を A_1, A_2 の最小公倍量といふ．上の関係より

$$\frac{A_1}{a_1} = \frac{A_2}{a_2}$$

を得．之を D と置かば D は A_1, A_2 の最大公約量なり．最大公約量といふ語の意義は説明を須ひずして明瞭なるべし．M と D との間には次の関係成立す．

$$M = a_1 a_2 D.$$

A_1, A_2 の公倍量は凡て M の倍量にして，A_1, A_2 の公約量は凡て D の約量なり．又 D の約量は尽く A_1, A_2 の公約量なるが故に，A_1, A_2 には限りなく多くの公約量存在せり．

以上の観察によりて次の結果に到達す．

公倍ある二量には公約あり．又公約ある二量には必ず公倍あり．公約ある二量は唯一つの最大公約及び無限に多く

の公約を有す．同一の有理区域に属せる二つの量には必ず公約あり．公約を有せる二つの量は必ず同一の有理区域（例へば此公約の定むる有理区域）に属す．有理区域は二つづつ互に公約を有する凡ての量の集合なり．

（四）

量を計るといふことは前に述べたる量の原則を基礎とす．A なる量の与へられたるとき，一定の量 E を採りて之を単位となし，E を倍加して

$$E, 2E, 3E, \cdots, nE, \cdots \tag{1}$$

等の量を作り，之を A と比較するに，A が此等の量の中の一つに等しく，例へば $A=nE$ なるときは，n は即ち E を単位としての A の数値なり．A 若し E の倍に等しからずば，アルキメデスの法則によりて，E の倍にして A よりも大なるもの必ず存在す，随て (1) の量の中 A より大ならざるものは其数限りあり．故に其中に一個最大の者なかるべからず．今 nE を以て (1) の量の中 A を超えざる最大の者となさば

$$(n+1)E > A > nE \tag{2}$$

にして，此場合に於ては，A の数値は n より大にして $n+1$ より小なりといふ．若し

$$A - nE = R$$

と置かば

$$A = nE + R, \quad R < E$$

即ち A と数値 n なる量との差 R は E より小なり．斯の

如くにして E を単位として，A を E の程度まで計ること を得．

若し更に t を 1 より大なる自然数とし，

$$E' = \frac{E}{t}$$

と置き，E に代ふるに E' を以てして，同様の手続きを反復し，例へば

$$A = mE' = \frac{m}{t}E \qquad (1^*)$$

なる結果に到達したるときは E を単位としての A の数値は $\frac{m}{t}$ なり，或は又，(2) に於ける如く

$$(m+1)E' > A > mE'$$

ならば

$$\frac{m+1}{t}E > A > \frac{m}{t}E \qquad (2^*)$$

にして，A の数値は $\frac{m}{t}$ より大にして，$\frac{m+1}{t}$ より小なり，若し

$$A - mE' = R'$$

と置かば

$$A = \frac{m}{t}E + R', \quad R' < \frac{E}{t}$$

にして，斯の如くにして A を $\frac{E}{t}$ の程度まで計ることを得たり．

今任意に D なる量を与ふるときは，アルキメデスの法則によりて

$$D > \frac{E}{t}$$

なる如き自然数 t は必ず存在す．斯の如く t を定めたる後 (1*) 又は (2*) によりて m を定むるとき

$$A = \frac{m}{t}E + R, \quad R < \frac{E}{t}$$

より
$$R < D$$

を得，D の程度まで A を計ることを得．

是に由りて考ふるに，A を計るとは E なる単位を定め，E の定むる有理区域に属せる量

$$\frac{m}{t}E$$

と A とを比較するに外ならず．A 若し此有理区域に属せば，即ち若し

$$A = \frac{m}{t}E$$

なる如き量 $\frac{m}{t}E$ 存在せば，$\frac{m}{t}$ を A の数値となす．単位 E と数値 $\frac{m}{t}$ との与へられたるとき，A なる量は一定なり．若し又 A が此有理区域に属せざるときは，如何程小なる量 D を予め定むるとも

$$A - \frac{m}{t}E < D$$

又は
$$\frac{m}{t}E - A < D$$

なる如き量 $\frac{m}{t}E$ は必ず存在す．然れども此場合には A の

数値は $\frac{m}{t}$ より大，又は $\frac{m}{t}$ より小なり．E と $\frac{m}{t}$ との与へられたるとき，上の如き条件に適合すべき量 A は限りなく多く存在せり．A は未だ E 及び $\frac{m}{t}$ と共に一定せりと言ふことを得ず．

茲に於てか次の疑問を生ず，E なる定まりたる量より倍加及び等分によりて作り得べき量の範囲即ち所謂 E の有理区域は果してよく凡ての量を包括するか，或は又此範囲に含蓄せられざる量は実際存在すべきか．又若し此の如き量にして存在せば，其数値は如何．

（五）

ユークリッドは二つの量の公約を定むる方法を教ふ．此方法は現代の数学に於ても甚(はなはだ)重要なる者にして，ユークリッドの法式の名を以て汎(ひろ)く知られたり．先づ A_1, A_2 なる二つの量を与ふ．此中の一方例へば A_1 が他の一方 A_2 の倍量なる場合（$A_1 = A_2$ を含む）は最簡単にして弁明を要せず．A_1 若し A_2 より大にして，而も A_2 の倍量ならずば，（四）に於て説きたる如くにして

$$A_1 = n_1 A_2 + A_3, \quad A_3 < A_2$$

なる如き自然数 n_1 及び A_3 なる量を定むることを得．A_2, A_3 につきて同様の手続きを行ひ

$$A_2 = n_2 A_3 + A_4, \quad A_4 < A_3$$

を得，次第に斯の如くにして，一般に

$$A_k = n_k A_{k+1} + A_{k+2}, \quad A_{k+2} < A_{k+1} \qquad (1)$$

を得．A_1, A_2 より順次減少する一定の量の引続き A_3, A_4,

$A_5, \cdots$ を作る.

さて玆に二つの場合を区別すべし.

第一, 此手続きを継続すること若干回にして
$$A_{h-1} = n_{h-1}A_h \tag{2}$$
の如き関係竟に一度は成立し, ユークリッドの法式ここに其終局に達するときは, A_1, A_2 は公約を有し, A_h は即ち其最大公約量なり.

実にも, 先づ (2) によりて A_h は A_{h-1} の約量なり, 次に (2) に先てる
$$A_{h-2} = n_{h-2}A_{h-1} + A_h$$
より
$$A_{h-2} = (n_{h-2} \cdot n_{h-1} + 1) A_h$$
を得, A_h の亦 A_{h-2} の約量なるを知る. 次第に斯の如く遡り行きて竟に A_h は $\cdots, A_3, A_2, A_1$ の約量なるを知る. A_h は A_1, A_2 の公約量なり.

是故に A_1, A_2 には公約量あり. 其一つを D と名づくれば D は亦 A_3 の約量, 随て又 $A_4, A_5, \cdots, A_h$ の約量なり. A_h は A_1, A_2 の公約量にして, A_1, A_2 の公約量は必ず A_h の約量なり. 是 A_h が A_1, A_2 の最大公約量なるを示せるに非ずして何ぞや.

第二の場合は, ユークリッドの法式の決して終局に達することなき, 是なり.

さて $A_k = n_k A_{k+1} + A_{k+2}, \quad A_{k+1} > A_{k+2}$
にして, 又 $A_k > A_{k+1}$. 随て $n_k \geq 1$, $n_k A_{k+1} > A_{k+2}$ なるにより

$$A_k > 2A_{k+2}$$

是故に

$$A_1 > 2A_3,\ A_3 > 2A_5,\ A_5 > 2A_7,\ \cdots, A_{2h-1} > 2A_{2h+1}$$

随て

$$A_1 > 2^h A_{2h+1}\,;\quad A_{2h+1} < \frac{A_1}{2^h} \tag{3}$$

又同様にして

$$A_{2h+2} < \frac{A_2}{2^h} \tag{3}$$

或は $A_1 > A_2$ なるにより，A_{2h+1} 及び A_{2h+2} は共に $\dfrac{A_1}{2^h}$ より小なり．

是によりて $A_1, A_2, A_3, A_4, \cdots$ は順次減少して，究(きは)まる所なし．K を如何に小なる量なりとするも，A_n は附数 n の増大するとき，竟に K よりも尚小となるべし．其故如何にといふに，先づ

$$A_1 < gK,\quad K > \frac{A_1}{g} \tag{4}$$

なる如き自然数 g はアルキメデスの法則によりて必ず存在す．さて，指数 m を相当に採りて

$$2^m > g \tag{5}$$

となすことを得．例へば 2 を命数法の基数として g を展開するとき，g の桁数，若干，此桁数を m とせば第二章 (七) によりて上の不等式は成立すべし．K の与へられたるとき (4) に従て g を定め，次に (5) に従て m を定むれば

$$K > \frac{A_1}{g} > \frac{A_1}{2^m}$$

よりて (3) によりて

$$K > A_{2m+1}, \quad A_{2m+2}$$

A_{2m+1}, A_{2m+2} は果して K よりも小なり．

斯の如く $A_1, A_2, A_3, \cdots$ は漸次減少して究まる所なきが故に，此第二の場合に於ては A_1, A_2 に公約あるを得ず．げにも仮に A_1, A_2 に公約ありとせば，其一を D と名づけんに，D は亦 $A_3, A_4, \cdots$ の約量ならざるを得ず．而も $A_3, A_4, \cdots$ は漸次減少して竟に如何なる量よりも，随て D よりも小となるべきが故に，是不可有の事に属せり．

A_1, A_2 に公約あるときはユークリッドの法式は其終局に於て A_1, A_2 の最大公約量を与ふ，ユークリッドの法式終局に達せざるときは A_1, A_2 に公約あることなし．然りと雖，実際に於て A_1, A_2 なる二つの量，例へば二つの直線の与へられたる時，此方法を利用して其公約の存否を決定することを得ず．何とならば A_1, A_2 に上述の手続きを適用すること若干回にして未だ終局に達せざりしとするも，其竟に終局に達すべきや否やは，之によりて決定すべからざればなり．凡ての場合に於て，公約の存否を決定して誤る所なき方法は吾人未だ之あるを知らず．

（六）

公約なき二つの量は存在すべきかとの疑問の解決竟に如何．ユークリッドの法式は公約ある場合に，最大公約を与

ふ．ユークリッドの法式終局に達せざるを確め得ば，公約の存在せざるを知るべしと雖，ユークリッドの法式は其自身の竟に終結すべきや否やを教ふるものにあらざるを奈何（いかん）せん．

ユークリッドの法式の根拠は（二）に述べたる量の原則にあり．今 翻（ひるがへ）て此原則を吟味せば，此原則が公約なき二量の存否を決定するに足らざるを悟らん．

一有理区域以外に量あるや否やは姑（しば）らく措（お）きて，一有理区域の量のみに着眼して，之を一系統となすに，此系統はよく（二）の諸原則に適合せり．（二）の諸原則に於て「量」といへる語に代ふるに「一有理区域の量」といふを以てするとき，此等の諸原則は尽く実現せらるべし．有理区域内の二量必ず比較し得べく，其加合は常に同一有理区域内に於て可能にして，連続に関する三つの性質も亦一有理区域内の量のみにつきて既に成立す．

夫（そ）れ，一有理区域の量のみを以てして既に（二）の諸原則を充実すべし．即ち一有理区域以外に量あると然らざるとは（二）の原則の与（あづか）り知らざる所なり．公約なき二量の存否を決定すべき所以（ゆゑん）の者は此等の原則以外に之を求めざるべからず．

公約なき二量の実例は之をユークリッド幾何学より学び得べし．平方形の一辺と其対角線とは公約なき二つの長さなりといへるは，ユークリッドの諸定理の中最有名なる者の一なり．

此有名なる定理の証明を此処に反復すること，決して其

所を得ざる者と謂ふべからず．此定理はユークリッドの法式に終結なきを確知し得べき，特別の場合としても亦注意に値す．

ab を一辺とせる平方形の対角線 ac の上に於て ab=ab′ なる点 b′ を定め，b′ より ac に垂直に b′d を引きて，d に於て bc を切らしむ．

$$A_1 = ac \quad A_2 = ab$$

と置かんに，先づ $A_1 > A_2$．さて三角形の二辺の和は他の一辺よりも大なるが故に

$$ac < ab+bc = 2ab$$

即ち $\qquad A_1 < 2A_2$

よりて $n_1=1$, $A_1=A_2+A_3$, $A_3=cb'$

$$A_2 = cb = db+cd$$

c 及び d にて標ある二つの角は共に半直角なるが故に cb′=b′d．又 b 及び b′ にて標ある二つの角は相等しきが故に b′d=db よりて db=cb′=A_3．

さて cd は A_3 を一辺とせる平方形の対角線なるが故に

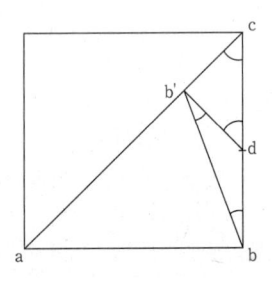

$$2A_3 > \mathrm{cd} > A_3$$

よりて

$$3A_3 > A_2 = \mathrm{cd} + A_3 > 2A_3$$
$$A_2 = 2A_3 + A_4$$

A_3 を一辺とせる平方形に於て A_4 は，A_2 を一辺とせる平方形に於ける A_3 と同様の位置にあるが故に，A_3, A_4 につきて同様の論法を反復し

$$A_3 = 2A_4 + A_5$$

を得．次第に斯の如くにして，此場合に於てはユークリッドの法式の終局に達することなきを推知すべし．

此結果は又次の如くにして之を説明することを得．先づ E を一辺とせる平方形の対角線を E' とせば，E' を一辺とせる平方形の対角線は，$2E$ なること図を一見して明瞭なり．仮に E' は E の有理区域に属せりとなし，例へば $E' = rE$ なりとせば，又 $2E = rE'$ ならざるを得ず．故に $2E = rrE$．随て

$$2 = rr$$

を得．さて斯の如き有理数 r の存在せざることは次の如くにして之を証明すべし．仮に斯の如き有理数存在すとし，之を既約分数となして $\dfrac{p}{q}$ を得たりとせば $p^2 = 2q^2$ 即ち $2q^2$ は p の倍数ならざるを得ず，而も q 随て又 q^2 は p と素なるが故に p は 2 の約数即ち 1 又は 2 なり．さて p は 1 なることを得ざることは明なり．若し p を 2 なりとせば $2 = q^2$ にして如何なる整数の平方も 2 に等しきを得ず．是故に $r^2 = 2$ なる如き有理数 r は存在することなし．

（七）

　ユークリッドの比例論は数の観念の歴史の第一頁を飾りて特に異彩を放つ[21]．読者は，其嘗て初等幾何学の一節として相識れる此理論に，算術を標榜せる本書に於て再び邂逅するに驚くことなかるべし．

　此処にエレメンツの字句を忠実に反復するの必要なし．吾輩はユークリッドの比の定義を次の如く言ひ表はさんとす．

　第一定義．A, B なる二つの量の与へられたるとき，m, n を二つの自然数となし，nA 及び mB を比較して三つの場合を区別す．一に曰く，nA は mB に等し．二，三に曰く nA は mB よりも大又は小なり．或は之を換言して，一に曰く $\dfrac{A}{m}$ は $\dfrac{B}{n}$ に等し．二，三に曰く $\dfrac{A}{m}$ は $\dfrac{B}{n}$ よりも大又は小なり．此三つが凡ての場合を網羅せることは（二）の第一原則の保証する所なり．さて第一の場合に於ては A, B の比 $A:B$ は有理数 $\dfrac{m}{n}$ に等しといひ，第二，第三の場合に於ては $A:B$ は $\dfrac{m}{n}$ よりも大又は小なりといふ．即ち

$$nA \gtreqless mB \quad \text{即ち} \quad \dfrac{A}{m} \gtreqless \dfrac{B}{n} \quad \text{と共に} \quad A:B \gtreqless \dfrac{m}{n}$$

例へば A を B を一辺とせる平方形の対角線となすとき，

---

21) ユークリッドの比例論は量の論（Grössenlehre）の基礎なりといふべし．其内容は必しも幾何学に専属せず．長さを以て抽象的の量の一種の表顕と考ふることを得ればなり．

m, n を $2, 1$ となさば $A < 2B$ なるが故に
$$A : B < 2$$
又 m, n を $1, 2$ となさば $2A > B$ なるが故に
$$A : B > \frac{1}{2}.$$

第一定義は $A : B$ なる者に，有理数に対する大小の順序に於て一定の位置を与ふ．$A : B$ なる者には本来定まる意義あるにあらずして，吾輩のユークリッドと与(とも)に今新に其意義を定めんとするものなるが故に，$A : B$ と有理数との大小の関係は自家撞着に陥らざる限り，随意に之を定めて不可あることなし．然れども大小相等の語には既に慣用の意義あるが故に，此意義に協(かな)はざる凡ての新定義は無益にして有害なり．茲(ここ)に於て次の三点につきて，上文の第一定義を詮衡するの必要を生ず．

$\dfrac{m}{n} = \dfrac{m'}{n'}$ なるとき $A : B = \dfrac{m}{n}$ と同時に $A : B = \dfrac{m'}{n'}$
なりや，

$\dfrac{m}{n} > \dfrac{m'}{n'}$ なるとき $A : B > \dfrac{m}{n}$ と同時に $A : B > \dfrac{m'}{n'}$
なりや，

$\dfrac{m}{n} < \dfrac{m'}{n'}$ なるとき $A \cdot B < \dfrac{m}{n}$ と同時に $A : B < \dfrac{m'}{n'}$
なりや，

第一，$\dfrac{m}{n} = \dfrac{m'}{n'}$, $A : B = \dfrac{m}{n}$ より $mn' = m'n$；$nA = mB$ を得．随て $mn'(nA) = m'n(mB)$ 即ち $mn(n'A) =$

$mn(m'B)$. よりて $n'A = m'B$, 故に果して $A:B = \dfrac{m'}{n'}$. 第二, 第三類推すべし.

A, B に公約あるときは, 第一定義によりて $A:B$ は或有理数 r に等しく, (三) に説ける意義に随て $A = rB$. 又若し A が B の有理区域に属し $A = rB$ なる如き有理数 r にして存在せば, 第一定義に従ひて $A:B$ は此有理数 r に等し. これ当然にして無奇なる事実なり.

然れどもユークリッドは既に公約なき二つの量の存在するを知れり. A, B に公約なきときは $A:B$ の比は如何. 此場合にありては m, n を如何なる自然数となすとも $nA = mB$ なること, 即ち $r = \dfrac{m}{n}$ を如何なる有理数となすとも $A:B = r$ なること決してあり得べからざるにより, $A:B$ は或は r より大に或は r より小なり. 是故に $A:B$ より小なる有理数を尽く甲の群に編入し, 又 $A:B$ より大なる有理数を尽く乙の群に編入して, 凡ての有理数を両分することを得. 斯の如くにして $A:B$ より生出する有理数内の切断は次の三条件を充実せり.

一, 凡ての有理数 (勿論正の有理数, 以下同じ) は必ず甲乙二群の中いづれか一方に, 而も唯一方にのみ, 属す.

二, 甲に属する有理数は凡て乙に属する有理数より小なり.

三, 甲に属する有理数の中に最大の者なく, 乙に属する有理数に最小の者なし.

第三の外は弁明を要せざるべし. 甲に属せる有理数の中

任意に一個を採りて之を r_0 と名づくれば $A:B>r_0$ 即ち $A>r_0B$. さて $A-r_0B$ と B とにアルキメデスの法則を適用して $A-r_0B>\dfrac{B}{p}$ なる如き自然数 p の存在すべきを知る. 即ち $A>\left(r_0+\dfrac{1}{p}\right)B$, $A:B>r_0+\dfrac{1}{p}$ にして $r_0+\dfrac{1}{p}$ なる有理数は r_0 より大にして而も仍ほ甲に属せり. 是によりて甲の有理数に最大の者あるを得ざるを知るべし. 乙に属せる有理数の中に最小の者あるを得ざること, 小同様にして証明せらるべし.

斯の如くにして有理数の範囲に尚ほ欠陥あるを知り得たり. 有理数の分布は各処稠密なりと雖, 其中に公約なき二量の比 $A:B$ を以て填充せられ得べき空隙を存せり.

凡ての比と凡ての有理数との大小相等の関係は第一定義によりて既に定まれり, 今二つの比の相等及び大小の意義を定めんが為に, ユークリッドと共に次の定義を立す.

第二定義 $A:B$, $A':B'$ 共に有理数に等しからば, 此等の有理数の相等大小によりて比の相等大小を定む. 二つの比の中　方例へば $A':B'$ のみが有理数 r' に等しからば $A:B$ と r' との相等大小によりて, 両比の相等大小を決す. 二つの比がいづれも有理数に等しからずば, 此等の比の与ふる有理数切断の結果を比較すべし. 甲, 乙の語に代ふるに U, O を以てし, $A:B$ より大又は小なる有理数の全体をそれぞれ O, U 又 $A':B'$ より大又は小なる有理数との全体をそれぞれ O′, U′ と名づく.

さてここに三つの場合あり.

(一) $A:B$, $A':B'$ は同一の切断を与ふ, 即ち O, O' 随て又 U, U' は全く同一の有理数より成る. 此場合には $A:B$ と $A':B'$ とを相等しとなす.

$A:B$ と $A':B'$ とが同一の切断を与へざるときは, O, O' 随て又 U, U' は相異なり.

(二) O は O' に属せざる有理数 (r) を含む. 此場合には O' に属せる有理数は尽く O に属せり. げにも, r は O' に属せず, 随て r は U' に属せるが故に, O' の有理数は尽く r より大なり. さて r は既に O に属せるが故に, r より大なる有理数は尽く O に属せり. 是故に U' は U に属せざる有理数 (r) を含み, U に属せる有理数は尽く U' に属す. $A':B'>r>A:B$

(三) O' は O に属せざる有理数 (r') を含む. 此場合には O は O' の一部分, U' は U の一部分にして $A:B>r'>A':B'$

(二) の場合には $A:B$ を $A':B'$ より小となし, (三) の場合には $A:B$ を $A':B'$ より大となす.

(一) (二) (三) は凡ての場合を網羅せり. 此等の場合に於ける有理数両断の状況は次の図によりて説明せらるべし.

(一) $\dfrac{\quad O\ |\ U\quad}{\quad O'\ |\ U'\quad}$　　(二) $\dfrac{\quad O\ |\ U\quad}{\quad O'\ |\ U'\quad}$　　(三) $\dfrac{\quad O\ |\ U\quad}{\quad O'\ |\ U'\quad}$

ここに定めたる大小相等の意義につきても, 亦次の諸点

を審査せざるべからず．

$A:B=A':B'$，$A:B=A'':B''$ と同時に $A':B'=A'':B''$ なりや，

$A:B>A':B'$，$A':B'>A'':B''$ と同時に $A:B>A'':B''$ なりや，

$A:B<A':B'$，$A':B'<A'':B''$ と同時に $A:B<A'':B''$ なりや，

或は此最後の一問に代ふるに次のを以てすべし，

$A:B>A':B'$ と同時に $A':B'<A:B$ なりや．

例へば第二の問に答へんとするに，先づ $A:B>A':B'$ なりといふは $A:B>r>A':B'$ なる如き有理数 r の存在するをいふに外ならず，又 $A':B'>A'':B''$ は $A':B'>r'>A'':B''$ なる如き有理数 r' の存在を保証す．さて $r>A':B'$，$A':B'>r'$ より $r>r'$ を知り $A:B>r$，$r>r'$ より，第一定義によりて $A:B>r'$ を知り，之を $r'>A'':B''$ と併せ考へて果して $A:B>A'':B''$ なるを確む．其他類推すべし．

斯の如くにして凡ての場合に於て二つの比の相等，大小を定むることを得たり．

A,B が公約なき場合に於ける $A:B$ なる比の値は，即ち吾輩のこれより説明せんとする無理数に外ならず．ユークリッドの比の定義より無理数の観念に到達するは，実に一挙手一投足のみ．ユークリッドの比例論は実質に於て，現代数学に於ける数の観念の凡ての要素を具へたり．数の観念の完成とユークリッド比例論との間に，歴史が二千載

の空隙を示せること，今にして之を想へば，実に奇異なりと謂ふべし．事実を知るは易し，其価値を批判するは難し．要は唯立脚点の昂上にあり．

(八)

(二)に挙げたる原則の未だ量の特性を尽さざるを指摘せる後，而して此欠陥を補修するに先ち，前節に於て古希臘(ギリシャ)時代に於ける比の観念を回顧したるは，以て現時に於ける数の観念の由る所を明にせんと欲せるに外ならず．

吾人の所謂量に連続の性質あり，而して(二)に挙げたる量の連続に関する性質は，未だ其特徴を尽くさず，此欠陥は何処(いづく)にか伏在せる．

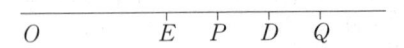

$\overline{\qquad O \qquad\qquad E \quad P \quad D \quad Q \qquad}$

抽象的の量を表はすに，直線の長短を以てし，更に一層明瞭なる形象を得んが為に，長さを直線上の点に対照せんとす．O なる点に始まりて，限りなく一方に延長せる直線を考へ，或る一定の長さ A を採り，OP を此長さに等しくして，P 点を定め，以て A なる長さを，P なる点に対照す．斯の如くにして個々の長さと此直線上の個々の点とを配合するときは，各(おのおの)の長さは或る定まりたる点によりて表はされ，又各の点は或る定まりたる長さを表はし且つ長さの大小は之を表はせる点の位置の左右によりて定まる．量に連続の性質ありといふは，直線上の点は連続せりといふ

に異ならず．直線上の点連続せりといふことは，明確にして動かすべからざるの観ありと雖，さて此連続といへる観念を分析して，之を最も明白なる言辞に表はさんことは甚（はなは）だ難（かた）し．

直線上に於て，例へば P より Q に移らんとするときは P, Q の中間の諸点（ことごと）を尽く通過せざるべからず．此等の点は P より Q に達すべき径路を組成し，其間何処にも断絶あることなし．分布の稠密（ちうみつ）といふことは，畢竟如何なる二点の中間にも限りなく多くの点あるべきを明言するものなれば，此原則は一見点の連続を表明して余蘊（ようん）なきが如し[22]．然れども其実隙然らざるを見ること容易なり．

今直線上随意の一点 D を除き去りたりとせよ．譬へば，理想的最鋭利のナイフを以て，D に於て此直線を切りたりとせよ．即ち此切り目に幅なしと考へよ．斯の如くにして直線上点の連続は破壊せらる[23]．然れども如何なる二点の中間にも必ず第三の点あるべしとの条件は，D を除去せる後にも，仍ほ依然として充実せらるるにあらずや．是分布

---

22) 分布の稠密なることは未だ連続にあらず．例へば或る定まりたる自然数 n 及其幂を分母とせる凡ての分数を総括して考ふるに其分布は稠密なり．凡ての有限小数（$n=10$）の分布稠密なり．

23) ナイフにて切るとは D なる点を除去せよといふことに過ぎず．直線の連続は此処にて破壊せらる．然れども D の右及び左に如何なる点をとるとも，其中間には必点（D より外の）あり．D の直に右，直に左の点なる者なし．連続の定義はデデキンドの名著，連続及無理数（Dedekind, Stetigkeit und Irrationalzahlen, 1872）に載す．これ必読の書なり．

の稠密は未だ連続といふことの特徴たるに足らざるを証する者なり．

連続の観念明白なるが如くにして，実は然らず．此微妙なる観念を捕捉して，之に蔽ふ所なき光明を与へたるはデデキンドの功績に帰す．デデキンドは連続の意義を定めて曰く，

　直線上の凡ての点を甲乙の二群に分ち，甲の群の点をして尽く乙の群の点の左方に在らしむるとき，直線を斯の如く両分する点は必ず，而も唯一個に限り存在す．

即ちここに謂ふ所の直線の両断は次の性質を具へたり．

一，直線上の凡ての点は必ず甲又は乙の中いづれか一方，而も唯一方にのみ属す．

二，甲に属する点は尽く乙に属する点の左方にあり．

三，斯の如くするときは甲に属する点の中最右に位する者唯一個あるか，或は乙に属する点の中最左に位する者，唯一個あるか，何れか其一に居らざるを得ず．上文に所謂，直線を両分する点とは之を云ふなり．

直線に此の如き両断を施こし得べきことは，何人も首肯する所なるべし，然れども「我読者の多数は連続の秘密が平凡此の如きに過ぎずと，聴きて意外の感に打たるるならん」とはデデキンドの危惧せる所なりき．彼は更に語を継ぎて言へらく，「人若し上文の原則を明白にして，少しも直線なるものに対する自家の所観に悖る所なしとなさば，我が幸之に過ぎず．如何にとならば予は此の原則の果して正当なるや否やを証明すること能はず，而も是れ何人と雖も，

成し得べからざる事に属すればなり」と．読者請ふ深く此語を翫味せよ．若し或は此原則の正否を論証せんと欲するの誘惑を感ぜば，先づ抑ゞ証明とは如何なる事なるかを想へ．証明なきは能はざるに非ず，能ふ可らざるなり．

デデキンドの法則に準拠して，一の有理区域が果して凡ての量を網羅せりや否やを批判するときは最透徹せる解答を得．

一の有理区域に属せる凡ての量を両分して之を甲乙の二群となし，甲の量をして尽く乙の量より小ならしめ，而も甲に最大の量なく，乙に最小の量なからしむるを得べきことは，既に説きたる所なり．然るに凡ての量の範囲内に於ては，斯の如き両分に伴ひて必ず甲に最大の量あるか又は乙に最小の量あるを要するが故に，一の有理区域以外に尚ほ量なきを得ず．

デデキンドの法則に於ける第三条件と（七）の切断の第三条件と正反対なること，実に問題の要点なり．

分布の稠密なること，等分の可能なること，此等は凡て量の連続に関せる性質にして而も未だ連続の特徴を尽さず．此等の事実は実際尽く連続の法則の中に含蓄せらるること，後章に至て自ら明白なるべし．

(九)[24]

凡ての量に数値を与へんと欲せば，有理数のみを以て之を弁ずべからず．是に於て有理数以外新に数を作るの必要を生ず．斯の新数は即ち無理数なり．

所謂抽象的の量と，有理無理のあらゆる数（正数）とは，其内容に於て異なる所あるべからず．数はよく凡ての量の数値を供給すべし．

然れども吾人は又凡ての量に数値を与ふべしとの此要求を充実せる上，更に一歩を進めて量の数値たり得ざる数をも考へ得べき自由を有すること論なし．例へば 0 の如し．量の本来の観念に固着するときは，0 は量の数値として用なき数なり．然れども数の系統の統一及び其の法則の調和の為には 0 は欠くべからず．

個々の量と一直線上の個々の点とを対照せしむるときは（前節の図を看よ）直線上の各々の点は必ず或量を代表せり．唯其左端の一点 O は則ち然らず．直線上の各々の点を其代表せる量の数値に対照すれば，個々の点は個々の数に配合せらる，零なる数は O なる点に配合せらるるものと考ふることを得べし．

抽象的量の性質は又数の尽く具ふる所なり．0 を包括せる数の範囲内に於て次の諸原則成立す．

第一，二つの数は比較し得べし．其の結果は相等，大小の三者を出でず．数に一個最小の者あり．0 即ち是なり．

第二，数には組み合はせ及び交換の法則に遵へる加法を施すことを得．其結果唯一なり．0 の加法は $a+0=a$ によりて定まり，加法と大小との関係は $b>b'$ と $a+b>a+b'$ との相随伴すべしといふに尽く．加法の転倒（減法）は其可能なる限り，唯一の結果を与ふ．

第三，数の全範囲に連続あり．即ち凡ての数を O, U の

二群に分ち，Oに属する数をして凡てUに属する数より大ならしむるときは，Oに最小の数あるか，或はUに最大の数あるか，二者いづれか其一に居らざるを得ず．

　吾人は連続の法則を基礎として，次章に於て無理数の性質を闡明せんとす．上文挙ぐる所の原則は，完全に数の観念を定むるものにして，此意義に於て，実に「数」の定義なりといふべし．第三章に於て整数の諸性質を根本的の原則より演繹せると同一の順序によりて，上述の諸原則より一般の数の諸性質を秩序的に導き出さんことは，蓋し数学に於て論理の厳密を愛好する読者の最も趣味あるを覚ゆべき問題なり．然れども吾人は後来に於て唯連続といふことの意義の実質的に確実に了解せられんことを期望するに止まり，即ち問題の最重要なる一点を解釈して，其他は之を余裕ある読者の敷衍に一任せんと欲す．

---

24)　無理数の観念の最厳正に説明せられたるは輓近の事に属す．原著としてはワィヤストラス，カントル，ハイネ，メレー，デデキンドを挙ぐべし．祖述にはタンネリー (J. Tannery, Théorie des fonctions d'une variable reelle, 1886)，デニ (U. Dini, Fondamenti per la teorica delle funzioni di variabili reali, 1878)，ストルツ (O. Stolz, Allgemeine Arithmetik, 1885)，ジョルダン (C. Jordan, Cours d'Analyse, t. 1, 1893) 其他なほあるべし．

ワィヤストラス (K. Weierstrass 1815-97) の説は前世紀の六十年代よりベルリン大学に於ける講義として世に伝はれるに過ぎず，現時に於ても尚シュワルツ氏によりて同大学の講筵に反復せ

られつつあり．ビェルマン函数論（O. Biermann, Theorie der analytischen Funktionen, 1887）其梗概を載す．バッタルリーニ・ヂョルナーレ巻十八に於てピンケルレ（S. Pincherle, Battaglini Giornale XVIII.）の詳説あり．ワィヤストラスの無理数の定義は最も直接に無限小数を拡張す． $a_1, a_2, a_3, \cdots$ が正の有理數にして $s_1=a_1$, $s_2=a_1+a_2$, $\cdots$, $s_n=a_1+a_2+\cdots+a_n$ が尽く一定の（n に関係なき）正数 A を超えざるとき，列数 $s_1, s_2, \cdots$, $s_n, \cdots$ が有理数を極限とせざるときは $a_1+a_2+\cdots+a_n+\cdots$ は一の無理数 $a=(\!(a_n)\!)$ を定むるものとなす．

$s_1, s_2, s_3, \cdots, s_n, \cdots$ が竟に超過し得べき自然数は其数限あり，其中最大なるを h と名づけ，a は1を h 個だけ含めりといふ．又 $\dfrac{1}{q}$ なる幹分数をとり $\dfrac{k}{q}$ を以て $s_1, s_2, \cdots, s_n, \cdots$ が竟に超過し得べき分母 q の分数の中最大の者となし，a は $\dfrac{1}{q}$ を k 個含めりといふ．

$a=(\!(a_n)\!)$ と $a'=(\!(a'_n)\!)$ との相等しとは a 及 a' が1及び凡ての幹分数を同数だけ含めるを言ふ．大小の意義亦同様にして定むべし．a, a' の和は $(\!(a_n+a'_n)\!)$ にして a, a' の積は $(\!(a_n a'_n)\!)$ なり．以下類推すべし．

カントル（G. Cantor, Mathematische Annalen, 5.）は第十章（四）に略述せる所謂基本列数を以て数の定義とせり．ハイネ（E. Heine, Crelle, 84），メレー（Ch. Méray, Nouveau précis d'analyse infinitésimale, 1872）亦大同小異なり．

デデキンド（上出）は有理数の切断を以て無理数の定義となせり．第九章を看よ．

此等の諸説に於てはいづれも有理数を既知の観念となし，之を基礎として無理数の観念を定む．其方法開発的（genetisch, heuristisch）なり．

ヒルベルト（D. Hilbert, Göttinger Nachrichten, 1900）は之に反し，「アキシオマチック」（axiomatisch）（幾何学的）に数の観念を組み立てたり．即先づ数の観念の内容を既定とし，若干の相互独立せる公理を立し之を分析して数の観念を闡明せんとするなり．ヒルベルトによれば数とは，比較の法則，算法（四則）の法則及連続の法則に従へる者なり．但連続の法則はデデキンドの

法則と異にして「アルキメデス」の法則及完備の法則（Axiom der Vollständigkeit）より成る．

此書に於てはデデキンドの連続の法則を採りて，アキシオマチックの方法に準じ以て数の観念を説明せり．但本邦の一般読書界の程度を顧慮して，形式的に論理の最厳密なるを期せざりき．上記の諸書に於ける叙述の調子概して全く量の観念を離れ，最抽象的に卒然として無理数の定義を立し数と量との関係は読者の推考発明に一任せり．而して読者の多数は其自ら補充すべき所の者を自ら補充することをせずして，之を説明の不明に帰せしめんとするの傾向を有するが如し．此種の叙述は論理上間然する所なしと雖，一般読者の読書力を信用すること多きに過ぎたりと謂ふべし．予の旧著「新撰算術」に於ても紙幅節倹の為此種の叙述法を採りたり．

今此書に於ては先づ量の性質を説き，凡ての量の数値を供給すべしとの要求を以て，数の定義の基礎となし以て数の観念の「心理的」（？）側面を説明せんとせり．斯の如くにして無理数の定義の唐突の感を起すを避くるを庶幾せんとす，著者が微意の存する所なり．

既に量の性質より数の観念を誘出す．説明の方法は勢「アキシオマチック」ならざるを得ず．第八章の終に於て数の原則として列挙せる所の者に具体的の根拠あり．何故に（如何なる目的の為に）斯の如き原則を立てて之を数の定義となせるか．他なし，量の数値を供給すべしとの要求に応ぜんが為なり．無理数の定義は天上より落下し来る者に非ざること明なり．

数の原則は定まれり．さて所謂「アキシオマチック」の方法によりて数の観念を確定するには，次の径行を要す．第一，此等の原則を論法の根拠として，此等の原則によりて定めらるる観念の内容を分析すること．第二，斯の如くにして定まれる数なる者が果してよく基本の原則に適合せりや否やを審査すること是なり．第七章の論脈を対照すべし．

此等原則より数の観念を定むること，之を縷説せば，実質的に第一章乃至第七章の所説を反復せざるべからず．今其端緒を略叙せば次の如し．

原則によりて0は最小の数なり．0より大なる任意の一数をと

り之を1と名づく．原則によって$1+1$なる数あり．原則によって此数は0よりも又1よりも大なり．此数を2と名づく．3, 4,…類推すべし．さて連続の法則は等分の可能を保証す（第九章（三）を看よ）．$x+x=1$なる如き数 x 唯一個あり．之を $\frac{1}{2}$ と名づく，云々．斯の如くにして自然数及分数を定む．無理数の観念は第九章に詳述せり．さて斯の如くにして定まりたる有理無理凡ての数の系統がよく基本の諸原則に適合せるを験証すること容易なり．験証は容易なり．困難は斯の如き験証は何故に必要なるかを悟るの点にあらん．

○ 無理数は irrational number の訳語なり．原語の意義は（著者が独逸の某碩学より聞ける所によれば）比（ratio）ならざる，詳しく言はば二つの自然数の比ならざる数といふにあり．普通の字書にて語原を尋ぬるも亦同様の説明に帰するが如し．さもあるべきことなり．「無理」の語或は妥ならじ．今は姑らく慣用に従ふ．但無理数は「ムリ数」なり．「理無き数」にては勿論なし．「有理」亦同じ．

第九章　無理数

限りなく多くの数，上限及下限／基本定理／稠密なる分布，等分の可能，アルキメデスの法則は凡て連続の法則に含蓄せらる／有理数の両断と無理数／無理数の展開，無限小数の意義／量を計ること及其数値の展開／展開せられたる数の大小の比較，展開の唯一なること／無理数の加法及其性質／加法の近似的演算／比例に関する定理，比例式解法，乗法及除法の意義／乗法及除法の性質／負数

(一)

　限りなく多くの数の与へられたる時は，其中に一個最大又は最小の者存在するを必すべからず．此微妙なる事実は常識を以て捕捉し難き所なれども，数学に於て頗る重要なる意義を有せり．抑々「限りなく多し」とは，吾人の実在界に於て決して遭遇せざる所なり．吾人は「甚(はなは)だ多し」といふことを経験し得べし．限りなく多しといふは，唯(ただ)思想界に於てのみあり得べきことなり．是故に無限といふことにつきては往々一見常識に反(こん)するの観を呈する事実に遭遇すること，実に止(や)むを得ざる所なり．

　限りなく多くの物を考ふといふことの意義，明白に理会

せられざる可らず．限りなく多くの物を考ふるとは雑然として随意に種々の物を思ふの謂にあらずして，一定の限界ある，物の一系統を考ふるなり．唯此系統を組成せる物の数に限なきのみ．即ち或物が今考へつつある所の系統に属せるか，或は属せざるかを定むべき一定の照準存在するを要す．此照準は場合によりて様々に異なるを得べきこと論なし．例へば凡ての整数を考ふるときは，吾人は限りなく多くの物を考ふとは雖，此等の物は全体に於て，一定して動かすべからず．1を採り2を採る，$\frac{1}{2}$を採らず，$\frac{1}{3}$を採らず，今考へつつある物に一定の限界ありといふは此意なり．或は凡ての素数を考ふるとき亦然り．如何なる数も素数なるか，或は素数ならざるか，何れか一なり．素数は今考ふる所の系統に属し，素数ならざる数は之に属せず．吾人の考ふる所の物に定まれる限界あり．或は又2より大にして3より小なる凡ての有理数を考ふ．又は1より小なる凡ての有限小数を考ふ．又は循環位数二個なる凡ての循環小数を考ふ．考ふる所の物の数に限なしと雖，考ふる所の物の限界は一定して動かすべからず．

さて冒頭に言へる事実に返らん．定まれる数の一組を考ふるとき，其中に最大の者ありとは，次の二条件を充実すべき数 μ の存在するを言ふ．第一，今考へつつある所の数の中に μ より大なるもの一も在ることなし．第二，μ なる数自らも亦今考ふる所の数の一組に属せり，といふこと是なり．最小の場合も亦同じ．

考ふる所の数が唯 n 個に止まれるときは，其中に必ず最

大又は最小の者あり．例へば其最大の者を得んと欲せば，次の如くすべし．先づ今考ふる所の n 個の数の一組を S と名づく．S の中より任意に一つの数 a を採り出すとき，a 若し残れる $n-1$ 個の数のいづれよりも大なるときは a は即ち S の諸数の中最大なる者なり．若し然らずば残れる $n-1$ 個の数の中に a より大なる者存在す．此場合には此等の $n-1$ 個の数を一括して之を S_1 と名づく．S_1 に最大の数あらば，そは又 S の最大の数なり．斯の如くにして n 個の数の中最大なる者を求むる手続きは，$n-1$ 個の数の場合に帰着す．さて唯二個の数の与へられたるとき，其中に最大なる数あること分明なるが故に，数学的帰納法によりて，n が如何なる数なりとも，最大の存在は証明せられたり．

ここに「n が如何なる数なりとも」といへるは，「S を組成せる数限りなく多くとも」といふことと同一にあらざるに注意すべし．「n が如何なる数なりとも」とは「S を組成せる数の数に限りある凡ての場合に於て」といふの義なり．S が2個の数より成る場合には S に最大の数あり．よりて上の論法によりて S が3個の数より成る場合にも亦最大の数あるべきを知る．S が3個の数より成る場合に最大の存在すべきを知らば，再び同様の論法によりて S が4個の数より成る場合に移る．然れども斯の如き径行によりて S が無限に多くの数より成る場合には，決して到達することを得ず．

無限に多くの数の与へられたる時，其中に最大又は最小

の者あるを必すべからざるを知らんと欲せば，最大の存在せざる場合の唯一個の実例を挙ぐるを以て足れりとすべし．例へば n を以て自然数を表はし $1-\frac{1}{n}$ 即ち $\frac{n-1}{n}$ の如き数の全体を考へ，之を一括して S と名づくるに S は無限に多くの数より成れる，而も一定の限界を有する数の一系統なり．$0, \frac{1}{2}, \frac{2}{3}, \frac{3}{4}, \cdots$ 等は此系統に属す．$\frac{1}{3}, \frac{1}{4}, \frac{3}{5}$ 等は然らず．さて S に最大の数あるか．S の中より如何なる一つの数を採るとも，S の中には尚ほ之よりも大なる数あり．例へば $1-\frac{1}{n}$ は S に属せり．然れども $1-\frac{1}{n+1}$ も亦 S に属して，而も $1-\frac{1}{n}$ より大なり．是故に S に最大の数あるを得ず．1 は S の凡ての数より大なれども，1 は S に属せず．$1=1-\frac{1}{n}$ なる如き自然数存在せざればなり．

　S が無限に多くの，定まる数の一系統なるときは，S に最大又は最小の数あることあるべしと雖，最大又は最小の数なき場合も亦之あること，上の一例によりて確められたり．更に一個の例を加へん．1 より大なる凡ての分数を一括して之を S と名づくれば，S に最小の数なし．1 より小ならざる凡ての数を一括して之を S となせば，S には最小の数あり．1 即ち是なり．前の場合にては 1 は S に属せず，後の場合にては 1 は S に属せるに注意すべし．

　最大，最小に似て而して非なるを上限，下限とす．S なる一組の数の与へられたるとき S の上限とは次の二条件を充実すべき数 λ を謂ふ．

　第一，S に属せる数にして λ より大なる者一も存在せず．

第二，λ より小なる数 λ' を如何に採るとも，S に属せる数にして λ' より大なる者必ず存在す．

下限の場合には大小の語を転倒すべし．此処に λ の $\dot{S}$ に属すると，属せざるとは措て問はず．S の諸数を以て窮りなく其上下限に接近することを得．然れども S の諸数は決して其上限を超えず，又其下限を下らず[25]．

最大又は最小の存在する場合には，こは即ち上限又は下限なり．然れども上限，下限は必ずしも最大又は最小にあらず．λ が S に属するときは，λ は最大又は最小なり，λ が S に属せざるときは S に最大又は最小なし．

前出の例につきて説明せんに，先づ S を $1-\dfrac{1}{n}$ の如き分数の全体となすときは，S に最大なし．1 は S の上限なり．げにも S の諸数の中 1 より大なるものなし．又 λ' を 1 よ

---

[25] λ が S の上限にして，而も S に属せざるとき即 S の最大にはあらざるときは，上限の定義の第二条は S の数の中 λ' より大なる者限りなく存在すべきを示す．げにも定義によりて S の数の中 λ' より大なる者少くとも一個あり．今仮に S の数にて λ' より大なる者，即今考ふる所の場合に於ては λ' と λ との中間に存せる者，其数限りありとせば，此等の数中一個最大の者なかるべからず．之を g と名づくるに g は λ より小なり．是故に g と λ との間にも亦 S の数あり．是容すべからざることなり．一二〇頁を参照せよ．

上限下限 (obere und untere Grenze) の観念はワィヤストラスに始まる．パッシュ (上出) は Grenze に代ふるに Schranke の語を以てす．未だ適切なる訳語を得ず．要するにワィヤストラスの所謂上下限は二五〇―二五一頁の二箇条の定義によりて定めらる．単に其第一条件のみを充実せる数又往々上下限と称せらるると区別すること肝要なり．上限下限と最大最小との区別は次の例

り小なる数なりとせば $1>1-\dfrac{1}{n}>\lambda'$ なる如き自然数 n は必ず存在す．例へば $\lambda'=0{,}99999$ とせば $1-\dfrac{1}{100001}$, $1-\dfrac{1}{100002}$, …等は S の数にして λ' より大なり．

S の最小，随て S の下限は 0 なり．

又 S は 1 より大なる凡ての数より成れりとせば，S に最小なし．1 は S の下限なり．S が 1 より小ならざる凡ての数より成れるときは，S の最小，随て S の下限は即ち 1 なり．

正の有理数に最小なし．0 は其下限なり．負の有理数に最大なし，0 は其上限なり．最大最小と上限下限との区別は煩瑣なるに似たりと雖，此等の観念は前にも言へる如く現代数学に於て重要なる意義を有す．ここには唯此観念を明瞭に説明せんが為に，最卑近なる例を採れるなり．

によりて特に明瞭に了解せるべし．先づ一の定まれる円を考へよ．此円に内接する凡ての三角形の面積の最大は即ち此円に内接する正三角形の面積なり．又此円に内接する凡ての多角形の面積に最大なし．円の面積は其上限なり．

S が無限に多くの数より成れる場合に於ても，若し S を組成せる数が尽く正の整数なるときは，S には必ず最小の数あり．げにも今 a を以て S に属せる整数の一つとなすときは a 若し S の最小の数ならずば，S の数にて a より小なる者には其数限りあり．よりて上述の主張の成立するを知る．一般に分布稠密ならざる数の範囲内にありては，最大又は最小の必ず存在すべきことあるべし．是故に一〇二頁第六行に於て「其数に限りあり．是故に」の句は不用なり．

（二）

上限下限の語を説明せる後，進みて次の定理を証明せんとす．

限りなく多くの定まりたる数の一組の与へられたるとき，若し此一組の数が尽く，或一定の数 a より小なるときは，此一組の数は a より大ならざる上限を有す．

若し又此一組の数が尽く或定まりたる数 b より大なるときは，此一組には b より小ならざる下限あり．

此定理は有理数の範囲内にては必ずしも成立せず．之を証明するには連続の法則を根拠とせざるべからず．ここには第一の場合のみを論ぜん．第二の場合も其趣異なることなし．

先づ与へられたる一組の数を S と名づく．今任意に或数 z を採りて考ふるに，茲に二つの場合あり．即ち z は S の如何なる数よりも大なるか，然らずば S の数にして z より小ならざる者存在す．第一の場合には z を O に編入し，第二の場合には z を U に投じ，以て凡ての数を O, U の二群に分つことを得．斯くするときは如何なる数も O 又は U のいづれか唯一方に属し，又 O に属せる数は，尽く U に属せる数よりも大なり．是故に連続の法則によりて，O に最小の数あるか，又は U に最大の数あるか，いづれか一ならざるを得ず．いづれにしても，即ち g は O の最小の数なりとするも，又は U の最大の数なりとするも，g は S の上限なり．之を証すること次の如し．

先づOUの構成上，Sの諸数の尽くUに包括せらるること明白なり．若しUに最大の数あらば，此数gは又Sの最大の数なり．げにもgはUに属せるが故に，Sの数の中gより大なる者又はgに等しき者必ずあるべし．さて実際Sにはgより大なる数なし．何となれば若しmをSの数にしてgより大なる者なりとせば，mは又Uに属し，随てgはUの最大の数なるを得ざるべければなり．是故にSの諸数の中gに等しき者なかるべからず．而も又Sにはgより大なる数なきが故にgは即ちSの最大の数なり．

又gがOの最小の数なるときは，gはOに属するが故にSの諸数の中gより大なる者一もあることなし．今mを以てgより小なる数となすときはmはUに属し，随てSの諸数の中mより小ならざる者必ずなかるべからず．而も実際Sの諸数の中mより大なる者必ずあり．げにも若しSの諸数にして尽くmを超えずmはSの最大の数にしてmより大なる数は尽くOに属し，随てOに最小の数あるを得ざるべきなり．即ちgは第一Sの凡ての数よりも大にして，又第二にgより小なる数mとgとの中間にはSに属せる数を容れたり．是故にgはSの上限なり．

gがUの最大の数なるときは，gは即ちSの上限にして同時にSの最大なり．又gがOの最小の数なるときは，gはSの上限にして此場合にはSに最大なし．

Sの凡ての数より大なりといふaなる数はOに属せるが故に，gは凡ての場合に於てaより大なることを得ず．

凡ての数をO, Uの二群に分つことを得といへること, 実は a なる数の存在を根拠とせり.

又 g の外に S の上限なきこと明白なり. 例へば g_1 を以て g と異なる数なりとするに, g_1 にして g より小ならば g_1 はUに属し, 且 S の数の中 g_1 より大なる者存在するが故に, g_1 は既に上限の第一条件をも充実せず. 又 g_1 にして g より大ならば S の諸数の中 g より大なる者なきにより, g_1 は上限の第二条件を充実せず. 即ち g と異なる数は S の上限として g と弁立することを得ず. 如何なる場合に於ても上限, 下限は仮令存在すとも, 必ず唯一個に限るべきなり

下限の場合につきて, 上の証明を反復すること, 上下限及び最大小の明確なる観念を獲得するに絶好の練習たるべし.

例へば其平方 2 を超えざる凡ての有理数を以て S を組成するに, S の諸数はいづれも例へば $\frac{3}{2}$ より小なり. 是故に S は $\frac{3}{2}$ を超えざる上限を有す (此上限は有理数にあらず). O, Uが連続の法則に謂ふ所の数の両断なるときは, Oに最小の数あらば, そはUの上限にして, 又Uに最大の数あらば, そはOの下限なり.

(三)

分布の稠密なること, 等分の可能なること, 及びアルキメデスの法則, 此等は数の連続に関係せる性質なりと雖も, 未だ連続の真相を悉さざるものなることは既に指摘せ

る所なり．今 翻(ひるがへ)て此等の諸性質の尽く連続の法則の中に含蓄せらるるを弁ぜんとす．

一，a, b が相異なる二つの数なるときは，a, b の中間に第三の数必ず存在す．

証．a, b は相異なるが故に第一原則一によりて，其中一は他の一より大なり．例へば a を b より大なりとなすに，仮に a より小にして b より大なる数なしとせば，次の如くにして自家撞着の結論を生ず．a 及び a より大なる凡ての数を O に編し，b 及び b より小なる凡ての数を U に編るとき，a, b の中間に第三数を容れずとなせるが故に，O，U は其全体に於て凡ての数を網羅し，且(かつ) O の数は凡て U の数より大なり．然るに a は O の最小の数にして，同時に又 b は U の最大の数なり．是連続の法則と相容れざる所なり．

二，アルキメデスの法則．a 若し b より大ならば b を幾回か加へ合はせて，竟(つひ)に a より大なる数に達することを得．

b を幾回か加へ合はせて作り得べき数即ち b の倍数 $b, 2b, 3b, \cdots$ を一括して之を S と名づく．アルキメデスの法則を否認するは，S の諸数尽く a を超えずと主張するに異ならず．若し果して然らば S には a より大ならざる上限あり．之を g と名づく．さて上限の第二条件によりて $g-b$ なる数よりも小ならざる数 S の中になかるべからず．例へば $nb \geq g-b$ となすに $(n+1)b \geq g$ よりて確に $(n+2)b > g$ にして，而も是 g の定義に牴触せり．アルキメデスの法

則を承諾すること已むべからず.

アルキメデスの法則より剰余の定理を得べし. a が b より大なる数なるときは b の倍数にして, a より大なる者あり. 随て b の倍数にして a より大ならざる者は其数限りあり. 故に其中一個最大の者存在す. 之を qb となさば

$$qb \leq a < (q+1)b$$

随て,

$$a = qb+r, \quad b > r \geq 0$$

にして a, b の与へられたるときは, q 及び r は一定す.

等分の可能を証せんが為に, 先づ次の事実を弁明せざるべからず. 曰く, a なる数 ($a \neq 0$) と自然数 n とを与ふるとき $a > nx$ なる如き数 x は必ず存在す[26]. 此事実は連続の法則に関係なし. 先づ此定理は n が 2 なる場合に成立す, げにも a より小なる数の一つを b となすに, b よりも又 $a-b$ よりも小なる数必ずあり, 其一つを c とせば $b > c$, $a-b > c$ よりて $a > 2c$. さて数学的帰納法を適用せんが為に n の場合より $n+1$ の場合に移らんに, 先づ $a > nc$ なる数 c の存在を仮定し, $(n+1)c$ を作るとき $a \geq (n+1)c$ なる場合は弁を俟たず. 若し $(n+1)c > a$ ならば $(n+1)c - a = d$ と置くに, $c > d$. さて $c - d = c'$ となさば $(n+1)c' = (n+1)c - d - nd < (n+1)c - d = a$ 即ち c' の $n+1$ 倍は a よりも小なり. 是によりて当面の定理は

---

26) $a > nx$ なる数 x の存在すべきことは, 分布の稠密のみを根拠として論証することを得たり. 故に此事実は有理数の範囲内にても成立す.

凡ての場合に成立せり．

三，a と自然数 n とを与ふるとき $a=n.b$ なる数 b は必ず存在す．

$a \geq nx$ なる如き数 x の存在すべきことは，只今証明せる所なり．斯の如き数 x を総括して之を S と名づく．S の諸数は一も a を超えず．故に S に上限あり．之を g と名づく．さて g の n 倍は a に等しく，即ち $g=b$ なり．げにも先づ，g の n 倍は a より小ならず，何とならば若し $a>ng$ ならば $a-ng>n\delta$ なる如き数 δ は必ず存在す．随て $a>n(g+\delta)$ 即ち g より大なる数 $g+\delta$ が S に属せりとの不都合なる結論に陥る．又 g の n 倍は a より大ならず．何とならば若し $ng>a$ ならば $ng-a>n\varepsilon$ にして且 $g>\varepsilon$ なる如き数 ε は必ず存在す．随て $n(g-\varepsilon)>a$．さて $g-\varepsilon$ は S に属する数なり．此数の n 倍 a より大なりとは不可有の事に属す．g の n 倍は a より小ならず，又 a より大ならず．是故に数の第一原則によりて g の n 倍は a に等しからざるを得ず．其 n 倍 a に等しき数の g を外にして存在し得ざること明白なり．

(四)

有理数の分布は稠密なり．a, b を二つの相異なる有理数とせば，a, b の中間必ず第三の有理数を容る．此事実は更に之を修補することを得．

a, β を相異なる二つの数とせば（a, β が有理数たると，然らざるとを論ぜず）a, β の中間に有理数必ず存在す[27]．

げにも，例へば $\alpha>\beta$ となすときは，アルキメデスの法則によりて $n(\alpha-\beta)>1$ なる如き自然数 n は必ず存在す．随て $\alpha-\beta>\dfrac{1}{n}$．さて n を分母とせる正の分数の中 β より大ならざる者は其数に限りあり．就中(なかんづく)最大なるを $\dfrac{m}{n}$ となすに $\dfrac{m+1}{n}>\beta$ にして，此 $\dfrac{m+1}{n}$ なる有理数は α より小なり．如何にとならば，若し仮に $\dfrac{m+1}{n}\geqq\alpha$ なりとせば $\dfrac{m+1}{n}\geqq\alpha>\beta\geqq\dfrac{m}{n}$ より $\dfrac{1}{n}\geqq\alpha-\beta$ を得べくして，是上に述べたる n の定義と相容れざる所なり．α,β の中間に必ず有理数の存在するを知るべし．是によりて，又 α,β の中間に無限に多くの有理数の存在するを推知すべし．

有理数を甲乙の二群に分ち，甲の凡ての数をして尽く乙の数より大ならしむるとき，甲に最小の有理数なく，又乙に最大の有理数なくば，斯の如き有理数の切断は，或一個の定まりたる無理数によりて惹き起さるべし．即ち甲の凡ての有理数よりも小にして，乙の凡ての有理数よりも大なる唯一個の無理数あり．

甲の有理数はいづれも乙の或有理数より大なるが故に，甲に下限あり．之を γ と名づく，又乙の有理数はいづれも甲に属せる或有理数より小なるが故に，乙に上限あり，之を γ' と名づく．さて γ,γ' は相等しく，随て此数は即ち甲乙の中間に存せる有理数の欠陥を塡補すべき唯一の無理数なり．げにも先づ $\gamma>\gamma'$ なることを得ず[28]．若し $\gamma>\gamma'$ な

---

27) α,β が相異なるとき，此等二数の中間に無限に多くの無理数あること勿論なり．試に之を証明せんこと恰好の練習問題なるべし．

らば $\gamma>r>\gamma'$ なる有理数存在し，此有理数は γ より小なるが故に甲に属することを得ず．又 γ' より大なるが故に乙に属することを得ず．是許すべからざる事なり．又 $\gamma<\gamma'$ なることを得ず．若し仮に $\gamma<\gamma'$ なりとせば γ, γ' の中間に横はれる二つの有理数をとりて之を r, r' と名づけ，r' を r より大なりとせば $\gamma<r<r'<\gamma'$ にして r は γ より大なるが故に甲に属し，r' は γ' より小なるが故に乙に属し，而も r は r' より小なり．是はた容すべからざる事に属せり．是故に γ, γ' は相等しからざるを得ず．$\gamma=\gamma'=\lambda$ と置くとき，λ 以外に甲の凡ての有理数より小にして，乙の凡ての有理数より大なる数あることなしといふ事実は既に上文説明中より看取することを得べき者なり．ここに尚ほ次の事実を附記して思想の明確に資せんとす．

如何程小なる数にてもよし，予め ε なる数を任意に定め置かんに，甲，乙両群の中より一対の有理数 a, b を撰みて $a-b<\varepsilon$ ならしむることを得．

$\dfrac{\varepsilon}{2}$ をとり $\lambda+\dfrac{\varepsilon}{2}$ を考ふるに λ と此数との中間に在る有

---

28) $\gamma>\gamma'$ ならざることの証明冗長に失せり．$\gamma>\gamma'$ なりとせば γ, γ' の中間に横はれる有理数の一つ r を考へよ．さて r は甲に属するか．曰く否．γ は甲の下限にして r は γ より小なるが故に，r は甲に属するを得ず．然らば r は乙に属するか．曰く否．γ' は乙の上限にして r は γ' より大なるが故に，r は乙に属せず．即ち r は甲にも乙にも属せざる有理数なるべし．甲，乙は全体に於て凡ての有理数を網羅せるが故に，斯の如き有理数 r は存在するを得ず．$\gamma>r>\gamma'$ なるが如き有理数 r の存在せざるは γ の γ' より大なるを得ざるなり．

理数は尽く甲に属せり[29]．此等の有理数の中の一つを a とす．又 λ が $\frac{\varepsilon}{2}$ より大なるときは λ と $\lambda-\frac{\varepsilon}{2}$ との間に在る有理数は尽く乙に属せり．其一つを b となすに，$\lambda+\frac{\varepsilon}{2}>a>\lambda>b>\lambda-\frac{\varepsilon}{2}$．よりて $a-b<\left(\lambda+\frac{\varepsilon}{2}\right)-\left(\lambda-\frac{\varepsilon}{2}\right)=\varepsilon$．斯の如くにして a, b の如き一対の有理数を甲乙両群より一つ一つ撰み出すべき方法は無限に之あり．

λ が $\frac{\varepsilon}{2}$ より大ならざる場合は弁明を要せざるべし．

如上の観察によりて次の事実を知る．

凡て無理数は有理数間に一の切断を惹き起し，又有理数間の切断は一の無理数を定む．屢〻説きたる有理数の欠陥は各，唯一個の無理数によりて填補せらる．是故に有理数に一の切断を与へて其欠陥を指示する毎に，一個の無理数の存在，証明せられたりと謂ふことを得．

（五）

a を或無理数となし，t を1より大なる自然数（例へば $t=10$）とし，t を基数とせる命数法によりて a を表さんとす．

先づ n を任意の自然数となし，n を分母とせる正の分数 $\frac{1}{n}, \frac{2}{n}, \frac{3}{n}, \cdots$ を考ふるに，此等の分数の中 a より小なる者

---

29) $\frac{\varepsilon}{2}$ を採ること此証明に絶対的必須なるには非ず．ε を任意に二つの正数の和となし $\varepsilon=\varepsilon_1+\varepsilon_2$ と置き，唯 ε_2 をして λ より小ならしむ．さて $\lambda+\varepsilon_1 > a > \lambda$ なる如き有理数 a は甲に属し，又 $\lambda > b > \lambda-\varepsilon_2$ なる如き有理数 b は乙に属し，而して $\varepsilon=\varepsilon_1+\varepsilon_2 > a-b$ なり．$\varepsilon_1, \varepsilon_2$ に代ふるに $\frac{\varepsilon}{2}$ を以てするは言語短縮の為なるに過ぎず．此種の論法に慣れざる読者の為に，特に之を言ふ．

は其数に限あるべきこと，アルキメデスの法則の当然の結果なり．さて此等の分数の中最大なる者を $\dfrac{m}{n}$ と名づくるに

$$\frac{m}{n} < a < \frac{m+1}{n}$$

にして $\qquad a = \dfrac{m}{n} + a' \qquad a' < \dfrac{1}{n}$

今順次 n を $1, t, t^2, \cdots$ となして，此結果を適用し

$$r_0 = m_0 < a < m_0 + 1$$

$$r_1 = \frac{m_1}{t} < a < \frac{m_1+1}{t}$$

$$r_2 = \frac{m_2}{t^2} < a < \frac{m_2+1}{t^2}$$

$$\cdots\cdots\cdots\cdots\cdots\cdots$$

$$r_k = \frac{m_k}{t^k} < a < \frac{m_k+1}{t^k}$$

$$\cdots\cdots\cdots\cdots\cdots\cdots$$

によりて有理数 $r_0, r_1, r_2, \cdots$ を定むるに，此等は皆 a と共に全く一定す．さて $m_0 = \dfrac{m_0 t}{t} < a$ なるにより $m_0 t \leqq m_1$．又 $a < \dfrac{(m_0+1)t}{t}$ なるが故に $m_1 < (m_0+1)t$ 即ち

$$m_0 t \leqq m_1 < m_0 t + t$$

$$m_1 = m_0 t + c_1 \qquad c_1 < t$$

同様にして

$$m_2 = m_1 t + c_2 = m_0 t^2 + c_1 t + c_2 \qquad c_2 < t$$

一般に

$$m_k = m_{k-1} t + c_k = m_0 t^k + c_1 t^{k-1} + \cdots + c_k \qquad c_k < t$$

随て

$$r_k = m_0 + \frac{c_1}{t} + \frac{c_2}{t^2} + \cdots + \frac{c_k}{t^k}$$

斯の如くにして a より m_0 及び $c_1, c_2, \cdots, c_k, \cdots$ 等，限りなき係数の引き続きを定むることを得．r_k は a より小なれども，其差 $\frac{1}{t^k}$ より小なり．是故に r_k は a の値を $\frac{1}{t^k}$ まで与ふるものなりとすべし．

言辞を簡約して，この結果を次の如く言ひ表はす．a を t の冪級数に展開して，或は t を基数とせる命数法にて表はし

$$a = (m_0, c_1 c_2 \cdots c_k \cdots)$$

を得．t の与へられたる上は，各の無理数は唯一の展開を有せり．

上述の展開は a が無理数ならざるときにも亦適用し得べきこと勿論にして，a が有理数なるとき，其展開を得べき方法，其展開の係数が竟に一定の週期を以て循環するに至るべきこと，及び特殊の有理数は有限，無限二様の展開を有し得べきことは既に第六章（七）（八）に於て説きたる所なり．

若し逆に，始より $m_0, c_1, c_2, \cdots$ 等限りなき係数の引続きを与ふるとき（c は尽く t より小なる自然数なるべきこと勿論なり）

$$(m_0, c_1 c_2 \cdots c_k \cdots)$$

の如き展開を与ふべき数は必ず存在すべしや，否や．

展開の有限なる場合，及び其係数の循環する場合は既に結着せる問題として，ここに之を度外に置きて可なり．さ

て前の如く

$$r_k = m_0 + \frac{c_1}{t} + \frac{c_2}{t^2} + \cdots + \frac{c_k}{t^k} = \frac{m_k}{t^k}$$

なる有理数を作り，此等無限の有理数 $r_0, r_1, r_2, \cdots$ を一括して之を R と名づくるに，R の諸数は尽く m_0+1 より小なること明白なり．是故に（二）によりて R は一の上限を有す．之を γ と名づく．γ は即ち上記の展開を与ふべき数なり．之を確めんと欲せば，凡ての k につき

$$r_k = \frac{m_k}{t^k} < \gamma < \frac{m_k+1}{t^k}$$

なるべきを示さば則ち足る．先づ γ は R の上限にして r_k は k と共に増大するが故に $r_k < \gamma$ なること明白なり．今仮に $\gamma > \frac{m_k+1}{t^k}$ となさば，上限の定義によりて，R の中には $\frac{m_k+1}{t}$ より大なる数なかるべからず．然れども其実際然らざることは，容易に確め得べき所なり．げにも

$$r_0 \leqq r_1 \leqq r_2 \leqq \cdots \leqq r_{k-1} \leqq r_k < \frac{m_k+1}{t^k}$$

$$r_{k+n} = r_k + \frac{c_{k+1}}{t^{k+1}} + \cdots + \frac{c_{k+n}}{t^{k+n}} < r_k + \frac{t-1}{t^{k+1}} + \frac{t-1}{t^{k+2}} + \cdots$$

$$+ \frac{t}{t^{k+n}} = \frac{m_k+1}{t^k}$$

にして $r_0, r_1, r_2, \cdots$ は其附数 k より小なると大なるとを問はず，いづれも $\frac{m_k+1}{t^k}$ より小なり．

若し又

$$r_0' = m_0+1 = r_0+1$$

$$r_1' = \frac{m_1+1}{t} = r_1 + \frac{1}{t}$$

$$r_2' = \frac{m_2+1}{t} = r_2 + \frac{1}{t^2}$$

....

$$r_k' = \frac{m_k+1}{t^k} = r_k + \frac{1}{t^k}$$

によりて定めらるる無限の有理数 $r_0', r_1', r_2', \cdots$ を一括して之を R' と名づくれば，R' の諸数は尽く m_0 より大なるが故に，R' は一の下限を有す．之を γ' と名づくるに γ' は R の上限 γ と同一の数なり．其故如何にといふに，先づ

$$r_0 \leqq r_1 \leqq \cdots \leqq r_k \leqq \cdots < \gamma < \cdots \leqq r_k' \leqq \cdots \leqq r_1' \leqq r_0'$$

なることは既に説きたり．今又 γ' を $r_0', r_1', \cdots, r_k', \cdots$ の下限となせるが故に，γ' は $r_0', r_1', \cdots, r_k', \cdots$ のいづれよりも小なる数の上限なり，故に $\gamma \leqq \gamma'$ なること既に確実なり．今更に $\gamma < \gamma'$ なるを得ざるを証明せんに，仮に $\gamma < \gamma'$ なりとせば $p(\gamma'-\gamma) > 1$ なる如き自然数 p はアルキメデスの法則により必ず存在す．よりて $t^n > p$ なる如く指数 n を定めて $\gamma'-\gamma > \frac{1}{t^n}$ を得．さて一方に於て

$$r_n < \gamma < \gamma' < r_n' = r_n + \frac{1}{t^n}$$

より $\gamma'-\gamma < r_n'-r_n = \frac{1}{t^n}$ を得て，ここに前後矛盾の結論を生ず．$\gamma < \gamma'$ なりとの主張は保持すべからず，$\gamma = \gamma'$ は必至なり．

上文の観察は要するに次の事実に帰着す．$m_0, c_1, c_2, c_3,$

…を予め与へて，之より前に述べたるが如くにして

$$R: r_0, r_1, r_2, \cdots, r_k, \cdots$$
$$R': r'_0, r'_1, r'_2, \cdots, r'_k, \cdots$$

なる二組の有理数を作るときは R の上限 γ と R' の下限 γ' とは同一なり．此 $\gamma = \gamma'$ なる数は即ち

$$(m_0, c_1 c_2 \cdots c_k \cdots)$$

なる展開を与ふべき者なり．

例へば $3,141592\cdots$ の如き展開（無限小数）与へられたりとせよ[30]．常識は此記法の或数を表せるを認めて怪まず．然れどもこの記法は其最後に連なれる「…」によりて，桁数の連綿究(きわ)まる所なきを示せるが故に，有限小数が或数を表はすといふと同じ意義に於ては，上の記法は或数を表はすことなし．然らば則ち此記法の表せるは如何なる数ぞや．上文の観察は此疑問に明確にして動かすべからざる解釈を与ふ，曰く上の記法は

$r_0 = 3$； $r_1 = 3,1$； $r_2 = 3,14$； $r_3 = 3,141$； $r_4 = 3,1415$；
…

等の有限小数（其数には限なけれども）のいづれよりも大なる，而して又

$r'_0 = 4$； $r'_1 = 3,2$； $r'_2 = 3,15$； $r'_3 = 3,142$； $r'_4 = 3,1416$；
…

等の有限小数のいづれよりも小なる（唯一個に限り存在し得べき）数を表はせるなり．

---

30) $3,141592\cdots$ が或数を表せりといふに当り，「…」を以て略示せる諸係数は定まれる数なるべきを要すること勿論なり．

（六）

　前節の観察は，無限小数を以て数を表はすといふ事を分析して，之に透徹せる解釈を与へたる者なれども，数の観念を根本的に会得すべき此好機を充分に利用して遺憾ならしめんが為に，更に数言を費すの必ずしも無益ならざるべきを信ず．

　具象の量，例へば長さを計ることよりして，無限小数の観念に到達する径路は甚だ明なり．今 PQ なる直線を与へられたりとし，之を A と名づけ，単位 E を定めて之を計り，先づ

$$m_0 E < A < (m_0+1)E$$

なるを知り，次に E より短かかるべき剰余 $A_1 = A - m_0 E$ をば $\dfrac{E}{10}$ を単位として計りて

$$c_1 \frac{E}{10} < A_1 < (c_1+1)\frac{E}{10}$$

を得，次には又 $\dfrac{E}{10^2}$ を単位として剰余 $A_2 = A_1 - c_1 \dfrac{E}{10}$ を計りて

$$c_2 \frac{E}{100} < A_2 < (c_2+1)\frac{E}{100}$$

を得，次第に斯の如くして

$$A = m_0 E + c_1 \frac{E}{10} + c_2 \frac{E}{100} + \cdots$$

を得．例へば尺を単位として A の長さ m_0 尺有余，次に尺を十分して寸となし，剰余 c_1 寸有余，又更に寸を十分して

分となし，此剰余 c_2 分有余となす，分を十分して厘，厘を十分して毛となし，此手続きを継続するに，剰余は漸次減少して，実際に於ては，竟に人の感覚によりて識別せらるるの範囲を逸するに至るべく，又実用上斯の如き微小の剰余に注意すべき必要なしと雖，吾人の理想に於ては，上述の手続きは剰余の存するに限り，何処までも継続し得らるべしと考ふるを禁ずる能はず．又斯の如くにして順次得来るべき $m_0, c_1, c_2, c_3, \cdots$ 等の自然数は A, E と共に一定すべきを疑はず．即ち c_k は k が稍〻大なるときは実際決定し難しと雖，其決定せられざるを，吾人の感覚の鈍さ，或は計測の器械の不全に帰し，若し c_k にして決定せられ得なば，c_k なる自然数は一定の自然数なるべきを信じて躊躇することなし．A' にして少しにても A と異ならば，E を単位として A' を計るとき，最初は前と同一の数 $m_0, c_1, c_2, \cdots$ を得ることあるべしと雖，竟には例へば $\dfrac{E}{10^k}$ の段に於て前の c_k と異なる自然数 c'_k に達せざるを得ず．随て単位 E の定まりたる上は，各〻の長さ A より一定せる自然数の引き続き，$m_0, c_1, c_2, \cdots$ を得．即ち A の数値は $(m_0, c_1 c_2 \cdots c_k \cdots)$ なる無限小数によりて与へらるるものとなす．

如上は，常識ある人士の必ず所観を一にすべき所なり．さて既に斯の如くにして各〻量に一定の有限又は無限小数を以て表はさるべき数値あるを認めたる後，茲に新に一の疑問を生ず．A なる量，例へば PQ なる長さの先づ与へられたるときは斯の如くにして $m_0, c_1, c_2, \cdots$ なる自然数の引続きを定め得べしと雖，若し此順序を転倒し，始めより

$m_0, c_1, c_2, \cdots$ 等限りなく自然数の引続きを与ふるとき

$$A = m_0 E + c_1 \frac{E}{10} + c_2 \frac{E}{100} + \cdots + c_k \frac{E}{10^k} + \cdots$$

の如き数値を得べき量 A は存在すべしや否や．$m_0, c_1, c_2,$ …は与へられたるが故に $m_0 E, c_1 \dfrac{E}{10}, c_2 \dfrac{E}{100}, \cdots, c_k \dfrac{E}{10^k}, \cdots$ 等は既に定まれる量なり．此等の量より加合によりて

$$A^{(0)} = m_0 E,$$

$$A^{(1)} = m_0 E + c_1 \frac{E}{10},$$

$$A^{(2)} = m_0 E + c_1 \frac{E}{10} + c_2 \frac{E}{100},$$

$$\cdots\cdots\cdots\cdots\cdots$$

$$A^{(k)} = m_0 E + c_1 \frac{E}{10} + \cdots + c_k \frac{E}{10^k}$$

等の量を作り得べし．然れども此等の量は未だ求むる所の A なる量にはあらず．例へば

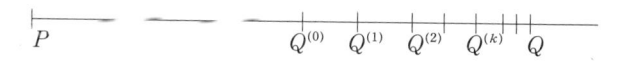

$PQ^{(0)} = A^{(0)}, PQ^{(1)} = A^{(1)}, PQ^{(2)} = A^{(2)}, \cdots, PQ^{(k)} = A^{(k)}$ なる如き点，$Q^{(0)}, Q^{(1)}, Q^{(2)}, \cdots, Q^{(k)}$ の存在は明白なり．k を一万となし，一億となして，$Q^{(k)}$ の如き点を作りたりとも，今求むる所の Q なる点，即ち $PQ = A$ なる如き点は常に $Q^{(k)}$ の右方にあり．即ち知る，$m_0 E, c_1 \dfrac{E}{10}, c_2 \dfrac{E}{10^2}, \cdots,$

$c_k \dfrac{E}{10^k}$ 等既知の量を加合し行きては，到底 A なる量に到達する時あるべからざるを．然らば即ち A なる量，Q なる点は果して存在し得べしや否や．

　実際に於て吾人は理想上 Q 点の存在を認む．然れども其根拠は何処(いづく)にかある．Q 点の存在を認むるは即ち直線上の点の連続を認むるなり．前節に於て γ の存在を証明するに R の上限の存在するを基礎とし，而して上限の存在は連続の法則を根拠とせることに着眼すべし．連続の法則は「公理」なり．証明せられ得べき事実にあらずと言へる所以(ゆゑん)の者，亦実にここに存せり．

　有理数は有限小数又は循環小数に等し．循環せざる無限小数をも亦一個の数となすは，即ち無理数の存在を認むるなり．吾人の考へ得べき有限，無限，循環，不循環の凡ての小数を総括して之を数と名づくるも，或は又数は連続の法則に遵ふといふも，帰する所は一なり．前者は経験に基きて不知不識の間に常識の作り出せる数の観念にして，後者は厳格なる論理によりて此観念を分析して得たる数の定義（の一要素）なり．

（七）

　展開せられたる二つの数，即ち例へば十進命数法にて書き表はされたる二つの数，$a, \bar{a}$ の大小は一見して判別せらるべし．
$$a = (m_0, c_1 c_2 \cdots c_k \cdots)$$
となし，例の如く

$$r_k = \frac{m_k}{t^k} = m_0 + \frac{c_1}{t} + \frac{c_2}{t^2} + \cdots + \frac{c_k}{t^k} \; ; \; r'_k = \frac{m_k+1}{t^k}$$

なる記法を用ゐ，又

$$\bar{a} = (\bar{m}_0, \bar{c}_1 \bar{c}_2 \cdots \bar{c}_k \cdots)$$

につきて $\bar{r}_k, \bar{m}_k, \bar{r}'_k$ を同様の意義に用ゐるとき，直に最一般なる場合を論ぜんが為に $a, \bar{a}$ の展開は其起首若干項に於ては全く符合し，$\frac{1}{t^k}$ の位に至て始めて相異なる係数を有せりとし，例へば $c_k > \bar{c}_k$ となす．しかするときは

$$c_k \geq \bar{c}_k + 1, \; r_k \geq \bar{r}_k + \frac{1}{t^k} = \bar{r}'_k$$

さて $\bar{a}$ は $\bar{r}'_0, \bar{r}'_1, \cdots, \bar{r}'_k, \cdots$ の下限なり．是故に $r_k \geq \bar{r}'_k$ より $r_k \geq \bar{a}$ (1) を得．又一方に於て a は $r_0, r_1, \cdots, r_k, \cdots$ の上限なり．随て $a \geq r_k$ (2)．(1) (2) より一般に

$$a > \bar{a}$$

を得．只 (1) (2) に於て同時に等号を採るべきときに限り $a = \bar{a}$ なり．此場合には $a = a' = r_k$ にして a 即ち a' は有理数なり．是即ち第六章（九）に説きたる特異の場合に外ならず．今再び此特異の場合を審明せんが為に，先づ (1) に於て等号を採るべき場合を考へんに，こは $r_k = r'_k$ 即ち $c_k = \bar{c}_k + 1$ にして且 $\bar{r}'_k = \bar{a}$ 即ち $\bar{r}'_0, \bar{r}'_1, \cdots, \bar{r}'_k, \cdots$ の下限たるべき $\bar{a}$ が同時に，其最小たるときに限れり，是故に $\bar{r}'_k = \bar{r}'_{k+1} = \bar{r}'_{k+2} = \cdots$ 随て（$t = 10$ の場合につきて言はば）$\bar{c}_{k+1} = 9, \bar{c}_{k+2} = 9, \cdots$ 即ち $\bar{a}$ の展開の係数は $\frac{1}{t^k}$ の位より後は，9 の無窮の連続なり．又 (2) に於て等号を採るべきは a が $r_0, r_1, r_2, \cdots, r_k, \cdots$ の最大なるとき即ち $r_k = r_{k+1} =$

$r_{k+2}=\cdots$. 随て $c_{k+1}=0, c_{k+2}=0, \cdots$. 即ち α が $\dfrac{1}{t^k}$ の位に終れる有限小数に等しき場合に限れり．即ち α と $\bar{\alpha}$ の相等しきときは，此両数の展開は次の如くなるべきなり．

$$\alpha = (m_0, c_1c_2\cdots c_k)$$
$$\bar{\alpha} = (m_0, c_1c_2\cdots c_k 999\cdots) \qquad c_k = \bar{c}_k+1$$

即ち第六章（九）の特異なる場合の外は相異なる無限小数は常に相異なる数を表はし，同一の数が二様の展開を与ふることなし．

（八）

有理数の加法は既に定まれる意義を有し，此意義はよく前章に挙げたる第二原則に適合せり．さて無理数の関係せる加法も亦然るを得べきか．

α, β を二つの無理数とし，α より大又小なる有理数を一般にそれぞれ a, a' にて表はし，又之を一括してそれぞれ A, A' と名づく，β につきては b, b', B, B' を同様の意義に用ふ，即ち例へば或る a と言ふは，A に属する即ち α より大なる或有理数といふに同じく，又或 $a+b$ とは「α より大なる或有理数と β より大なる或有理数との和」といふに同じ．

さて一般に $a>\alpha>a'$, $b>\beta>b'$ なるにより，第八章（二）の第二原則四によりて $\alpha+\beta$ なる和は次の条件に適合せざるべからず．

$$a+b > \alpha+\beta > a'+b'$$

然るに，凡ての $a+b$ より小にして，同時に又凡ての a'

$+b'$ より大なる数は唯一個に限り存在す．先づ $a+b$ に下限あり．之を γ と名づく，又 $a'+b'$ に上限あり．之を γ' と名づく．しかるときは γ と γ' とは相等し．げにも仮に $\gamma'>\gamma$ なりとするに，γ' より小にして，而も如何程にても之に近き或 $a'+b'$ あり．又 γ より大にして，而も如何程にても之に近き或 $a+b$ あるが故に，$\gamma'>\gamma$ より或 $a'+b'$ が或 $a+b$ より大なりとの容すべからざる結論を得．故に γ' は γ より大なるを得ず．厳密なる数学的「句調」を以て之を再言せば，先$\gamma'>\gamma$ ならば，必ず $\gamma'>\mu>\gamma$ なる如き数 μ 存在す．さて γ は $a+b$ の下限にして，μ は γ より大なるが故に，下限の定義により $\mu>a+b>\gamma$ なる如き a,b 存在せざるを得ず．又 γ' は $a'+b'$ の上限にして μ は γ' より小なるが故に $\gamma'>a'+b'>\mu$ なる如き a',b' 存在せざるを得ず．是に於て $a'+b'>a+b$ なる容すべからざる結論を生ず．

次に又 $\gamma'<\gamma$ となさば $\gamma'<r'<r<\gamma$ なる如き二個の有理数 r,r' を採るに，$a'+b'<r'<r<a+b$．随て $(a+b)-(a'+b')=(a-a')+(b-b')>r-r'$ なる不等式恒に成立すべし．是亦容すべからざる事なり．何となれば（四）に言へる如く A,A' より其差如何程にても小なる一対の数 a,a' 又 B,B' より其差如何程にても小なる一対の数 b,b' を選み得べく，随て $(a-a')+(b-b')$ をして $r-r'$ なる数よりも小ならしむべく，a,a',b,b' を採り得べければなり．

是故に γ,γ' は相等し．さて凡ての $a+b$ より小なる数は

γ より大なるを得ず．又凡ての $a'+b'$ より大なる数は γ' より小なるを得ざるが故に $\alpha+\beta$ は此 $\gamma=\gamma'$ に等しからざるを得ず．

此論法は又 α, β の一方又は双方が有理数なる場合にも適用せられ得べし．即ち一般に α, β の和はそれぞれ α, β より大なる有理数 a, b の和の下限にして同時に又それぞれ α, β より小なる有理数 a', b' の和の上限なり．

加法にして上述の第二原則に遵ふべき上は，α, β の和は上の如く定むるを必須とす．即ち無理数の関係せる加法の意義は，第二原則の一部のみによりて一定の意義を得たり．さて斯の如く既に定まれる加法が，尚よく，第二原則の各条に適合すべきや否や．是容易に解決せられ得べき，然れども又解決せられざる可からざる問題なり．

例へば交換の法則につきて言はんに，α, β が与へられたる二つの数にして其中少くとも一方が無理数なるときは $\alpha+\beta$，$\beta+\alpha$ はそれぞれ次の条件によりて定まるべき数なり．

$$a+b > \alpha+\beta > a'+b', \quad b+a > \beta+\alpha > b'+a'$$

さて有理数の加法は交換の法則に遵ふこと既に知られたるが故に，上の両不等式より

$$\alpha+\beta = \beta+\alpha$$

を得．其他類推すべし．

α, β の差は，a, a', b, b' を上述の意義に用ゐるとき

$$a-b' > \alpha-\beta > a'-b$$

によりて定まるべき唯一の数なり．

（九）

　前節に説きたる如き，又は一般に無理数につきて上文用ゐ来れる論法は，往々，此種の抽象的の思索に慣れざる人の，理会に苦しむ所なり．而して困難は常に推理の進行の歩々追跡し難きにあらずして，却て大体に於て斯の如き三段論法の連鎖の擲ふ所の那辺に在るかの明ならざるに存せり．例へば始めて幾何学の教課を受くる児童の如し．凡て直角の相等しきことは彼等の熟知する所なり．何故に故らに其公理，其定理を或順序に連結したる後始めて之を知り得たりと言ふか．疑問は立脚点の不明より起る．

　凡て二つの数に一定の和あり，其和が前章（九）の諸原則に背馳せざること，吾輩のよく知る所なり．吾輩豈に明白斯の如き事実を疑はんや．吾輩は今斯の如く明白にして，斯の如く各人の其所観を一にする事実の根拠の何処にあるかを探らんと欲する者なり．

　a, β なる二数が十進命数法にて表はされたりとし（$t = 10$）

$$a = (m_0, c_1 c_2 \cdots c_k \cdots)$$

と置き r_k, r'_k を先に屢々言へる如き意義に用ゐるときは，一般に

$$r_k = (m_0, c_1 c_2 \cdots c_k) \quad r'_k = r_k + \frac{1}{t^k}, \quad r'_k > a > r_k$$

又

$$\beta = (n_0, d_1 d_2 \cdots d_k \cdots)$$

につきて s_k, s'_k を同様の意義に用ゐて

$$s_k = (n_0, d_1 d_2 \cdots d_k), \quad s'_k = s_k + \frac{1}{t^k}, \quad s'_k > \beta > s_k$$

となす．一般に

$$r'_k + s'_k > \alpha + \beta > r_k + s_k$$

にして $r_k + s_k$ は $\alpha + \beta$ より小なる其近似値，$r'_k + s'_k$ は $\alpha + \beta$ より大なる其近似値なり．k を順次増大するときは，即ち α, β の展開の桁数を採ること愈々多ければ $r_k + s_k$，$r'_k + s'_k$ は愈々 $\alpha + \beta$ に近接し，k を増大して止まずば $r_k + s_k$，$r'_k + s'_k$ は上下より $\alpha + \beta$ に近迫して究まる所なし．二つの無限小数の和といふことを口にして人の少しも怪まざるは，如上の事実を確信すればなり．

然れども $r_k + s_k$ の上限と $r'_k + s'_k$ の下限との果して一致するや否や，是証明を要せずして断定せらるべき問題にあらず．而して此上限と下限との実際一致すべきことは，前節所説の中に含蓄せられたる所なり．

r_k は是一の a なり，s_k は是一の b なり．$r_k + s_k$ の上限は $a + b$ の上限 γ を超えず．さて α, β より小なる或有理数 a, b を考ふるに r_k, s_k の上限は即ち α, β なるにより，a, b より大なる r_k, s_k は必ず存在す．詳しく言はば α, β の展開の桁数を充分永く採りて，a, b よりも一層 α, β に近接せる有限少数を得べし．是故に $r_k + s_k$ の上限は決して $a + b$ の上限 γ を下らず．故に $r_k + s_k$ の上限は γ に外ならざるを知る．$r'_k + s'_k$ の下限が $a' + b'$ の下限 γ' 即ち γ と同一なること亦同様にして証明せらるべし．

A, B に属せる凡ての有理数の中より特に特殊の有限小数 r_k, s_k を採り，又 A', B' より特に r'_k, s'_k を採る．是理論上其必要なくして，徒(いたづら)に問題の解釈を狭め，其美を殺(そ)ぐなり．前節に述べたる和の説明に於ては，数の観念及加法の意義に直接の関係なく，命数法なるものを度外に置きたるに過ぎず．

然れども無限小数は実用上の計算に使用せらるることなく，又使用せらるるを得ず．実用上吾人の最多く遭遇するは，誤差の範囲を予定して，算法の結果の近似値を算出すべき場合なり．数は凡て十進命数法に於て与へらる．斯の如き場合には吾人は無限小数の展開の若干項を採りて，其他を省略す．是故に実用上の計算は凡て有限小数の計算なり．

α, β の展開は前の如しとして，其 $\frac{1}{10^k}$ 位以下を「切り捨て」，和の近似値として

$$r_k + s_k = (m_0, c_1 c_2 \cdots c_k) + (n_0, d_1 d_2 \cdots d_k)$$

を得．此場合に於ては

$$r_k + \frac{1}{t^k} > \alpha > r_k, \quad s_k + \frac{1}{t^k} > \beta > s_k$$

なるが故に

$$(\alpha + \beta) - (r_k + s_k) < \frac{2}{t^k}$$

即ち誤差は $\frac{2}{t^k}$ を超ゆることなし．こゝに注意すべきは誤差の範囲 $\frac{2}{t^k}$ より小，即ち $\frac{1}{t^{k-1}}$ より小なりと雖，$r_k + s_k$ は凡ての場合に於て，必ず $\alpha + \beta$ の展開を $\frac{1}{t^{k-1}}$ の位まで正

しく与ふるを保し難きこと是なり．次の一例は此間の消息を伝へて余あり．

$$\alpha = 0,54521657\cdots$$
$$\beta = 0,32738348\cdots$$
$$\overline{\alpha+\beta = 0,8726000(?)\cdots}$$

に於て，若 α, β の展開を小数点以下第七位まで採りて之を加ふれば 0,8725999 を得．此数と $\alpha+\beta$ との差は $\dfrac{1}{10^6}$ より小なり．然れども其展開の係数の一致するは第三位に止まれり．

一般に α, β の近似値 a, b の与へられたるとき和の近似値 $a+b$ の誤差の範囲は，a, b の精確の程度によりて決定せらるべきものにして，此精確の程度につきて知られたる凡てを利用して，成るべく良好なる和の近似値を定むること，即ち其誤差の範囲を成るべく正確に定むることは，個々の場合に於ける臨機の工夫に待つ所多し．要するに斯の如き省略計算は次の事実を其根拠とす．$\alpha+\beta=\gamma$ に於て α, β の変動の区域を相当に制限して，以て γ の変動を，如何程にても小なる，但予め定められたる範囲内に留まらしむるを得，といふこと是なり．此意義に於て加法を連続的の算法と称す．

（十）

先に無理数観念の萌芽をユークリッドの比例論の中に発見せるに因みて，此処に比例に関する二三の定理を証明

し，一には以て数と量との関係を明にし，又一には乗法，除法の根拠を此中に竟めんとす．

量の比の観念は直ちに移して之を数に適用すべし．第八章（七）に説きたる比の定義の要点を抜摘して，此処に之を反復すること次の如し．

α, β なる二つの数与へられたるとき，一対の自然数 m, n を採りて $n\alpha, m\beta$ を作るに $n\alpha \gtreqless m\beta$ なる三つの場合を生ず．此等の場合に於て順次 $\alpha \cdot \beta$ なる比を $\dfrac{m}{n}$ より大，$\dfrac{m}{n}$ に等し，$\dfrac{m}{n}$ より小なりといふ，即ち

$$n\alpha \gtreqless m\beta \quad \text{と同時に} \quad \alpha \cdot \beta \gtreqless \dfrac{m}{n}$$

$\alpha, \beta, \alpha', \beta'$ なる二対の数与へられたるとき

$$\alpha : \beta > r > \alpha' : \beta'$$

なる如き有理数 r 存在するときは $\alpha : \beta$ は $\alpha' : \beta'$ より大なりとし，又若し斯の如き有理数 r 存在せざるときは $\alpha : \beta$ と $\alpha' : \beta'$ とは相等しといふ．

比の相等大小を定むるに，有理数を用ゐたりと雖，こは只言語の簡約を期するの意に出でたるに過ぎずして，内容に於ては上の定義はユークリッドのそれと異ることなし．

$\alpha : \beta$ が有理数に等しからざるときは，此比は有理数の範囲を両断す．此両断は或一個の無理数 γ によりて惹起さるる者にして，此場合には上述の比の相等の定義に従て $\alpha : \beta$ と $\gamma : 1$ と相等し．或は $\alpha : \beta$ は無理数 γ に等し．（三）を看よ．然れども吾人は此処に姑らく $\alpha : \beta$ を γ に等しと

なすてふ現代の思想を離れ，ユークリッドと同一の見地に立ち，専ら上述の定義に固着して次の諸定理を証明せんとす．

一，$\alpha'>\alpha$　ならば　$\alpha':\beta>\alpha:\beta$

証．アルキメデスの法則によりて (1) $n(\alpha'-\alpha)>\beta$ なる如き自然数 n 必ず存在す．斯の如き自然数の一つを任意に採りたる上 (2) $m\beta>n\alpha$ なる如き最小の自然数 m を定む．即ち (3) $n\alpha+\beta\geqq m\beta$ なり．さて (1) によりて $n\alpha'>n\alpha+\beta$．よりて (3) を用ゐて $n\alpha'>m\beta$．即ち

$$\alpha':\beta>\frac{m}{n}$$

然るに (2) によりて

$$\alpha:\beta<\frac{m}{n}$$

なるが故に $\alpha':\beta>\alpha:\beta$

二，$\beta'>\beta$　ならば　$\alpha:\beta'<\alpha:\beta$

げにも一によりて $\beta':\alpha>\beta:\alpha$．即ち $\beta':\alpha>\dfrac{n}{m}>\beta:\alpha$ なる如き有理数 $\dfrac{n}{m}$ は存在す．さて $\beta':\alpha>\dfrac{n}{m}$ より $m\beta'>n\alpha$．即ち $\alpha:\beta'<\dfrac{m}{n}$ を得．又同様にして $\alpha:\beta>\dfrac{m}{n}$．よりて定理は成立せり．

三，$\alpha:\beta=\gamma:\delta$　なるときは又　$\alpha:\gamma=\beta:\delta$ なり．

証．仮に $\alpha:\gamma$ と $\beta:\delta$ と相等しからず，例へば前者は後者より大なりとなさば

$$\alpha:\gamma>r>\beta:\delta$$

なる如き有理数 r 存在せざるを得ず．随て

$$a > r\gamma, \quad \beta < r\delta$$

故に一，二によりて $a:\beta > r\gamma:\beta > r\gamma:r\delta$, 随て $a:\beta > \gamma:\delta$ を得，前提に矛盾す．

四，比例式の定理．β, γ, δ なる三つの数与へられたる時は

$$a:\beta = \gamma:\delta$$

なる如き数 a は必ず，而も唯一個に限り存在すべし．

此定理は連続の法則を根拠とす．先づ $\xi:\beta > \gamma:\delta$ なる如き数 ξ は凡て之をOに編し，又 $\eta:\beta < \gamma:\delta$ なる如き数 η を一括して之をUと名づく．ξ は凡て η より大なるべきこと定理一によりて明白なり．さてOに最小の数あることなし．げにも $\xi:\beta > \gamma:\delta$ なる数 ξ の一つを任意に採りて考ふるに $\xi:\beta > \dfrac{m}{n} > \gamma:\delta$ なる如き有理数 $\dfrac{m}{n}$ は必ず存在す．$n\xi > m\beta$．さて $n\xi - m\beta$ なる数と自然数 n とに対して $n\xi - m\beta > n\varepsilon$ なる如き数 ε も亦必ず有りて ε は ξ より小なり．さて $n(\xi-\varepsilon) > m\beta$ 即ち $\xi-\varepsilon:\beta > \dfrac{m}{n}$．随て $\xi-\varepsilon$ はOに属し，而も ξ より小なり．是Oに最小なきなり．同様にして又Uに最大の数なきを確むべし．是故に連続の法則によりてO,Uは未だ凡ての数を尽さざるを知る．Oにも又Uにも属せざる数即ち $a:\beta = \gamma:\delta$ なる如き数 a は必ず存在す．a が唯一個に限り存在し得べきことは定理一によりて明白なり．

定理三を用ゐて四を拡張し次の結果を得．

a, β, γ, δ の中三つを与へて $a:\beta = \gamma:\delta$ なる如き他の一つを必ず而も唯一様に定むることを得．

ユークリッドの比の定義を基礎として比例に関する諸定理を証明するには凡て上の例に倣ふべし．

比例式の定理によりて数の乗法及除法を定むることを得[31]．α, β なる二つの数の与へられたる時，α, β の積 γ は

$$\gamma : \alpha = \beta : 1$$

なる比例式に適合すべき数なり．乗法の転倒は γ 及 α, β の中の一つを与へて他の一つを求めんとするものにして，こは畢竟比例式の未知項の所在を移せるに過ぎず．

此定義に従ふときは乗法の交換の法則は定理三の直接の結果なり．然れども一般に乗法の諸性質を直接に上の定義より得来らんと欲せば稍，複雑なる径行を要すべし．

(十二)

乗法の諸性質を証明せんが為に，先づ前節に挙げたる其定義を便利なる形に改めんとす．

α, β の積 γ は

$$\gamma : \alpha = \beta : 1$$

なる条件によりて定めらるべき数なり．是故に今 b を以て β より小なる有理数となすときは $\beta : 1 > b$．随て $\gamma : \alpha > b$ 即ち $\gamma > b\alpha$．又 b' を β より大なる有理数となすときは $\gamma < b'\alpha$．即ち

$$b' > \beta > b, \quad b'\alpha > \gamma > b\alpha.$$

---

31) 比例式よりして数の四則算法を定むる径行につきては例へばウェーバー氏代数学一の巻序論（H. Weber, Lehrbuch der Algebra 1. 再版 1898）を参照せよ．

是故に ba の上限は γ を超えず．又 $b'a$ の下限は γ を下らず．b, b' を相当に選みて其差をば如何程にても小ならしむることを得べきが故に，此上限と下限とは実は同一の数にして共に γ に等し．即ち α に β を乗せる積 γ は，ba の上限，又は $b'a$ の下限なりといふことを得．

α, β なる両因子に対等の位置を与へんと欲せば，α より小又大なる有理数を一般に a, a' と名づけ，之を一括して A, A' とす．β につきても亦同様の名称を適用するに，

$$a'b' > \gamma > ab$$

ab に上限あり．之を γ_1 と名づく，$a'b'$ に下限あり．之を γ_2 と名づく．しかするときは

$$\gamma_2 \geqq \gamma \geqq \gamma_1$$

さて $\gamma_2 > \gamma_1$ なることを得ず．仮に $\gamma_2 > \gamma_1$ なりとせば $\gamma_2 > c_2 > c_1 > \gamma_1$ なる如き有理数 c_1, c_2 の存在を認めざるを得ず．是故に $\gamma_2 > \gamma_1$ なりといふは a, b, a', b' を如何やうに選むとも常に $a'b' - ab$ が一定の数 $(c_2 - c_1)$ より大なりと主張するに異ならず．斯の如き主張は次の如くにして之を転覆すべし．先づ α よりも又 β よりも大なる一個の自然数 g を任意に定め，又別に ε なる数を与ふるに

$$a' - a < \frac{\varepsilon}{2g}, \quad b' - b < \frac{\varepsilon}{2g}$$

なる如く，同時に又 $g > a'$, $g > b'$ なる如く，a, a', b, b' を採ることを得べし．さて

$$a'b' - ab = a'b' - a'b + a'b - ab$$
$$= a'(b' - b) + b(a' - a) < \varepsilon$$

即ち如何なる数 ε を与ふるとも，$a'b'-ab<\varepsilon$ なる如き a, a', b, b' は必ず存在せり．是によりて α, β の積 γ は ab の上限にして，同時に又 $a'b'$ の下限なりといふことを得．

或は又 α, β が十進命数法にて与へられたりとし，其小数第 k 位までを採り，其他を省略して作りたる有限小数を a_k, b_k と名づくるとき，a_k, b_k はそれぞれ前の A, B に属せる有理数にして $\gamma > a_k b_k$．而も $a_k b_k$ は k と共に増大し γ を其上限となす．是既に屢々用ゐたる論法によりて容易に証明せられ得べき所にして，実際に於ける無理数乗法の計算は此事実を根拠とす．

α, β の積 $\alpha\beta$ は ab の上限にして又 $\beta\alpha$ は ba の上限なるが故に $\alpha\beta = \beta\alpha$．

又 α, β の外 γ を採り γ より小又大なる有理数を一般に c, c' と名づくれば $(\alpha\beta)\gamma$ は $(ab)c$ の上限にして $\alpha(\beta\gamma)$ は $a(bc)$ の上限なり．さて $(ab)c = a(bc)$ なるが故に又 $(\alpha\beta)\gamma = \alpha(\beta\gamma)$．同様にして又 $(\alpha+\beta)\gamma = \alpha\gamma + \beta\gamma$ を得．

α を β にて除して得べき商は $\alpha:\beta$ なる比の値即ち $\alpha:\beta = \gamma:1$ に適合すべき数 γ なり．比と除法とを同一の記法にて表はせるは実は此事実を予期せるに由る．

a, a', b, b' を例の如き意義に用ゐるときは

$$\frac{a'}{b} > \gamma > \frac{a}{b'}$$

にして且 $\dfrac{a}{b'}$ の上限及 $\dfrac{a'}{b}$ の下限は共に γ に等し．其証明は読者の類を以て推すに任して可なるべし．

若し α, β が十進命数法に於て与へられたりとし，r_k, s_k

を例の如き意義に用ゐて $\frac{r_k}{s_k}$ を作るときは，k を限なく増大して，如何程にても $\frac{a}{\beta}$ に近迫することを得べし．然れども此場合に於ては $\frac{r_k}{s_k}$ は k と共に増大又は減小する者にあらず，随て $\frac{a}{\beta}$ は $\frac{r_k}{s_k}$ の上限又は下限にあらず．若し r'_k, s'_k を（七）に於ける如き意義に用ゐるときは，即ち r'_k, s'_k を以て r_k, s_k の末位の係数に 1 を加へて得たる有限小数となすときは $\frac{r'_k}{s_k}$ は即ち一個の $\frac{a'}{b}$ 又 $\frac{r_k}{s'_k}$ は一個の $\frac{a}{b'}$ にして，$\frac{r_k}{s_k}$ は常に両者の中間にあり．

$$\frac{r'_k}{s_k} > \gamma > \frac{r_k}{s'_k}, \quad \frac{r'_k}{s_k} > \frac{r_k}{s_k} > \frac{r_k}{s'_k}$$

要するに無理数の関係せる乗法，除法の意義は斯の如くにして確定し，又其性質は有理数の乗法除法と異なる所なきなり．

（十二）

前諸節に論ぜる所謂数は即ち正数なり．是即ち大小の関係及加合の結果を保持して，個々の量に配合せらるべきものにして，凡ての量の数値を供給するに於て，復た間然する所なし．然れども，数の観念の起源に固着して，数をば単に量の数値を与ふるものと認め，随て正数のみを以て考究の範囲となすことの，極めて不便なるは，既に有理数の場合に於て説きたる所にして，又量の数値としては意義なき「零」なる者を数の範囲内に摂取することの殆ど絶対的必須なること，前章に於ける経験新なり．

加法の転倒を凡ての場合に可能ならしめんが為には，負数を作らざるべからず．而して其定義及四則算法の意義は有理数の場合に於けると全く同趣なり．此処に其概要を記せば則ち次の如し．

各の正数 a に対して一個の負数を作り，之を $-a$ と名づく．a を此負数の絶対値となす．

凡て正数は負数より大にして，二つの負数の大小は其絶対値の大小に反す．負数の関係せる加法の意義を定むること次の如し．α, β の中一は正にして一は負なるときは，α, β の和の絶対値は α 及 β の絶対値の差に等しく，又其符号は絶対値大なる者の符号に同じ．α, β の絶対値等しくして，符号相反せるときは，α, β の和は 0 に等し．α, β 共に負数なるときは，α, β の和は亦負数にして其絶対値は α 及 β の絶対値の和に等し．

負数の関係せる加法の意義を斯の如く定むるときは，其よく交換の法則及組み合はせの法則に遵ふこと容易に験証せらるべき所なり．

又一般に $\alpha > \alpha'$ に伴ひて必ず $\alpha + \beta > \alpha' + \beta$．加法の転倒は常に可能にして其結果唯一なり．

負数の関係せる乗法及除法は所謂符号の法則によりて定まる，次の諸式は此法則を説明す．

$$(-a)b = -(ab), \qquad -a : b = -(a : b),$$
$$a(-b) = -(ab), \qquad a : (-b) = -(a : b),$$
$$(-a)(-b) = ab, \qquad (-a) : (-b) = a : b.$$

乗法が交換，組み合はせ，及加法に対する分配の法則に

遵ふことの験証をここに縷説するの必要あらざるべし．

之を要するに正数負数の全範囲内に於て前章の結末に掲げたる，数の諸原則尽く成立するのみならず加法の転倒は凡ての場合に可能なり．連続の法則は唯数の大小のみを根拠として少しも加法に関係なきことに注意すべし．有理無理のあらゆる数を総括して之を実数といふ．実数は其全体に於て，寔に完全なる一系統を成し，其全範囲は統一的の原則によりて支配せられたり．

凡ての正数及負数の大小の関係を具体的に表顕せんと欲せば，之を無限に延長せる一直線上の凡ての点に対照すべし．此直線上に於て任意に一点 O を採りて之に 0 なる数を配し，次に O と異なる一点 E を採り之に 1 を配す．一般に A なる点には，$OA:OE$ なる比の値 a を絶対値とし，A が O に対して E と同じ側にあると否らざるとに随て正又は負なる数 a 又は $-a$ を配す．斯の如くにして此直線上の個々の点と，個々の実数とを相対照することを得．此対照の状況は次の図によりて説明せらるべし，箭は小なる数より大なる数に向ふ．

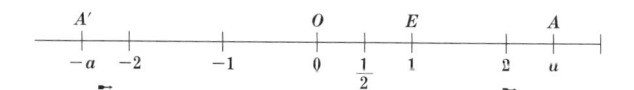

第十章　極限及連続的算法

集積点，極限，其定義及例／集積点に関する基本の定理／無限列数，極限存在の条件／極限と四則，無理数及其算法の第二の定義／連続的算法の定義，連続的算法の拡張／単調の変動，単調なる算法の転倒

(一)

　一直線上の個々の点に個々の数を対照して，其(その)大小の関係を具体的に表顕すべきことは既に説きたり．凡て抽象的に数を考ふるに当り，斯(かく)の如き幾何学上の形象を連想して大に理解の円滑を扶(たす)くべき場合甚(はなは)だ多く，此(こ)の如き場合に於ては，寧ろ直に幾何学上の思想に因める言語を用ゐるを便利なりとす．但こは主として言語の簡約を目的とするに過ぎず．随(したがひ)て思想の内容に於て，数に関せる考察と幾何学的の直覚との混同せられざるべきこと，最注意を要す．

　先づ此種の用語例二三を説明せん．a より大にして b より小なる数を総括して，之を a より b に至る間隙又は $a \cdots b$ なる間隙にある数と云ふ．μ なる数 $a \cdots b$ なる間隙に位すとは，μ は a より大にして b より小なりといふに同じ．a, b は此(この)間隙の両端にして，場合によりて，両端の一

方又は双方を間隙の中に収め，或はしかせず．$b-a$ を此間隙の幅といふ．又「a の辺り」「近く」とは a を含める間隙といふに同じく，通常其間隙の両端は不定なり．これら象形的の語句枚挙に遑あらず，又其意義は説明を須ひずして明なるべし．

前章に於て無理数四則算法の結果をば無限に多くの有理数の上限又は下限として定めたり．今更に此思想を拡張せんとするに当り先づ集積点なる語を説明せざるべからず．

無限に多くの定まりたる数の一系統 S が g を上限とするとき，g 若し S の最大の数にあらざるときは，S の諸数は限りなく g の附近に集積す．詳しく言はば ε を如何程小なる数なりとするも $g-\varepsilon \cdots g$ なる間隙の中には S に属せる数限りなく多く含まれたり．例へば

$$0,9, 0,99, 0,999, \cdots \qquad (1)$$

の如く 9 を若干個幷べ書きて表はされたる凡ての有限小数を一括して之を S となすときは 1 は S の上限にして而も其最大にあらず．さて如何程小にてもよし，ε なる数を与ふるに (1) の諸数の中 $1-\varepsilon$ より大なる者限りなく存在すべし．

一般に限りなく多くの定まれる数の一系統 S の諸数が或定まれる数 λ の附近に限りなく集積するときは，λ を S の集積点といふ．即ち λ の如何程近くにも，尚詳しく言はば，其幅如何程小くともよし，凡そ λ を含めるあらゆる間隙の中に，S の諸数が限りなく多く含まるるなり．但 λ な

る数自らが S に属すると然らざるとは問ふ所にあらず．

例へば $\frac{1}{2}, \frac{1}{2}+\frac{1}{3}, \frac{1}{3}, \frac{1}{3}+\frac{1}{4}$ 等，一般に，$\frac{1}{m}, \frac{1}{m}+\frac{1}{n}$ の如き分数を総括して之を S と名づく[32]．S を組成せる数は凡ての幹分数及び二つの相異なる幹分数の和なり．さて $\frac{1}{2}$ は S の集積点なり，げにも $\frac{1}{2}+\frac{1}{3}, \frac{1}{2}+\frac{1}{4}, \cdots, \frac{1}{2}+\frac{1}{n}, \cdots$ は S に属せるが故に，$\frac{1}{2}$ の如何程近くにも S の数限りなく存在す．$\frac{1}{3}, \frac{1}{4}, \cdots$ 一般に $\frac{1}{m}$ も亦 S の集積点なり．然れども $\frac{1}{2}+\frac{1}{3}$ は S の集積点にあらず，S の諸数の中此数に最近きは $\frac{1}{2}+\frac{1}{4}$ にして，両者の中間には S の諸数一も存在せず．$\frac{1}{2}+\frac{1}{3}$ は S の最大の数なり．又 0 は S の集積点なり．0 は S の下限にして，これ即ち下限が集積点なる例なり．

α, β を二つの無理数とし，其展開の係数を t^{-n} の項まで採りて作りたる有限小数をそれぞれ r_n, s_n と名づく．今順次 n を $1, 2, 3, \cdots$ となして作り得べき凡ての有理数 $\frac{r_n}{s_n}$ を総括して之を S と名づくるに，$\frac{r_n}{s_n}$ は n の愈ミ増大するに随ひて，愈ミ $\frac{\alpha}{\beta}$ に近迫して究まる所なしと雖，$\frac{\alpha}{\beta}$ は S の

---

[32] $\frac{1}{m}, \frac{1}{m}+\frac{1}{n}$ より成れる S の集積点の例はヂニ（上出）より採れり．$\frac{1}{m}+\frac{1}{n}$ は集積点にあらざることを証せよ．又 0 及 $\frac{1}{2}, \frac{1}{3}, \cdots, \frac{1}{m}, \cdots$ の外に集積点なきを証せよ．S の諸数を図に表はせ，集積点の意義明白に理会せらるべし．

上限又は下限にあらず（第九章（十二）を看よ）．$\dfrac{\alpha}{\beta}$ は S の集積点なり．げにも

$$\dfrac{\alpha}{\beta}-\dfrac{r_n}{s_n}=\dfrac{\alpha s_n-\beta r_n}{\beta s_n}$$

今 α, β のいづれよりも（絶対値に於て）大なる数の一つを任意に採りて之を c と名づくるに，

$$\alpha s_n-\beta r_n = \alpha\beta-\beta r_n-(\alpha\beta-\alpha s_n)$$
$$= \beta(\alpha-r_n)-\alpha(\beta-s_n)$$

にして $\alpha-r_n$, $\beta-s_n$ は共に $\dfrac{1}{t^n}$ を超えず．随て $\alpha s_n-\beta r_n$ は其絶対値に於て $\dfrac{c}{t^n}$ より小なり．又絶対値に於て $s_1, s_2,$ …のいづれよりも小なる正数を任意にとりて之を h と名づくれば βs_n は h^2 より大なり．是故に

$$\dfrac{\alpha}{\beta}-\dfrac{r_n}{s_n}$$

は絶対値に於て $\dfrac{c}{h^2}\cdot\dfrac{1}{t^n}$ よりも小なり．ここに c, h 随て $\dfrac{c}{h^2}$ は n には関係なき定まれる数なるに注意すべし．是故に n を増大して已まずば上の差は絶対値に於て漸次減小して究極する所なきを知るべし．即ち如何に小なる数 ε を与ふるとも，

$$\varepsilon > \dfrac{c}{h^2}\cdot\dfrac{1}{t^n} \quad 即ち \quad t^n > \dfrac{c}{h^2\varepsilon}$$

より n を定むるとき（t を 10 となさば $\dfrac{c}{h^2\varepsilon}$ の整数部分の桁数を n_0 となすとき n を n_0 以上の自然数となして，此条件常に充実せらるべし），$\dfrac{r_n}{s_n}$ は尽く

$$\frac{a}{\beta}-\varepsilon \cdots \frac{a}{\beta}+\varepsilon$$

なる間隙に帰入す．$\frac{a}{\beta}$ は $\frac{r_0}{s_0}, \frac{r_1}{s_1}, \cdots$ の集積点なり．β が $(0,00\cdots 0bb'b''\cdots)$ の如き数にして $s_0, s_1, s_2, \cdots$ 等が 0 なる場合に施すべき些少の更正は特に弁明するの価なかるべし．

此例に於ては S の諸数に n なる自然数の附標によって与へらるる一定の順序あり，n の順次増大するに随ひ，S の数は其唯一の集積点に近迫せり．一般に，

$$(S) \quad a_1, a_2, a_3, \cdots, a_n, \cdots$$

の如き列数の諸項 a_n が n の増大すると共に，S の唯一の集積点 λ に近迫して究まる所なきときは，斯の如き状態を簡短に書き表はさんが為に

$$\operatorname*{Lim.}_{n=\infty} a_n = \lambda$$

なる記法を用ゐる．Lim. は羅甸語 Limes の略語にして，極限の義なり．$n=\infty$ とは n の漸次増大して究まる所なかるべきを示せる符牒なり．此式は例へば次の如く訓むべし．曰く，「n の無限に増大するとき a_n の極限は λ なり」又は「n の無限に増大するとき a_n は λ なる極限に近迫す」．斯の如き用語は，複雑なる事実を簡潔に指示せん為に用ゐる暗号に過ぎざるを看取すべし．n を如何なる自然数となすとも a_n は決して λ に等しからず．例へば S は

$$0,9, 0,99, 0,999, \cdots$$

等の数より成れりとするとき，極限は即ち 1 なり．然れども桁数を如何に多くとるとも斯の如き有限小数の決して 1

に等しきことなし．$0.\dot{9}=0.999\cdots$なる無限小数は 1 に等しといふは実は S の極限 1 なりといふに異ならず．

然れども例へば $a=1.25$　$\beta=3.748$ の如き有限小数につきて前の如く $\dfrac{r_n}{s_n}$ を作るときは n が 3 以上となるとき $\dfrac{r_n}{s_n}$ は常に $\dfrac{1250}{3748}$ に等しき如き特別の場合あり．此場合に於ては $\dfrac{a}{\beta}$ は本来の意義に於ての $\dfrac{r_n}{s_n}$ の極限に非ず．之をしも極限の中に算するは，強て極限の意義を拡張して以て或場合に於ける用語の上の便利を享けんとするなり．

(二)

集積点の観念は既に明なりとして，ここに一の重要なる定理を証明せんとす．

　　無限に多くの数より成れる S なる一系統が $a\cdots b$ なる間隙に収められたるときは，S は少くとも一個の集積点を有す．

a, b なる二個の定まりたる数の中間に限りなく多くの数を容れんと欲するときは，此等の諸数の少くとも或　個所に集憤すること已むを得ざる所なりといふに過ぎず．是極めて明瞭なる事実ならずや．厳密に此定理を証明せんと欲せば次の如くにして可なり．

S の諸数は尽く $a\cdots b$ なる間隙に含まれたりといふが故に，a, b 若し自然数ならずば之に代ふるに直ちに a より小なる又は直ちに b より大なる自然数を以てし，S の諸数をば尽く p, q なる二個の自然数によりて限られたる間隙に収むることを得．さて $p\cdots q$ なる間隙を分ちて

$$p \cdots p+1, p+1 \cdots p+2, p+2 \cdots p+3, \cdots, q-1 \cdots q$$

なる $q-p$ 個の間隙となすに，S は，尽く此等の諸間隙中に収められ，而も S は無限に多くの数より成れるが故に，此等の間隙の中少くとも一つは，S の数限りなく多くを包含せざるを得ず．例へば $m_0 \cdots m_0+1$ なる間隙を其一となし，さて此間隙を分ちて

$$m_0 \cdots m_0 + \frac{1}{10}, m_0 + \frac{1}{10} \cdots m_0 + \frac{2}{10}; \quad \cdots m_0 + \frac{9}{10}, \cdots m_0+1$$

なる十個の間隙となすに，前と同様にして，此等の間隙の中少くとも一つは，S の数を無限に包有せざるを得ず．今 $m_0 + \frac{c_1}{10} \cdots m_0 + \frac{c_1+1}{10}$ ($c_1 < 10$) を以て其一とし，此間隙を分ちて

$$m_0 + \frac{c_1}{10} \cdots m_0 + \frac{c_1}{10} + \frac{1}{100}, \cdots m_0 + \frac{c_1}{10} + \frac{9}{100}, \cdots m_0 + \frac{c_1+1}{10}$$

なる十個の間隙となし，前と同様の論法を適用す．次第に斯の如くにして

$m_0 \cdots m_0+1$

$m_0 + \frac{c_1}{10} \cdots m_0 + \frac{c_1+1}{10}$

$m_0 + \frac{c_1}{10} + \frac{c_2}{100} \cdots m_0 + \frac{c_1}{10} + \frac{c_2+1}{100}$

....

$m_0 + \frac{c_1}{10} + \cdots + \frac{c_k}{10^k} \cdots m_0 + \frac{c_1}{10} + \cdots + \frac{c_k+1}{10^k}$

....

或は略して一般に $r_k\cdots r_k'$ なる間隙を作るに, $r_k\cdots r_k'$ なる間隙は漸次狭小となりて究まる所なし. 而も此等の間隙の S の諸数を無限に多く包有するを必すべし.

さて斯の如くにして定め得たる, $r_0, r_1, r_2, \cdots, r_k, \cdots$ はある定まりたる数の展開を与ふ. 此定まりたる数を γ と名づくるに, γ は S の集積点ならざるを得ず[33)].

げにも ε を如何程小なる数とするも γ と $\gamma \pm \varepsilon$ との中間には S に属せる数必ず存在すべきなり. 何となれば与へられたる数 ε より $\varepsilon > \dfrac{1}{10^n}$ なる如き指数 n を定むるに $\gamma - r_n < \dfrac{1}{10^n}$, $r_n' - \gamma < \dfrac{1}{10^n}$. 随て
$$\gamma - \varepsilon < r_n < \gamma < r_n' < \gamma + \varepsilon$$
なるにより $\gamma - \varepsilon \cdots \gamma + \varepsilon$ なる間隙は, 全く $r_n \cdots r_n'$ なる間隙を包容せり. さて $r_n \cdots r_n'$ なる間隙既に S の諸数を含むが故に $\gamma - \varepsilon \cdots \gamma + \varepsilon$ なる間隙も亦勿論然らざるを得ず.

是によりて S の集積点の存在を証明すると同時に, 実際集積点に到達すべき方法を知得せり.

(二)

集積点に関して前節に証明せる基本定理を応用して無限列数に極限の存在すべき条件を定むることを得.

$$(S) \qquad a_1, a_2, \cdots, a_n, \cdots$$

なる列数の諸項が附数 n と共に限りなく増大する場合は

---

33) 間隙を順次十分する代に二分するも亦可なり. しかするときは γ は 2 を基数とせる展開によりて与へらる. 此論法によりて或数の存在を証明すること, 蓋しワィヤストラスに始まる.

姑らく措きて，S の諸項が尽く或一定の間隙 $l\cdots g$ の中に位する場合のみを考へんに，先づ或一定の順位以上にある諸項例へば $a_n, a_{n+1}, \cdots$ 等の中二つづつの差（絶対値）は勿論 $g-l$ を超えず．随て此等の差に一定の上限あり．之を S の n 位以上の振幅と名づけ δ_n を以て之を表はす．即ち $a_n, a_{n+1}, \cdots$ 等の諸数は尽く $(a_n - \delta_n)\cdots(a_n + \delta_n)$ なる間隙の中に位す．

$$a_n - \delta_n < a_n, a_{n+1}, \cdots < a_n + \delta_n$$

δ_n は n と共に変動す．然れども δ_n は n の増大すると共に，決して増大することなし．即ち

$$\delta_n \geqq \delta_{n+1} \geqq \delta_{n+2} \geqq \cdots$$

これ $\delta_n, \delta_{n+1}, \cdots$ 等の意義より直ちに論結せらるべき所なり．

是故に $\delta_n, \delta_{n+1}, \cdots$ に下限あり．之を δ と名づく．附数 n を適当に（大きく）選みて以て n 位以上の諸項の振幅を如何程にても δ に近迫せしむることを得るなり．特に δ が 0 に等しき場合に於ては，附数 n を適当に選みて S の第 n 位以上の諸項の差を如何程にても小なる予め定められたる限界内に止まらしむることを得べきなり．例へば

$$(S) \quad 0{,}9, \ 0{,}99, \ 0{,}999, \ \cdots \ \left(a_n = 1 - \frac{1}{10^n}\right)$$

なるときは $\delta_n = \dfrac{1}{10^n}$ にして，δ は即ち 0 なり．

一般に S の列数が一定の極限 λ を有するときは，δ は 0 に等し．げにも此場合に於ては n の限りなく増大するとき，a_n は限りなく λ に近迫す．即ち ε なる正数を任意に予

定するとき，之に応じて n を相当に定めて以て $|\lambda-a_n|$, $|\lambda-a_{n+1}|$, $|\lambda-a_{n+2}|$, …をして尽く ε より小ならしむることを得．即ち $a_n, a_{n+1}, a_{n+2}, \cdots$ をして尽く $(\lambda-\varepsilon)\cdots(\lambda+\varepsilon)$ なる間隙の中に帰入せしむることを得．随て δ_n は 2ε より小なり．ε を如何に小なる数となすとも，之に応じて n を相当に定めて以て $\delta_n < 2\varepsilon$ ならしむることを得るは，即ち $\delta_n, \delta_{n+1}, \cdots$ の下限 δ が 0 なるを示すにあらずして何ぞや．

　S に一定の極限あるとき δ は 0 なりといふ事実は之を転倒することを得．即ち δ にして 0 ならば，S に一定の極限なかるべからず．随て S が一定の極限を有する為に必要にして且十分なる条件は δ の 0 なることにあり．是吾輩の証明せんと欲する定理なり．

　S の諸数は尽く $l \cdots g$ なる間隙の中に存せるが故に，S に集積点あり．若し S に一個より多くの集積点あらば，其二つを γ, γ' と名づくるに γ, γ' の如何程の近くにも S の諸数限りなく存在すべきが故に，附数 n を如何に大となすとも $a_n, a_{n+1}, \cdots$ 等の中 γ, γ' に如何程にても近き数あり．即ち δ_n 随て δ も亦決して γ, γ' の差より小なることを得ず．是故に δ が 0 なる場合に於ては S は唯一個の集積点を有す．之を λ と名づくるに，λ は即ち S の極限なり．げにも先づ如何程小なる正数にてもよし，予め任意に ε を与ふべし．δ は 0 なるが故に，n を相当に選みて $\delta_n < \dfrac{\varepsilon}{2}$ ならしむることを得．随て $a_n, a_{n+1}, a_{n+2}, \cdots$ は尽く $(a_n-\delta_n)\cdots(a_n+\delta_n)$ なる間隙に入る．S の集積点 λ は此間隙の中に位せざるを得ざるが故に $(\lambda-2\delta_n)\cdots(\lambda+2\delta_n)$ なる間隙，

況んや $(\lambda-\varepsilon)\cdots(\lambda+\varepsilon)$ なる間隙は全く $(a_n-\delta_n)\cdots(a_n+\delta_n)$ なる間隙を包括す. 是即ち $\lambda-a_n, \lambda-a_{n+1}, \lambda-a_{n+2},\cdots$ が尽く絶対値に於て ε を超えざるを示せり. λ は実に S の極限なり.

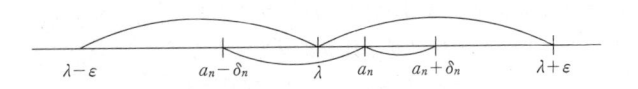

δ の 0 に等しといふ事実を言ひ更へて次の定理に到達す.

$$(S) \quad a_1, a_2, a_3, \cdots, a_n, \cdots$$

が一定の極限を有する為に必要にして且充分なる条件は, 予め如何なる (如何程小にてもよし) 正数 ε を与ふるとも, 之に応じて適当に n を定め, 以て S の n 位以上の二項 a_{n+h}, a_{n+k} の差をして恒に (即ち自然数 h, k の選択に関係なく) ε よりも小ならしむることを得ることにあり. S の極限は此場合に於て唯一個に限り存在し得べき S の集積点に外ならず.

(四)

無限列数の極限に関する次の諸定理は簡単と重要とを兼ねたり.

$$(A) \quad a_1, a_2, \cdots, a_n, \cdots$$
$$(B) \quad b_1, b_2, \cdots, b_n, \cdots$$

なる二つの列数の極限をそれぞれ a, β となすときは
$$a_1 \pm b_1, a_2 \pm b_2, \cdots, a_n \pm b_n, \cdots$$
$$a_1 b_1, a_2 b_2, \cdots, a_n b_n, \cdots$$
$$\frac{a_1}{b_1}, \frac{a_2}{b_2}, \cdots, \frac{a_n}{b_n}, \cdots$$
等の無限列数の極限はそれぞれ $a \pm \beta$, $a\beta$, $\dfrac{a}{\beta}$ なり. 唯其最後の場合に於ては β が 0 ならざるを必要とし, 又 $\dfrac{a_n}{b_n}$ 等の諸項中より b_n の 0 に等しきものを撤去せざるべからず.

先づ和の場合より始め, 予め ε を与ふるとき, n を適当に選みて自然数 p に関係なく
$$a+\beta-(a_{n+p}+b_{n+p})$$
の絶対値をして ε よりも小ならしむることを得べきを験証せんとす. 事最簡易なり. ε は与へられたり, $\dfrac{\varepsilon}{2}$ を作る. A の極限は a なり. $\dfrac{\varepsilon}{2}$ に応じて相当に m を定め, 以て
$$|a-a_{m+p}| < \frac{\varepsilon}{2}$$
ならしむ. 又 B の極限は β なり. $\dfrac{\varepsilon}{2}$ に応じて相当に m' を定め以て
$$|\beta - b_{m'+p}| < \frac{\varepsilon}{2}$$
ならしむ. m, m' の中大なる方を n と名づけて
$$a+\beta-(a_{n+p}+b_{n+p})$$
を作るに此差は ε より小なり. 即ち
$$a_1+b_1, a_2+b_2, \cdots, a_n+b_n, \cdots$$
の極限は $a+\beta$ なるを確め得たり. 減法の場合亦類推すべ

し．

さて $a_n b_n$ の極限は如何(いかん).

$$a\beta - a_n b_n = a\beta - \beta a_n + \beta a_n - a_n b_n$$
$$= \beta(a-a_n) + a_n(\beta-b_n)$$

A の諸数に一定の上限あり．此上限と β とのいづれよりも小ならざる数の一つを任意に採りて之を μ と名づく．今 ε を随意に与へ，さて $\dfrac{\varepsilon}{2\mu}$ を作り $a-a_n$, $\beta-b_n$ 共に絶対的に $\dfrac{\varepsilon}{2\mu}$ を超えざるが如き附数の限界を定むるに，此限界以上の n につきては

$$a\beta - a_n b_n$$

は絶対値に於て ε を超えず．積の場合完了す．

商の場合に於て計算節倹の為，先づ β の 0 ならざるとき，b_n の中 0 なるものなしと定めて

$$\frac{1}{b_1}, \frac{1}{b_2}, \dots, \frac{1}{b_n}, \dots$$

の極限 $\dfrac{1}{\beta}$ なるべきを弁ぜん．先づ

$$\frac{1}{\beta} - \frac{1}{b_n} = \frac{b_n - \beta}{\beta b_n}$$

b_n は決して 0 に等しからず．又 β は 0 にあらず．故に絶対値に於て b_n の下限は 0 にあらざる或正数 γ にして β も亦絶対値に於て γ を下らず．故に βb_n の絶対値は γ^2 より小ならず．さて ε の与へられたるとき附数 n の限界を適当に定めて $b_n - \beta$ なる差の絶対値をして恒(つね)に $\varepsilon \gamma^2$ よりも小ならしむることを得．しかするときは

$$\left|\frac{1}{\beta}-\frac{1}{b_n}\right|<\varepsilon$$

$\frac{1}{b_n}$ の極限にして既に $\frac{1}{\beta}$ なる上は，$\frac{a_n}{b_n}$ の極限の $\frac{\alpha}{\beta}$ なるべきこと既に証明せられたりと謂ふべし．

一般に $a_n, b_n, \cdots$ の極限は $\alpha, \beta, \cdots$ なるとき，F を以て $\xi, \eta, \cdots$ 等の数の間に引続き四則算法を或定まれる順序に施すべきことを示し $F(\xi, \eta, \cdots)$ を以て此算法の総結果となすときは

$$\operatorname*{Lim.}_{n=\infty} F(a_n, b_n, \cdots) = F(\alpha, \beta, \cdots)$$

なり．例へば $a_n^2+b_n^2$ の極限は $\operatorname{Lim}(a_n^2)+\operatorname{Lim}(b_n^2)$ に等しく，而して $\operatorname{Lim}(a_n^2)$ は α^2 に又 $\operatorname{Lim}(b_n^2)$ は β^2 に等しきが故に $a_n^2+b_n^2$ の極限は $\alpha^2+\beta^2$ なり．最一般なる場合に上の定理を証明せんと欲せば，数学的帰納法を用ゐて関係せる数 $\alpha, \beta, \cdots$ が N 個なる場合を，N 個より少数の数の関係せる場合に帰着せしむべきなり．但上述の定理に於て法が 0 なる除法の排斥すべきこと論を俟たず．

最後に尚注意すべき一条あり．(A) の極限 α なるとき，(A) の諸項の一部分を除き去るとき，若し限りなく多くの項残留する場合に於ては，此等を (A') と名づくるに A' の極限も亦 α なり．今

$(A) \qquad a_1, a_2, a_3, \cdots, a_n, \cdots$

$(A') \qquad a_1', a_2', a_3', \cdots, a_n', \cdots$

と置けば $a_n'=a_{n+t}$ にして $a_n-a_n'=a_{n+t}-a_n$ なるが故に a_n-a_n' の極限は 0．随て $a_n'=a_n-(a_n-a_n')$ の極限は $\alpha-0$

$= a$ なり．又 A の諸項に若干の（限りある）項数を添加するとき，其極限は依然として変ずることなし．

ワィヤストラス及びカントル，メレーは有理数を項とせる列数の極限として無理数を定めたり．カントルは δ が 0 なる有理列数を基本列数と名づく[34]．此見地を立脚点となすときは基本列数の極限が有理数ならざるときは，此列数は（其極限として）一の無理数を定むるものにして，此一節に於て証明せる諸定理は即ち無理数の関係せる四則の定義に外ならず，是れ畢竟 無限小数を以て数を表はすの思想を拡張せる者にして，思巧の跡最明透なり．唯同一の数を定むべき基本列数が限りなく多くの異なる形式を有し得べきの一点最も憾むべしとなす．

（五）

有理数の四則算法を既定とし，之より極限の観念によりて無理数の関係せる四則の意義を定め，竟に四則算法は，関係せる数の有理無理たるを問はず，凡ての場合に汎通せる法則に遵ふを確め得たり．今更に統一的の見地より此結果を観察せんとす．

四則は連続的算法なり[35]．ξ, η なる二数に或る算法を施

---

34) カントル，メレーの無理数論，上文を参照せよ．無理数の定義を最卑近なる方法によりて与へんと欲せば，之を無限小数によりて定めらるるものとなすべし．無限小数は実にカントルの基本列数の特例なり．かくして無理数の意義を定むるときは其大小の意義は第九章（七）に於けるが如くにして定むべし．然れども四則の算法の説明は複雑となる．第九章（六）（九）を参照せよ．

すとき此算法を f と名づけ，ξ, η に f なる算法を施せる結果を書き表はすに $f(\xi, \eta)$ なる記号を以てす．今 ξ, η に充分接近せる近似値 x, y を採りて之に同一の算法を施し，以て $f(x, y)$ をして予め随意に定められたる程度まで $f(\xi, \eta)$ に接近せしむることを得るときは，f を連続的の算法と云ふ．詳しく言はば ξ, η が与へられ，随て $f(\xi, \eta)$ が定まれる数なるとき，予め随意に $z_0 < f(\xi, \eta) < z_0'$ なる限界 z_0, z_0' を定むるとき，之に応じて

$$x_0 < \xi < x_0' \qquad y_0 < \eta < y_0'$$

なる限界 x_0, x_0' 及び y_0, y_0' を適当に定め，以て

$$x_0 < x < x_0' \qquad y_0 < y < y_0'$$

なる限界内より x, y を如何やうに採るとも，必ず $z_0 < f(x, y) < z_0'$ ならしむることを得．或は再び語を換へて言はば，先づ予め随意に ε を与ふるとき之に応じて適当に δ を定め，以て ξ', ξ の差及び η', η の差が絶対値に於て δ を超えざる限り，$f(\xi', \eta'), f(\xi, \eta)$ の差をして必ず絶対的に ε より大ならざらしむることを得べきなり．

上述の意義に於て四則の連続的算法なること容易に験証せらるべき所なり．

種々の連続的算法を一定の順序に引き続き行ふとき，其総結果を一の算法と見做さば，此算法も亦連続的算法たるを失はず．

---

35) 連続的算法，実は連続的函数なり．されども此書に於て函数の語を用ゐるの必要なきにより故らに之を避けたり．但ここに算法といへる語は之を最広義に解釈すべし．

言語の簡短を期せんが為め，例へば $(\xi+\eta)\zeta$ なる式によりて示されたる算法の場合につきて説かんに，若し ξ, η, ζ に充分接近せる近似値 x, y, z を採り，此等の数に同様の算法を施こして $(x+y)z$ を作り，以て $(\xi+\eta)\zeta$ と $(x+y)z$ との差をして，如何程にても小なる，予め与へられたる限界以下に止まらしむることを得べきなり．げにも今 $\xi+\eta=\sigma$, $x+y=s$ と名づけんに乗法は連続的算法なるが故に $\sigma\zeta$ と sz との差を与へられたる数 ε より小ならしめんと欲せば，ζ と z との差，及 σ と s との差をして，ε に応じて適当に定めらるべき数 δ よりも小ならしめば，即ち可なり．さて加法も亦連続的の算法なるが故に σ と s との差をして δ より小ならしめんと欲せば ξ と x 及 η と y との差をして，δ に応じて適当に定めらるべき数 δ' よりも小ならしめば則ち可なり．是故に今 δ_0 を以て δ, δ' のいづれよりも大ならざる数となさば，ξ と x, η と y 及び ζ と z との差にして δ_0 より小なる間は $(\xi+\eta)\zeta$ と $(x+y)z$ との差は ε を超ゆることなかるべきなり．

　最一般なる場合に於ても同趣の論法によりて，先づ関係せる数が n 個なる場合をば，n 個より少数の数の関係せる場合に帰着せしめ，以て上述の定理の証明を完くすべし．

　　有理数の範囲内に於て連続的なる算法は，之を拡張して凡ての数の範囲内に於て連続的なる算法となすことを得．

　　先づ $f(\xi, \eta, \cdots)$ は有理数の範囲内に於て連続的なりとするとき

$$a_1, a_2, a_3, \cdots, a_n, \cdots \tag{1}$$
$$b_1, b_2, b_3, \cdots, b_n, \cdots \tag{2}$$

等の有理列数の極限を，それぞれ $\alpha, \beta, \cdots$ となすときは

$$f(a_1, b_1, \cdots), f(a_2, b_2, \cdots), \cdots, f(a_n, b_n, \cdots), \cdots \tag{3}$$

は一定の極限を有す[36]．思想を明確ならしめんと欲せば，例へば $a_1, a_2, \cdots$ を以て α の十進命数法の小数第一，二，$\cdots$ 位までを採りて作りたる有理数と做すべし．げにも

$$z_n = f(a_n, b_n, \cdots)$$

と置き，如何に小なる正数 ε を与ふるとも，之に応じて n を相当に定めて以て

$$z_n, z_{n+1}, z_{n+2}, \cdots$$

の振幅を ε よりも小ならしむるを得べきを験証せんに，先づ f は連続的算法なるが故に ε に応じて適当に δ を定め $\xi, \eta \cdots$ の変動の限界 δ を超えざる限り $f(\xi, \eta, \cdots)$ の変動も亦 ε を超えざらしむることを得．さて $a_n, b_n, \cdots$ の極限 $\alpha, \beta, \cdots$ なるにより δ に応じて n を適当に定め以て $a_n, a_{n+1}, \cdots$ 及 $b_n, b_{n+1}, \cdots$ の振幅をして δ より小ならしむることを得．斯の如く n を定むるときは $z_n, z_{n+1}, \cdots$ の振幅は ε

---

[36] f が必ずしも有理数の範囲内に於て連続的なるを要せず．一般に分布稠密なる数の範囲内（例へば有限小数の範囲内）に於て連続的なるときは，f を拡張して数の全範囲に於て連続的なる算法となすことを得．

「有理数の範囲内に於て連続的なり」という語の意義は説明を須ひずして明白ならん．

本節の定理は有名なり．例へば Schönflies, Bericht über die Mengenlehre, 1900 を看よ．

を超えず．随て (3) の列数に一定の極限あり．之を λ と名づく．

さて λ は $\alpha, \beta, \cdots$ を極限とせる列数 (1) (2) $\cdots$ の選択に関係なし．詳しく言はば

$$a'_1, a'_2, \cdots, a'_n \cdots$$
$$b'_1, b'_2, \cdots, b'_n \cdots$$

等が亦 $\alpha, \beta, \cdots$ を極限とするときは

$$f(a'_1, b'_1, \cdots), f(a'_2, b'_2, \cdots), \cdots, f(a'_n, b'_n, \cdots), \cdots$$

の極限は即ち λ なり．之を証明せんと欲せば

$$z'_n = f(a'_n, b'_n, \cdots)$$

と置きて $z_n - z'_n$ の極限の 0 なるべきを示さば則ち足る．仮に $z_n - z'_n$ の極限 0 にあらずとせば此差の絶対値 $|f(a_n, b_n, \cdots) - f(a'_n, b'_n, \cdots)|$ は 0 にあらざる一定の下限を有す．而も a_n と a'_n, b_n と b'_n, $\cdots$ との差は n と共に限りなく減少すべきが故に，是れ f が連続的算法なりとの前提に反せり．

以上の観察によりて次の結果を得．$f(\xi, \eta, \cdots)$ が有理数の範囲内に於て連続的算法なるときは有理数 $\xi, \eta, \cdots$ を以て限りなく定まれる数 $\alpha, \beta, \cdots$ に近迫するとき $f(\xi, \eta, \cdots)$ は常に一定の極限 λ に近迫す．

今若し $\alpha, \beta, \cdots$ 等の一部又は全部が無理数なるとき

$$\lambda = f(\alpha, \beta, \cdots)$$

となして，以て無理数の関係せる場合に於ける f なる算法の意義を定むるときは，f は数の全範囲に於て連続的の算法となる．又 f をして連続的ならしめんと欲せば $f(\alpha, \beta,$

…) は λ と異なる値を取ることを得ず．此主張の後半は明瞭なり．其前半を証すること次の如し．

先づ $a, \beta, \cdots$ なる定まれる数を採り $f(a, \beta, \cdots)$ を考ふ．$a, \beta, \cdots$ に充分接近せる有理数 $a, b, \cdots$ を採りて $f(a, \beta, \cdots)$ と $f(a, b, \cdots)$ との差をして，如何程にても小なる予定の限界以内に止まらしむることを得べきことは前文既に述べたり．f が連続的算法なることの証明は，之によりて完きを得たるか，曰く否．吾人は尚それでれ $a, \beta, \cdots$ に充分近き $a', \beta', \cdots$ を如何にとるとも即ち $a', \beta', \cdots$ 等が無理数を含める場合に於ても亦 $f(a, \beta, \cdots)$ と $f(a', \beta', \cdots)$ との差をして如何程にても小ならしむるを得べきを証明せざるべからず．今 $a, \beta, \cdots$ を含める一定の間隙例へば

$$a'_0 > a > a_0 \qquad \beta'_0 > \beta > \beta_0, \cdots$$

なる間隙を考へ，此間隙の中より有理数 $a, b, \cdots$ を採りて $f(a, b, \cdots)$ を作るに，こは $a, b, \cdots$ の選択に従て変動すべき数なり．然れども f は連続的算法なるが故に，此変動は前述の間隙と共に定まるべき一定の上限を超えず，此上限を g と名づけ，さて此等の間隙より有理又は無理なる $a', \beta', \cdots$ を如何やうに選択するとも

$$\lambda = f(a, \beta, \cdots) \quad と \quad \lambda' = f(a', \beta', \cdots)$$

との差 $d = |\lambda - \lambda'|$ の決して g より大なるを得ざることを証せんとす．若し仮に d は g より大なりとなすときは次の如くにして矛盾の結論に陥る．λ, λ' の差は g より大なりといふが故に例へば λ を λ' より大なりとし $\dfrac{d-g}{2} = e$ と置き

$$\lambda > \lambda - e > \lambda' + e > \lambda'$$

なる数 $\lambda-e$ 及 $\lambda'+e$ を作るに此二数の差は恰も g に等し. さて $\alpha, \beta, \cdots$ に充分近き有理数 $a, b, \cdots$, 又 $\alpha', \beta', \cdots$ に充分近き有理数 $a', b', \cdots$ を採り, 以て

$$f(\alpha, \beta, \cdots) \quad \text{及} \quad f(a, b, \cdots)$$
$$f(\alpha', \beta', \cdots) \quad \text{及} \quad f(a', b', \cdots)$$

の差をして e より小ならしむることを得. しかするときは

$$f(a, b, \cdots) > \lambda - e, \quad \lambda' + e > f(a', b', \cdots)$$

にして $f(a, b, \cdots)$ と $f(a', b', \cdots)$ との差は g より大なり. 是即ち矛盾の結論なり.

是故に前述の間隙に含まるる有理数の範囲内に於て f の変動の限界 g を超えざるときは, 同一の間隙内に於ける有理無理あらゆる数につきても亦 f の変動は同一の限界を超えず. さて g を如何に小さく予定するとも, 之に応じて上の間隙の幅を相当に縮小し, 以て此間隙内に於ける有理数につきての f の変動を g 以下に限ることを得べきことは先に証明せる所なり. 是に至て此証明は洽(あまね)く同一間隙内に於ける凡ての数の上に及べり. 即ち拡張せられたる f の仍(な)ほ連続的算法たるを失はざるを確め得たり.

上述の定理を特別の場合に応用して次の結果を得. $\xi, \eta, \cdots$ 等の数の間に成立する等式には畢竟(ひっきょう) $f(\xi, \eta, \cdots)=0$ なる形を与ふることを得べし. さて若し f にして連続的算法ならば此関係が $\xi, \eta, \cdots$ の有理数なる凡ての場合に証明せられたる上は, 直に之を数の全範囲に及ぼすことを得. 例へば乗法の交換の法則は $\xi\eta - \eta\xi = 0$ なる等式によりて表は

さる．さて乗法及び減法随て $\xi\eta-\eta\xi$ は連続的算法なること，及び交換の法則の有理数の場合に成立することよりして直に此法則の凡ての数につきて成立すべきを推知し得べきなり．是畢竟上述の定理に於て λ が常に 0 なる場合に外ならず．

　之を要するに，有理数に関係せる連続的算法の意義及び其諸性質は，上述の定理によりて一々験証せらるるを要せず，一挙して尽く数の全範囲に拡張せらるるを得るなり．

（六）

　連続的算法の転倒を，最簡短なる場合につきて説明せんが為に，先づ f なる連続的算法に関係せる諸数の中の或一つに特に着眼して之を ξ と名づけ，其他の諸数を省略して，此算法の結果を単に $f(\xi)$ と書く．ξ が或る範囲内に於て変動するときは $f(\xi)$ も亦之に応じて或る範囲内に於て変動す．若し ξ の増大するとき $f(\xi)$ は之に伴ひて常に増大し又は常に減小するときは $f(\xi)$ は単調の変動をなす又は更に略して f は単調の算法なりといふ．例へば a の定まれる数なるとき $a+\xi$, $a-\xi$, $a\xi$, $a:\xi$ 等は数の全範囲を通して単調なり．又 ξ^2 は ξ が正数なるときは単調に増大し，ξ が負数なるときは単調に減小す．

　単調なる連続的算法の転倒は唯一の結果を与へ，此結果は亦単調なる連続的算法なり．
$$\eta = f(\xi)$$
を単調なる連続的算法となし，例へば ξ が a より漸次増大

して a' に至るとき η は b より順次増大して b' に至るとなすときは，β を以て $b\cdots b'$ なる間隙に属せる或数となすとき

$$\beta = f(\alpha)$$

なる如き数 α は $a\cdots a'$ の間隙に於て必ず，而も唯一個に限り存在す．随て η を与へて之に応ずる ξ を定むること常に可能なるが故に，此手続きは之を η に施こせる一の算法と考ふることを得．此算法の結果は即ち ξ なるにより

$$\xi = F(\eta)$$

と書くとき，F は又単調にして連続的なり．即ち η が b より漸次増大して b' に至るときは ξ も亦連続的に a より漸次増大して a' に至る．是即ちここに証明せらるべき定理の内容なり．

先づ転倒の必(かならず)可能なるべきを証せん．$b\cdots b'$ の間隙中より任意に β なる数を採り，次の如くにして $a\cdots a'$ なる間隙の数を二群に分つ，$f(\xi)<\beta$ なる如き数 ξ 即ち例へば $\xi=a$ は第一の群に属し，$f(\xi)>\beta$ なる如き数 ξ 即ち例へば $\xi=a'$ は第二の群に属す．第一の群に属せる数は凡て第二の群に属せる数よりも小なり．さて此等両群のいづれにも属せざる数ありとせばそは $f(\xi)=\beta$ ならしむべき数にして斯の如き数 ξ の若し存在すとも，唯一個に限るべきことは始めより明白なり．是故に転倒の可能なるを証せんと欲せば上述の両群の未だ $a\cdots a'$ なる間隙の凡ての数を網羅せざるを確むるを以て充分なりとすべし．仮に此等の両群にして $a\cdots a'$ なる間隙の凡ての数を網羅せりとなさば，連続

の法則によりて，第一群に最大の数あるか又は第二群に最小の数あるか，いづれか其一に居らざるを得ず．若し第一群に最大の数あらば，之を γ と名づくるに，γ は第一群に属するが故に $f(\gamma)<\beta$．又 γ より大なる数は尽く第二群に属すべきが故に ε を如何なる正数となすとも $f(\gamma+\varepsilon)>\beta$ 即ち $f(\gamma+\varepsilon)-f(\gamma)>\beta-f(\gamma)$ にして $f(\gamma+\varepsilon)$ と $f(\gamma)$ との差は ε を如何に小ならしむるも決して一定の数 $\beta-f(\gamma)$ を超えず．是 f が連続的算法なりとの前提に反せり．第二群に最小の数あるを得ざること，亦同様にして証明せらるべし．$f(\alpha)=\beta$ なる如き，第一群にも又第二群にも属せざる，唯一個の数 α の存在すべきこと争ふべからず．

さて β の増大するとき，α も亦之に伴ひて増大すべきこと，論なし．α が漸次増大して α' に至るときは，β は漸次増大して β' となる．β,β' の差をして ε より小ならしめんと欲せば，ε に応じて δ を適当に定め，α,α' の差をして δ よりも小ならしむれば則ち足る．又若し予め δ を与へ，α,α' の差をして δ より小ならしめんと欲せば，α,α' に該当する β,β' の差をして ε より小ならしむれば則ち可なり．逆の算法 F も亦連続的なり．

f が単調に減小するときは F も亦単調に減小す．又 f の変動の範囲に上限又は下限なき場合に於て施すべき更正は特に縷説を須ひざるべし．

例へば加法，乗法は数の全範囲を通じて単調なる連続的算法なり，故に減法及び除法も亦然らざるを得ず．

第十一章　冪及対数

冪根の存在，基数及び指数の変動に伴ふ冪根の
変動，指数限りなく増大するとき冪根は限りな
く1に近迫す／冪の定義の拡張，有理の指数，
無理の指数／対数，其性質／開平の演算

(一)

　前章に於て連続的算法及び其転倒につきて説きたる諸々の結果を応用するときは，冪根及び対数の説明は極めて簡短なり[37]．

　冪の定義を拡張して指数が有理数なる場合及び更に進みて其無理数なる場合に及ぼさんが為に先づ基数を正数に限り，冪根の性質を論ぜんとす．

　x を正数となすとき x^2 は積の特例として連続的算法なり．x が 0 より順次増大して限なくば x^2 も亦 0 より増大

---

[37] 冪の定義の拡張，其連続的なること等を説くに第十章（五）（六）を用ゐるときは，大に計算を節約することを得．例へば此章に於て「二項定理」を用ゐず．第十章（五）（六）に説きたる定理は稍々複雑なれども，事実は頗る明透にして，証明も亦甚だ困難ならず．冪及対数につきて第十章（五）（六）の定理の証明を反復すること良好なる練習なるべし．

して究まる所なし．即ち x^2 は単調なる連続的算法なり．是故に前章（六）によりて正数 y を任意に与ふるとき $y=x^2$ なる如き正数 x は唯一個に限り必ず存在す[38]． x を y の平方根といひ，之を表はすに

$$x = \sqrt{y}$$

なる記法を以てす．開平は単調なる連続的算法にして y が 0 より始めて限りなく増大し行くとき x も亦 0 より始めて限りなく増大す．

今指数 2 に代ふるに任意の自然数 n を以てするとき， $y = x^n$ は亦単調なる連続的算法にして其転倒

$$x = \sqrt[n]{y}$$

も亦然り． x を y の n 次の冪根といふ．冪根の乗法及び除法は次の式による．

$$\sqrt[n]{a} \cdot \sqrt[n]{b} = \sqrt[n]{ab}, \qquad \frac{\sqrt[n]{a}}{\sqrt[n]{b}} = \sqrt[n]{\frac{a}{b}} \tag{1}$$

同階級の冪根の乗法，除法は基数の乗法及び除法に帰す．又冪と開法との順序は随意なり．

$$\sqrt[n]{a^m} = (\sqrt[n]{a})^m \tag{2}$$

即ち a の m 次の冪の n 次の冪根は， a の n 次の冪根の m 次の冪に等し．此等の等式を証明せんと欲せば冪及び冪根が単調の算法なるを利用し，両節の n 次の冪を比較すべし．例へば (1) の第一式を証明せんと欲せば，其両辺の n 次の冪を比較すれば可なり． $(\sqrt[n]{a}\sqrt[n]{b})^n = (\sqrt[n]{a})^n(\sqrt[n]{b})^n = ab$

---

38) 此処には正数の平方根の中負なるものを採らず． n 次の冪根の数 n 個なることはここに説く所と傾向全く異なる事実なり．

$=(\sqrt[n]{ab})^n$. (2) は此等式を因子の数 m 個にして尽(ことごと)く相等しき場合に拡張せるに過ぎず.

指数の定まれるときは冪根の大小は基数の大小に伴ふこと明なり. 次に又基数 a を定まれる正数とし, 指数 n の変動に伴ふ冪根の変動を考へ次の諸定理を得.

$\sqrt[n]{1}$ は 1 なるが故に, 基数 a の 1 より大又は小なると共に, $\sqrt[n]{a}$ も亦 1 より大又は小なり.

基数 a が 1 より大なるときは, 指数の増大するに随ひ冪根は減小す. 基数が 1 より小なるときは, 冪根は指数と共に増大す. 即ち

$$a>1, \quad m>n \quad \text{ならば} \quad 1<\sqrt[m]{a}<\sqrt[n]{a} \qquad (3)$$
$$\text{又} \quad a<1, \quad m>n \quad \text{ならば} \quad 1>\sqrt[m]{a}>\sqrt[n]{a}$$

之を証明するには両辺の mn 次の冪を比較すべし. $(\sqrt[n]{a})^{mn}=a^n$, $(\sqrt[m]{a})^{mn}=a^m$ にして a の 1 より大又は小なるに従ひ a^m は a^n よりも大又は小なり.

a の 1 より大なるときは n の増大するに伴ひて $\sqrt[n]{a}$ は減小す. n 愈々(いよいよ)増大して止まずば $\sqrt[n]{a}$ は愈々 1 に近迫して究まる所なし.

証. 先づ $\sqrt[n]{a}$ は n の増大するとき減小すれども決して 1 を下らざるが故に $\sqrt[n]{a}$ は 1 より小ならざる極限を有す. 今仮に此極限 1 より大なりとせば, 之を $1+\varepsilon$ $(\varepsilon>0)$ と名づくるに

$$\sqrt[n]{a} \geq 1+\varepsilon \quad \text{即ち} \quad a \geq (1+\varepsilon)^n$$

は n が如何なる自然数なりとも常に成立すべきなり. 然(しか)れどもこれ有り得べからざる事に属す. げにも $(1+\varepsilon)^{n+1}=$

$(1+\varepsilon)^n(1+\varepsilon) = (1+\varepsilon)^n + \varepsilon(1+\varepsilon)^n > (1+\varepsilon)^n + \varepsilon$. 即ち $(1+\varepsilon)^n$ は指数 1 を加ふる毎に ε より小ならざる増大を来すが故に $(1+\varepsilon)^n > 1+n\varepsilon$ にして，此数は n を限りなく増大して以て竟(つひ)に如何なる数をも超えしめ得べき者なり．

是故に $\sqrt[n]{a}$ の極限は 1 なり．a が 1 より小なるときは $\sqrt[n]{a}$ は n と共に増大して限りなく 1 に近迫す．

(二)[39]

冪の定義を拡張して指数が有理数なる場合に及ぼさんとせば，整の指数につきて一般に成立すべき

$$(a^m)^n = a^{mn}$$

なる関係を基礎とすべし．此法則にして犯すべからずとせられなば $\mu = \dfrac{m}{n}$ を指数とせる冪に之を適用して

$$(a^\mu)^n = a^{\mu n} = a^m$$

を得．即ち a^μ は之を n 次の冪の昂上して，a^m と等しからしむべき数なり．随て

$$a^\mu = a^{\frac{m}{n}} = \sqrt[n]{a^m} \tag{1}$$

となさざるを得ず．又若(も)し之を以て分数を指数とせる冪の定義となすときは，第二章（六）及第六章（二）に説きたる冪の諸性質は，広義の冪につきても亦尽く成立す．即ち

$$a^\mu a^\nu = a^{\mu+\nu}, \qquad a^\mu : a^\nu = a^{\mu-\nu} \tag{2}$$

---

39) 冪の一般の定義はノーベル (Abel)，コーシー (Cauchy) のなせる如く $f(\xi)f(\eta) = f(\xi+\eta)$ 及 f の連続的なること $f(0)=1$, $f(1)=a>0$ を基礎として定め得べし．$f(\xi) = a^\xi$.

$$(a^\mu)^\nu = a^{\mu\nu} \tag{3}$$
$$a^\mu b^\mu = (ab)^\mu, \quad a^\mu : b^\mu = (a:b)^\mu \tag{4}$$

今 $\mu=\dfrac{m}{n}$, $\nu=\dfrac{p}{q}$ と置き，便利の為め n, q は正の整数なりと定むるときは (1) の第一等式は畢竟

$$\sqrt[n]{a^m}\sqrt[q]{a^p} = \sqrt[nq]{a^{mq+pn}}$$

なる等式に外ならず．之を験証せんと欲せば両辺の nq 次の冪を比較すべし．左辺の nq 次の冪は

$$(\sqrt[n]{a^m})^{nq}(\sqrt[q]{a^p})^{nq} = a^{mq} \cdot a^{np} = a^{mq+np}$$

にして (mq, np は正又は負の整数なり) こは明に右辺の nq 次の冪に等し．

(3) の験証は更に簡短なり．両辺の nq 次の冪は共に a^{mp} に等し．(4) も亦容易に験証せらるべし．

$\mu=\dfrac{m}{n}$ と置けば x^μ は $\sqrt[n]{x^m}$ に等しく，即ち x に二つの連続的算法を引続き施せる結果なり．是故に指数 μ の定まれるときは x^μ は x に施せる連続的算法なり．基数 x は正数に限り，x^μ も亦 μ が如何なる（正又は負の）有理数なりとも必ず正数なり．μ 若し正数なるときは x が 0 より漸次増大して已まざるとき，x^μ も亦 0 より漸次増大して究まる所なし．又若し μ が負数なるときは x^μ は単調に減小す．而して x が限りなく増大するとき x^μ は限りなく減小し，又 x が限りなく減小して 0 に近迫するときは，x^μ は却て漸次増大して究まる所なし．

次に基数の定まれるとき，指数 μ の変動に伴ふ a^μ の変動を追蹤せんに，先づ基数が 1 なるときは 1^μ は μ に関係なく 1 に等し．

(二) 一般指数の冪

基数 a が 1 より大なるときは，先づ μ が 0 なるとき a^μ は 1 に等し．μ が正数ならば a^μ は 1 より大なり．げにも $\mu = \dfrac{m}{n}$ と置き m, n を共に自然数となさば，a^m は 1 より大にして前節の定理によりて $\sqrt[n]{a^m}$ は 1 より大なり．又 μ が負数なるときは $\mu = -\dfrac{m}{n}$ と置くに a^μ は $a^{\frac{m}{n}}$ の逆数に等しく $a^{\frac{m}{n}}$ は 1 より大なるが故に a^μ は 1 より小なり．

一般に $a > 1$ なるときは a^μ は指数と共に増大す．即ち $\mu > \nu$ に伴ひて $a^\mu > a^\nu$ なり．げにも $a^\mu - a^\nu = a^\nu(a^{\mu-\nu} - 1)$ にして a^ν は固より正，又 $\mu - \nu$ は正なるが故に $a^{\mu-\nu} > 1$．よりて $a^\mu - a^\nu$ は正数なり．

是故に基数 a が 1 より大なるときは a^μ は μ と共に単調に増大す．今其連続的なるべきを証せんが為に先づ μ が 0 に近迫するとき a^μ は限りなく 1 に近迫するを示さんとす．先づ c を 1 より大にして如何程 1 に近き数なりとすとも，前節の定理によりて

$$1 < a^{\frac{1}{n}} < c$$

なる如き自然数 n は必ず存在す．さて a^μ は μ と共に減小するが故に $0 < \mu < \dfrac{1}{n}$ なるときは

$$1 < a^\mu < c$$

又 μ が負数なるときは μ の絶対値を $\dfrac{1}{n}$ より小ならしむるとき

$$1 > a^\mu > \dfrac{1}{c}$$

にして $\dfrac{1}{c}$ は任意に与へられたる 1 より小なる正数と考ふることを得．

μ が 0 に近迫するとき a^μ の極限 1 に等しきを確め得たる上は a^μ の与へられたるとき
$$a^{\mu'} - a^\mu = a^\mu(a^{\mu'-\mu} - 1)$$
よりて μ, μ' の差を相当に小となして $a^{\mu'-\mu}-1$ 随て又 $a^{\mu'}-a^\mu$ を如何程にても小ならしむることを得. μ の変動に伴ふ a^μ の変動は連続的なり.

a^μ を μ に施こせる算法と見做すとき,こは有理数の範囲に於て連続的なるが故に,μ が無理数なる場合に於ける此算法の意義を補充して,a^μ を数の全範囲に於て連続的ならしむることを得.第十章(五)の定理はここに其最良の例を得たり.μ が無理数なるときは $r_1, r_2, r_3, \cdots$ を以て μ を極限とせる有理列数となすとき
$$a^{r_1}, a^{r_2}, a^{r_3}, \cdots, a^{r_n}, \cdots$$
の極限は即ち a^μ なり.例へば
$$10^{0,43429\cdots} = e$$
は
$$10^{0,4} = 10^{\frac{4}{10}} = 2{,}511886\cdots$$
$$10^{0,43} = 10^{\frac{43}{100}} = 2{,}691534\cdots$$
$$10^{0,434} = 10^{\frac{434}{1000}} = 2{,}716439\cdots$$
$$10^{0,4342} = 10^{\frac{4342}{10000}} = 2{,}717690\cdots$$
$$10^{0,43429} = 10^{\frac{43429}{100000}} = 2{,}718253\cdots$$
$$\cdots\cdots\cdots\cdots\cdots\cdots\cdots\cdots$$
等の漸次近迫する極限 $2{,}7182818\cdots$ に外ならず.

斯(かく)の如くにして指数 μ の凡(すべ)ての値の上に拡張せられた

る冪 a^μ を μ に施せる算法と考ふれば，この算法は数の全範囲を通じて連続的にして，基数 a が 1 より大又は小なるに従ひて a^μ は μ の増大すると共に単調に増大し，又は減小して凡ての正の値を採る．

指数が有理数なる場合に於て証明せられたる (1) (2) (3) 等の諸定理は，指数が無理数なるとき仍(なほ)成立す．第十章（五）を参照すべし．

（三）

基数 a の与へられたるときは a^x は x に伴ひて単調に且つ連続的に変動するが故に，第一章（六）の定理によりて此算法の転倒は，其結果唯一にして亦単調，連続的なり，即ち y を任意の正数となすとき

$$y = a^x$$

なる条件を充実すべき x は y と共に一定す．x を y の対数（ロガリズム）或は尚精密に，a を基数としての y の対数と云ひ，之を表はすに次の記法を以てす．

$$x = \log_a y \qquad (y > 0)$$

対数は正数の全範囲を通じて連続的の算法にして，基数 $a\,(a>0)$ の 1 より大又は小なるに従ひて単調に増大又は減小す．特に

$$0 = \log_a 1, \qquad 1 = \log_a a$$

前節の (1) (2) (3) より次の関係を得．

$$y_1 = a^{x_1}, \qquad y_2 = a^{x_2}$$

と置くときは

$$y_1 y_2 = a^{x_1+x_2}, \quad \frac{y_1}{y_2} = a^{x_1-x_2}$$

よりて

$$x_1 = \log_a y_1, \quad x_2 = \log_a y_2$$

より

$$x_1 + x_2 = \log_a y_1 y_2, \quad x_1 - x_2 = \log_a \frac{y_1}{y_2} \tag{1}$$

を得．或は

$$\begin{aligned} \log_a y_1 + \log_a y_2 &= \log_a y_1 y_2 \\ \log_a y_1 - \log_a y_2 &= \log_a \frac{y_1}{y_2} \end{aligned} \tag{1*}$$

積の対数は因子の対数の和に等しく，商の対数は実の対数と法の対数との差に等し．積の場合に於て因子の数二個より多くとも此事実は無論成立す．

又 $y = a^x$, $y^\mu = a^{x\mu}$ より

$$x = \log_a y; \quad \mu x = \log_a y^\mu \tag{2}$$

或は

$$\mu \log_a y = \log_a y^\mu \tag{2*}$$

冪の対数は基数の対数と指数との積に等し．

対数が実用上の計算に於て極めて重要なるは以上の二性質に基く．之によりて対数表を用ゐて数の乗法除法を其対数の加法，減法に，又冪の計算を対数の倍加に帰着せしむることを得べきなり．

又 a, b を以て二つの正数となし

$$a = b^\mu \tag{3}$$

と置けば
$$a^x = b^{\mu x}$$
にして此相等しき正数を y と名づくれば
$$x = \log_a y, \qquad \mu x = \log_b y$$
即ち
$$\log_b y = \mu . \log_a y \qquad (4)$$
にして (3) より
$$\mu = \log_b a = \frac{1}{\log_a b} \qquad (5^*)$$
a を基数とせる対数より, b を基数とせる対数に移らんと欲せば, 前者に $\log_b a$ を乗ずべし.

基数 a が 1 に等しきときは $1=1^x$ なるが故に, 此場合は之を排斥すべし. 実用上に於てなさるるが如く, 基数 a を 1 より大となさば, a^x は x が正なるとき 1 より大にして, 又 x が負なるとき 1 より小なるが故に, 1 より大なる数の対数は正, 1 より小なる数の対数は負なり. 又基数より大なる数の対数は 1 より大にして, 基数より小なる数の対数は 1 より小なり.

常用対数 (ブリッグス対数) に於ては 10 を基数とす. 10 を基数とするときは
$$y = 10^x$$
と共に
$$y \times 10^m = 10^{x+m}, \qquad y : 10^m = 10^{x-m}$$
なるが故に, y を十進命法に表はせるとき, y の小数点の位置の変動は, 其対数 x に整数を加減するに帰す. 是故

に若し例へば1と10との間にある諸数の対数を知らば，之よりして直に凡ての数の対数を知り得べし．

理論上の考究に於て用ゐらるるは所謂(いはゆる)自然対数（ネピール対数）にして，e なる文字を以て表はさるる数を基数とす．e は自然数 m が限りなく増大するとき

$$\left(1+\frac{1}{m}\right)^m$$

の近迫する所の極限にして，其値は次の如し．

$$e = 2{,}7182818284\cdots$$

対数表の創作者ジョン・ネピールは[40]

---

[40] ネピール（John Napier, 1550–1617）スコットランドの人．「ロガリスム」の語を創む．其書千六百十四年を以て世に出でたり．ネピールに先(さき)つこと数年瑞西の人ヨースト・ビュルギ（Joost Bürgi, 1552–1632）既に対数を発見せるも，秘して世に示さず．創見の桂冠を失ふ．

ブリッグス（Henry Briggs）ネピールの友，其対数表は千六百十七年及同二十四年印行せらる．

○一つの有理数と一つの無理数との和，差，積，商は無理数なり．α が無理数にして r が有理数なるときは，$-\alpha, \frac{1}{\alpha}, \alpha+r, r\alpha$ は尽く無理数なり．α, β 共に無理数なるときは $\alpha \pm \beta, \alpha\beta, \alpha:\beta$ は必しも無理数ならず．

a が有理数にして，而も或有理数の n 次の冪に等しからずば $\sqrt[n]{a}$ は無理数なり．$\sqrt[n]{a}$ は即ち所謂不尽冪根なり．若干の有理数の間に四則及び開法を施こして作り得べき数，例へば $1+\sqrt{2}, (\sqrt{5}+\sqrt[3]{2}):\sqrt{3+\sqrt{2}}$ の如き数を現今の数学にて「根数」Radicalzahl, Wurzelgrösse と言ふ．

往昔は斯の如き数を代数的の数といへり．現時にありては代数的の数といふ語は一層広き意義を有し，根数は其特例となれり．（上文参照）

$$(1{,}0000001)^{10000000} \quad (m = 10^7)$$

を用ゐたり．

e なる数の起源を説明せんこと此冊子の分に過ぎたり．対数表の用法及び対数計算の巨細はた然り．

(四)

開法及び一般に $\sqrt[n]{a}$ の計算には，実際上対数表を用ゐるを便利とす．此処には其最簡単なる場合，即ち開平法の演算を簡略に説明せんとす．

正数 a が十進命数法に於て与へられたるとき，其平方根 $\sqrt{a}$ の十進展開を求む．

平方根は一般に無限小数なるべきが故に，求むる所の者は，根の首位若干なり．小数第 n 位即ち 10^{-n} の位まで計算して根の値 r_n を得たりとせば（n が 0 又は負の整数なるとき亦同じ）

$$10^{-n} > \sqrt{a} - r_n \geqq 0, \quad r_n + 10^{-n} > \sqrt{a} \geqq r_n$$

よりて a の数字を 10^{-2n} の位まで採りて作れる整数を A，又 r_n の数字より成れる整数を Q と名づけ

$$a = (A + a')10^{-2n} \quad 1 > a' \geqq 0$$
$$r_n = Q \cdot 10^{-n}$$

不尽冪根を含める根数は無理数なり．然れども無理数必しも凡て根数ならず．例へば 1 と 2 との中間に $x^5 - 5x = 5$ なる如き数唯一個あり．此数は無理数なり　然れども根数にあらず．

e, π は無理数なれども根数にはあらず．「代数的の数」にてもなし．此種の事実は高等数学の圏内に属せり．唯無理数と根数との混同すべからざるを忘るべからず．

と置かば $\sqrt{a} \geq r_n$ より $a \cdot 10^{2n} = A + a' \geq Q^2$. さて A, Q は自然数にして a' は 1 より小なるにより $A \geq Q^2$. 又 $(r_n + 10^{-n})^2 > a$ より $(Q+1)^2 > A + a'$. 随て前の如く $(Q+1)^2 > A$ を得. 即ち

$$(Q+1)^2 > A \geq Q^2$$

Q は其平方 A を超えざる最大の自然数なり. 即ち a の平方根を 10^{-n} の位まで計算せんと欲せば, a を 10^{-2n} の位まで採りて作りたる整数 A' の平方根の整数部分 Q を求めて之を 10^n にて除すべきなり.

a の数字を一の位より始めて左右に二つづつに句切り, 之を

$$a = a_k (100)^k + a_{k-1}(100)^{k-1} + a_{k-2}(100)^{k-2} + \cdots$$

なる形となす. ここに a_k, a_{k-1}, a_{k-2} はいづれも百より小なる整数にして, a_k の附数 k は其 100^k の位に属せるを示せり. k は正又は負の整数又は 0 なることを得. 斯くするときは 10^k は平方根の最高位を与ふ. げにも $\sqrt{a}$ を 10^k の位まで求めんと欲せば, 前に言へる所によりて $A = a_k$ にして $Q = q_k$ は其平方 a_k を超えざる最大の整数, 随て 1 乃至 9 の外に出でず. q_k を定むるには順次 1 より 9 にわたる整数を点検すべし.

一般に

$$\sqrt{a} = (q_k q_{k-1} q_{k-2} \cdots)$$

と置くときは $(q_k q_{k-1}), (q_k q_{k-1} q_{k-2}), \cdots$ は $A = (a_k a_{k-1})$, $(a_k a_{k-1} a_{k-2}), \cdots$ の平方根の「整数部分」なり. ここに q は数字, a は二個の数字の連続を表はせるに注意すべし. 根

の数字の決定は循進的なり．

今相当の A を採りて根の首位の数字若干個，例へば 10^n の位まで，既に決定せられたりとし，即ち

$$(Q+1)^2 > A \geq Q^2, \qquad Q = (q_k \cdots q_n)$$

なる整数 Q を得たりとし，更に進みて根の数字一個 q_{n+1} を求めんが為に，a_{n+1}, q_{n+2} を姑らく略して a', q' と書き，a' を A の結尾に添附して

$$A' = A.10^2 + a' \qquad 100 > a' \geq 0$$

を作り

$$(Q'+1)^2 > A' \geq Q'^2, \qquad Q' = Q \times 10 + q'$$

と置く．q' は１乃至９の数字を点検して之を定め得べしと雖，其煩労を成るべく節約せんが為に，次の計算を行ふ．先づ

$$R = A' - Q^2 \times 100 = (A - Q^2) \times 100 + a'$$

と置き $A' \geq Q'^2$，$Q'^2 = Q^2 \times 100 + 20Qq' + q'^2$ より

$$\frac{R}{20Q} \geq q' + \frac{q'^2}{20Q}$$

を得．q' は此不等式に適合すべき最大の整数なり．是故に q' は決して $R:20Q$ なる商の整数部分を超えず．此事実を利用して q' を定むる点検の区域を縮小することを得．Q が二桁以上の数なるときは $\frac{q'^2}{20Q}$ は１より小なるが故に，q' は一般に $R:20Q$ の整数部分に等し．

既に q' を決定し得たる後，更に根の次位の数字 q'' 詳しく言はば q_{n-2} を決定せんと欲せば，A' の末尾に a''（即ち a_{n-2}）を添附して $A'' = A' \times 100 + a''$ を作り，又 $R' = A''$

$-Q'^2\times 100$ を求む. R' を求むるには
$$R' = (A'-Q'^2)\times 100 + a''$$
$$A'-Q'^2 = (A-Q^2)\times 100 + a' - 20Qq' - q'^2$$
$$= R - (20Q+q')q'$$
を用ゐるべし.

例へば 2 の平方根を求むるに
$$a = \overset{0}{2}|\overset{-1}{00}|\overset{-2\cdots}{00}\cdots$$

即ち a_k は 2, k は 0, a_{k-1} 以下 尽(ことごとく) 0 なり. 先づ $q_0=1$, $R=100$
$$R : 20q_0 = 5 \geqq q_1$$
q_1 は実は 4 なり. 次に
$$R' = \{100-(20+4)\times 4\}\times 100 = 400$$
$$R' : 20Q' = 400 : 280 = 1 \geqq q_2$$
此場合には q_2 は 1 なり. 此計算をば次の如く排列す.

$$\sqrt{2{,}00000000} = 1{,}4142\cdots$$

```
              1
             ───
             100
    24        96
             ───
             400
   281       281
            ─────
            11900
  2824      11296
            ─────
            60400
 28282      56564
            ─────
             3836
```

左側の 2, 28, 282, 2828 は即ち逐次の $2Q$ にして其右端に該当の q' を添附して 24, 281, 2824, 28282 を作る. 之に q' を乗じて得たる積を逐次引きて R' を作る. 又 24, 281, 2824 に其末尾の数字を加へて, 即ち $20Q+q'$ に q' を加へて 28, 282, 2828 即ち $2Q'$ を得. 布置の技巧を見るべし.

又一般に A の平方根の整数部分 Q を定め得たるとき, a を以て 10^{2n} より小なる数となして

$$A_1 = A \times 10^{2n} + a \ ; \quad \sqrt{A_1} = Q \times 10^n + x$$

と置き, x を求めんとするに, 上の関係より

$$\frac{A_1 - 10^{2n}Q^2}{10^n} = 2Qx + \frac{x^2}{10^n}$$

左辺の数を計算して之を R と名づけ, 又 x の 10^n より小なるに着眼して

$$2Qx + x > R \geqq 2Qx$$

を得. 故に

$$\frac{R}{2Q} \geqq x > \frac{R}{2Q+1}$$

を得. x は $\dfrac{R}{2Q}$ と $\dfrac{R}{2Q+1}$ との中間にあり. 此二つの商の数字の一致する限りは, 即ち x の首位にして

$$\frac{R}{2Q} - \frac{R}{2Q+1} = \frac{R}{2Q(2Q+1)} < \frac{R}{4Q^2}$$

なるが故に, 此等の商と x との差は $\dfrac{R}{4Q^2}$ を超えず.

例へば 20000 の平方根の整数部分 141 を求め, 開平剰余 119 を得たる時, 根の小数部分を求めん為に

$$\frac{119}{282} = 0{,}421\cdots$$

$$\frac{119}{283} = 0{,}420\cdots$$

を計算し，根の数字小数点以下二位を確むることを得たり．

此方法によりて平方根を予定の位まで定むべき場合に於て，其位数の大約前一半を計算せる後，他の一半を除法によりて決定することを得．

329

附　録
学用語対訳

相素なり　relatively prime.
因数（因子）　factor.
エラトステネスの篩（ふるい）　sieve of Eratosthenes, crible d'Eratosthène.

数　number, nombre, Zahl.
　有理数　rational n.
　有限小数　finite decimal fraction, endlicher Decimalbruch.
　カルヂナル数　cardinal n. Cardinalzahl, Grundz.
　幹分数　Stammbruch, fraction primitive.
　既約分数　irreducible tr., fr. in the lowest terms.
　奇数　odd n., n. impair, ungerade Z.
　偶数　even n., n. pair, gerade Z.
　合成数　composite n., zusammengesetzte Z.
　自然数　natural n.
　順序数　ordinal n.
　小数　decimal fraction, Decimalbruch.
　循環小数　recurring d. f., f. d. periodique, periodischer D.
　正数　positive n.

整数　integer, whole n., n. entier, ganze Z.

素数　prime n., Primzahl.

分数　fraction, Bruch.

負数　negative n.

無限小数　infinite d. f.

下限　untere Grenze （untere Schranke）.

加法　addition.

間隙　interval.

基数（冪の，対数の）　base.

基本列数　Fundamentalreihe.

記数法　notation (of a n.), numeration écrite.

近似値　approximative value, Näherungswert.

極限　limit, Grenze.

組合はせの法則　associative law, a. Gesetz.

係数　coefficient.

減法　subtraction.

桁　order, Stelle.

公倍数（最小――）　common multiple, least com. m.; gemeinsames Vielfaches, kleinstes gem. V.

公約数（最大――）　common divisor, greatest com. d., gem. Teiler, grösster gem. T.

公約数なき量　teilerfremde Zahlen.

公約なき量　incommensurable quantities.

交換の法則　commutative law, com. Gesetz.

算法　operation.

　順の――　direct op.

逆の―― inverse op., indirect op.
　　合の―― Thesis.
　　離の―― Lysis.
算法の形式上不易　Permanenz der formalen Gesetze.
最大，最小　maximum, minimum.
四則　vier Species.
指数　exponent, index.
振幅　Schwankung.
週期　period
集積点　Häufungsstelle, Verdichtungspunkt, point limit.
数字　figure, digit, Ziffer.
乗法，乗数，被乗数　multipli-cation, -er, -cand.
除法，除数（法），被除数（実）　divi-sion, -sor, -dend.
十進法　decimal system.
上限　obere Grenze （obere Schranke）.
循進的（循環的）　recursive.
絶対値　absolute magnitude, valeur abs., abs. Betrag.
切断　Schnitt.
相合式　congruence.

単位　unit, unité, Einheit.
単調　monotone.
対数　logarithm.
　　自然 ―― natural log.
　　常用―― common log., log. vulgaire, gemeiner Log.
抽象の量　abstract quantity.
転倒　inversion, Umkehrung.

展開　development, expansion, Entwickelung.
程度まで（δの——）　à δ près.

倍数　multiple, Vielfaches.
倍加　Vervielfältigung, multiplication.
比　ratio, rapport, Verhältnis.　比例　proportion.
標準形式　normal form.
分配の法則　distributive law, dis. Gesetz.
部分的分数　partial fractions, Partialbrüche.
分母　denominator, Nenner.　分子　numerator, Zähler.
符号（正負）　sign, Vorzeichen.
　——の法則　rule of the signs.
不定方程式　indeterminate equation, unbestimmte Gleichung.
冪　power, puissance, Potenz.
　——根　(radical) root, racine, Potenzwurzel.
法　（相合式の）　modulus.

命数法　numeration, Benennung.

約数　divisor, submultiple, Teiler.
　真の——　proper d., eigentlicher T.
　仮の——　improper d., uneig. T.
　填補——　complementary d.
ユークリッドの法式　Euklidisches Algorithmus.

量　quantity, Grösse.

具体的の―― concrete qu.

　抽象的の―― abstract qu.

連続　continuity, Stetigkeit.

　――的　continuous, stetig.

列数　series, Reihe.（Zahlenreihe）

　無限―― infinite s., unendliche Reihe.

解説 『解析概論』への序章

高瀬正仁

岐阜県数屋村に生まれる

　高木貞治(たかぎ・ていじ)は1875年(明治8)4月21日, 岐阜県の南西部に位置する本巣市に生れた数学者である. 本巣市というのは現在の住所表記による呼称だが, 本巣市の発足は2004年(平成16)2月のことであり, 高木の生誕時の生家の住所表記は「岐阜県大野郡数屋村557番地」であった. その後, 本巣郡数屋村, 本巣郡一色村数屋, 本巣郡糸貫村数屋, 本巣郡糸貫町数屋(糸貫村が糸貫町に変った)と変遷し, 2004年, 本巣郡の三町一村(本巣町, 真正町, 糸貫町, 根尾村)が合併して現在の本巣市が成立した. 明治8年の時点から数えると, この間, 129年という歳月が流れている. 本巣郡の郡名は市名へと変容した. 一色村の一色も糸貫村, 糸貫町の糸貫も本巣市内の地名としてはもう見あたらないが, 数屋という地名は存続し, 本巣市数屋には今も生家がある. 現在の当主は高木貞治の弟の保吉の孫の高木英美さんである. 数屋という地名に「数」

の一語が見られるのがおもしろく，類体論という数の理論の建設者の高木貞治の生地にいかにも相応しい感じがある．

JR 東海道本線の大垣駅から樽見鉄道の樽見線に乗ると，揖斐川水系の根尾川に沿いながら本巣市に入り，糸貫駅，本巣駅，織部駅などを通って終点の樽見駅に到着する．本巣駅まで大垣から 16 キロ，樽見駅まで 35 キロ．糸貫駅の駅名には，かつて存在した糸貫村，糸貫町の名残りがとどめられている．織部は安土桃山時代の茶人，古田織部の生誕の地である．樽見駅の所在地は旧根尾村地区で，ここには日本三大桜のひとつに数えられる薄墨桜がある．生地も人も大きく変容したが，本巣市には本巣市の成立以前の糸貫町の時代から「高木貞治博士記念室」があり，長い期間にわたって顕彰事業が続けられている．ご遺族から提供された多くの基本資料を整理して，詳細な解説付の

「世界的な数学者　高木貞治博士資料・遺品目録」

も編纂されたが，奥付を見ると一年前の「平成 19 年 3 月 31 日」という日付が目に留まる．数学者「高木貞治」の学問と人生は，郷里の人々の心に今も生きて働いているのである．

1882 年 (明治 15)，高木貞治は一色学校に入学した．現在の一色小学校の前身だが，当時の校名は一色「小学校」ではなく，一色「学校」である．卒業したのはわずか 4 年後の明治 19 年 (1886) で，短すぎるような感じがあるが，8 年の課程を飛び級で進学して 4 年で終えたといわれている．

明治初期のことであり，学制も未整備で，しばしばあらためられて複雑に変遷した．明治15年当時の制度では小学校の課程は教育令を基礎にして定められていて，初等科3年（6歳から9歳まで），中等科3年（9歳から12歳まで），高等科2年（12歳から14歳まで）の計8年で修了するのを原則としたが，厳格に8年と決められたわけではなく，高木貞治の場合のように早々に修了することも可能だったのである．ただし，正確に何月に入学し，何月に卒業したのかという点は明確ではなく，よくわからない．

本巣市で作成した「資料・遺品目録」に「蟻説(ぎせつ)」という作文の写真版が掲示されているが，そこには「一色学校高等二年前期生」「十歳四ヶ月」と記されている．10歳4か月といえば生誕日の明治8年4月21日から数えて明治18年8月ころにあたることになる．他方，同じ「資料・遺品目録」に出ている岐阜県尋常中学の卒業証書には，生誕日が「明治九年一月生」と明記されていて，やや不可解な印象がある．この時代にはこのような例は多かったようで，1901年（明治34）に紀州和歌山の山村，伊都郡紀見村に生れた数学者の岡潔は，実際の生誕日は4月19日であったにもかかわらず，戸籍上では3月19日になっている．父親に考えがあって1か月早く役場に届けられたのである．高木の場合にも何かしら都合があって7か月遅く届けが出されたのではないかと思われるが，この記録を採ると，高木が「蟻説」を書いたのは明治19年5月ころで，高等科2年前期に在学中であったことになる．

高等2年というのは高等科の第一年目のことであるから，初等科と中等科の6年の課程を3年で終えて高等科に進んだことになる．「前期」というのもややわかりにくいが，当時の小学校では各学年の履修課程はそれぞれ半年ずつ，前期と後期に分かれていた．このあたりの消息は今日の大学と同じである．高木の後年の回顧録「中学時代のこと」（「学図」第1巻，第3号）を見ると，「十二の年に，郷里の小学校の上等科七年前期というものを，卒業か中退かして，明治十九年（1886）の六月に岐阜の中学校へ入った」と記されている．「十二の年」（数え年であろう）や「上等科」など，検討を加えなければならない事項もあるが，諸事を勘案すると，高木は一色学校の高等科第一学年を飛ばして明治19年の5月または6月に小学校を中退し，それから中学に進んだとみてよいのではないかと思う．

　明治19年6月，高木貞治は岐阜町の岐阜県中学校に入学した．そのころ岐阜町はまだ市ではなかったが，高木の在学中の1889年（明治22），周辺の諸村と合併して岐阜市が成立した．あれこれのことがみな形成過程にあった時期であり，高木の人生は日本の近代史の流れとともにあったのである．岐阜県中学校は現在の岐阜県立岐阜高校の前身で，1873年（明治6）に「仮中学」という名で発足したときにさかのぼる古い歴史をもつ学校である．高木の入学した年の翌年1月，名称が変わって岐阜県尋常中学校となった．卒業は5年後で，「資料・遺品目録」に出ている卒業証書には明治24年3月31日という日付が記入されている．

本文を見ると,「尋常中学科卒業候事」とのみ記されているが, 尋常中学科があるなら高等中学科もある道理であり, 卒業した年の9月, 高木は京都の第三高等中学に入学し, ここで河合十太郎に数学を学んだ.

　第三高等中学は第三高等学校の前身で, ともに三高と略称されることが多いが, 高木が入学した当時の三高はまだ第三「高等中学」であり, 学制が変わって第三「高等学校」と名称が変わったのは, 高木が卒業した直後の明治27年9月のことであった.

河合十太郎に学ぶ

　三高では河合十太郎に数学を学び, 深い影響を受けて数学への関心を深めていった. 同期に吉江琢児, 一年上に林鶴一がいた. 吉江は東大で高木の同僚になった数学者であり, 林は東北帝大の数学者である. 林と同じ東北帝大の数学者の藤原松三郎も三高の出身で, 高木より少し後輩になるが, やはり河合門下であった. 高木は長い期間にわたって東大で教え, 日本の近代数学の基盤を作ることになる多くの数学者を育てたが, 高木と同世代の数学者に目を向けると, 吉江や林や藤原など, 三高の河合門下の人々が際立っている. その河合に数学を教えたのは関口 開という人物であった.
<small>せきぐちひらき</small>

　河合は加賀藩士の子弟で, 慶應元年 (1865) 5 月, 金沢に生まれた人であるから, 高木が三高に入学した明治24年

にはまだ数え年26歳にすぎなかった．加賀藩の旧士族のための教育機関として開設された啓明学校という学校に入学し，ここで関口開に代数と幾何を学んだ．関口はもともと和算家だった人だが，洋算，すなわちヨーロッパの数学を独学で学び，トドハンター（イギリスの数学者）の代数，幾何，微積分，力学などの諸著作を翻訳して洋算を学ぶための教科書を作成した．河合のほか，石川県専門学校（第四高等中学，第四高等学校の前身）で西田幾多郎（哲学者）に数学を教えた北条時敬も関口の門下生である．

下村寅太郎（西田学派の数理哲学者）のエッセイ

「"高木貞治の生涯"落穂拾い」（「数学セミナー」1976年2月号）

を見ると，西田幾多郎が高木貞治に言及したという談話の記憶が語られている．下村の言葉をそのまま写すと，近代日本数学の伝統は金沢の関口開の門下から河合十太郎が出て，河合門下から高木貞治その他の人々が生まれ，これではじめて日本の数学がヨーロッパ的水準に達した．その意味で日本の近代数学の系統は金沢に発するというのが西田の意見であったとのことで，おもしろい指摘と思う．京都に帝大ができると河合は京大に移り，晩年，岡潔を教えた．河合門下という視点から見ると，高木と岡は同門の兄弟弟子であることになる．

1894年（明治27）7月，高木は三高を卒業し，帝国大学理科大学数学科に入学した．帝国大学は東京帝国大学の前身だが，高木の入学当時，帝国大学は日本にひとつしかなか

ったから名称に「東京」と冠する必要はなく，単に「帝国大学」というのが正式な呼称であった．ところが卒業間際の明治 30 年 6 月 18 日付で京都に第二の帝大が設置されたため，従来の帝大は東京帝大と改称されて，いわゆる「東西両京の帝大」が成立した．「理科大学」という呼称も今日の目には慣れないが，帝国大学の傘下にいくつかの分科大学が連なっているのが当時の大学の姿であった．発足時の分科大学は法，医，工，文，理の五つだったが，高木が入学したときは農科大学もあった．各々の分科大学には学長がいたから，帝国大学の長は「総長」と呼ばれたのである．分科大学制は大正 8 年まで継続し，その後，学部制に移行した．大正 11 年 4 月，三高から京都帝大に進んだ岡潔の所属先は（理科大学ではなくて）理学部数学科であった．

明治 30 年 7 月 10 日，高木は東京帝国大学を卒業し，それから大学院に入学した．

原書に学ぶ

帝国大学には菊池大麓と藤沢利喜太郎という二人の数学者がいた．菊池はイギリスで数学を学んだ人で，帰国後，イギリスの数学者クリフォードの著作『Common sense of the exact sciences（精密諸科学の常識）』の翻訳書『数理釈義』（博聞社，明治 19 年刊行）などを世に出し，日本にヨーロッパの近代数学を移植するうえで基礎的な役割を果たしたが，やがて帝大総長や文部大臣などの顕職を歴任する

ようになり，数学から離れていった．高木と同期の吉江琢児が遺した講義ノートを参照すると，一年生と二年生のときは菊池の解析幾可学，高等幾何学，力学の講義を聴き，藤沢の微分積分，微分方程式論と楕円関数論の講義を聴いているが，三年生になると菊池は文部省に移ってしまい，数学の教授は藤沢ひとりになってしまった．三年生のときの数学の講義は藤沢の関数論のみであり，ゼミの指導教官も藤沢であった．

帝大の状況はこんなふうで，講義が非常に少ないうえに学風もまた自由であった．藤沢もまた，なんでもいいから本は勝手に読めと奨励するというふうで，高木はもっぱら独学で数学を勉強したようである．高木には大学院に在学中，すでに『新撰算術』（博文館，帝国百科全書第六篇，明治31年刊行）という著作があるが，後年のエッセイ集『数学雑談』（共立出版，昭和10）を見ると，「（『新撰算術』を書いたのは）田舎の高等中学校（註．京都の三高を指す）から出て来て，大学の図書室で，自由に「原書」に接触することのできるのを，無上の幸福と思うていた，あの頃である」と，当時の勉強ぶりが回想されている．そうしてフランスの数学者タンネリーの著作『実一変数関数の理論入門』(1886) の書名を挙げて，「今でも感謝の念を以って記憶している」と言及した．高木はこの本の初版を読み，無理数論の洗礼を受けたというのである．同じ本郷の図書室で，フランスの数学者ジョルダンの『解析教程』も読んだ．高木が手にしたのは第二版（全3巻，1893-1896年）の第一巻

解説 『解析概論』への序章

で，フランス式装幀の書物のページを切りながら読み進めたのである．ドイツの数学者デデキントの著作も探し出したし，クレルレの数学誌（ドイツの数学者クレルレが創刊した学術誌「純粋応用数学誌」）や，同じくドイツの数学誌「数学年報」の古い諸巻も「塵を払うて」読んだ．カントールもハイネも，「原著でも，取次でも，取次の取次でも，見境なく」読みふけり，この勉強の中から生まれたのが，無理数論をテーマとする作品『新撰算術』なのであった．6年後の明治37年に刊行された『新式算術講義』は『新撰算術』の増補改訂版のような性格の著作で，眼目はやはり無理数論にあり，第八章，第九節に寄せた註釈を見るとカントール，ハイネ，デデキント，タンネリー，ジョルダンの名が挙げられている（本書 p. 241，脚註参照）．往時の勉強ぶりが偲ばれる場面だが，ここにはヴァイエルシュトラス，メレー（フランスの数学者），ディニ（イタリアの数学者），ストルツ（オーストリアの数学者）の名も加わっている．三高で河合十太郎に会って数学の火を心に灯された高木にとって，このような原書が豊富に揃っているところにこそ，帝大の値打ちがあったのである．

　この二冊の作品の間には，高木は洋行してドイツに留学するという大きな出来事を体験した．『新撰算術』の発行日は明治31年5月27日と記録されているが，翌6月22日付で大学院を退学し，同月28日付で文部省からドイツ留学の辞令を受け，インド洋経由でヨーロッパに向かった．8月31日，横浜出航．10月13日，ベルリン到着．留学中

の明治33年6月14日付で東京帝国大学理科大学助教授に任ぜられた．高木はこのとき満25歳で，ゲッチンゲンに逗留中であった．明治34年12月4日，帰国．即日，新設の数学第三講座「代数学」の担当になった．明治36年12月16日付で理学博士．翌明治37年5月3日，東京帝国大学理科大学教授に任命された．菊池，藤沢に継いで，東大で三人目の数学の教授である．『新式算術講義』が刊行されたのは，同年6月30日のことであった．

源泉の源泉に学ぶ　最初の洋行

「1898と1904との間に於いて，筆者は欧洲留学の機会を享受した」と高木は『数学雑談』において語っている．「本郷の図書室での独り合点には，聊か不安がないでもなかったが，学問の源泉に接触したならば，源泉の源泉ともいうようなものがあるのではなかろうか，というような空想を抱いていた」というのである．日本で親しんだ一群の「原書」を学問の源泉と見るならば，ヨーロッパにはそれらの原書を実際に執筆した数学者たちがいた．彼らこそ，源泉の源泉と見るべき存在である．書物は「人」の作り出す影である．京都から東京に出て「原書」に親しんだ高木にとって，欧米の数学者たちの世界には，会わなければならない一群の人々がいたのである．

高木ははじめベルリン大学でフロベニウス，シュヴァルツ，フックスの講義を聴講した．かつてベルリン大学には

解説 『解析概論』への序章

ヴァイエルシュトラス，クロネッカー，それにクンマーという，19世紀の数学の世界を代表する三人の偉大な数学者が揃っていたが，高木の洋行時には後継者たちの時代へと移っていた．後年の回顧録「回顧と展望」(昭和15年12月7日，東京帝大数学談話会における講演記録)によると，なにぶんにも西洋の学者を神様のように思っていた時代のことで，数学といえばドイツ，ドイツといえばベルリンと言われていたというので，怖気をもちながらもともあれベルリンに向かったが，あまり収穫はなかったようである．シュヴァルツはヴァイエルシュトラス直伝の無理数論を論じたが，「一言一句を聖典として取り扱う」(『数学雑談』)という講義ぶりで，高木の見るところ，如何にヴァイエルシュトラスといえども「その一言一句が凝固して聖典に化石してしまうのでは，迅速に時の風化作用を受けずばなるまい」(同上)というのであった．それにシュヴァルツもフックスもすでに相当に高齢で，高木がベルリンに到着した1898年の時点で，シュヴァルツは55歳，フックスは65歳である．一番若いフロベニウスは49歳で，講義ぶりはきびきびして活気があったが，秘密主義のようで，この時期に研究中の群指標の理論は講義しないし，セミナーにもコロキウムにも顔を出さなかった．世界の数学の最高峰と目されたベルリンにこわごわと飛び込んでみたものの，だんだん様子がわかってくると，物足りない心情に傾いていった．再び『数学雑談』から引くと，「ケルペル論」(「体」の理論)に立脚した青年デデキントの深みも，集合論を握っていた

青年カントールの強みも感得されなかった．そこで高木はベルリン逗留を一年半ほどで切り上げて，1900年の春，ゲッチンゲンに向かったのである．

ゲッチンゲン大学はガウス，ディリクレ，リーマンと続く偉大な伝統を継ぐ大学で，1900年当時には51歳のクラインと38歳のヒルベルトがいた．次に挙げるのも『数学雑談』(共立出版，昭和10；昭和45，2版発行) からの引用である．

> 青年の心は動き易い．Riemannへ！　ゲッチンゲンへ！　その頃既に偉才H.先生の壮年的禿頭が陸離たる光彩を発揮していたのである．コーシー何物ぞ，ワイヤストラス何者ぞ，批判的数学の最高峰は，皮肉にもガウスのDisquisitionesと同じように，世紀の変わり目に現出した「幾何学原理」ではないか．(『数学雑談』p.121．2版から引用．同書引用は以下も同版)

Riemannはリーマン，「偉才H.先生」はヒルベルトを指す．「H.先生の壮年的禿頭」という言葉もおもしろいが，高木がはじめて会ったころのヒルベルトは前頭部がみごとに禿げ上がっていた．『幾何学原理』(邦訳『幾何学基礎論』，ちくま学芸文庫，中村幸四郎訳) は数学におけるヒルベルトの公理的思考をよく示す著作であり，高木のいうように，19世紀から20世紀へと移ろうとする1899年に刊行された．コーシーはフランスの数学者．ガウスのDisquisitiones というのは，高木の類体論へと続く代数的整数論の端緒を開いた傑作 "Disquisitiones arithmeticae"（邦訳『ガウス整数論』，朝倉書店の数学史叢書の一冊）のことで，『幾何学原理』と同じ世紀の変わり目の 1801 年に刊行されている．この作品に現われたガウスの遺産はクンマーやクロネッカーに継承されて代数的整数論が形成されたが，ヒルベルトはこの埋論形成の流れを総括し，1897 年，『数論報告』と呼ばれる長大な報告書を作成した．単なるレポートではなく，ここには類体論へと向かう数学的アイデアが秘められていて，高木の整数論研究を誘ったのである．

ヒルベルトの『幾何学原理』は，『新式算術講義』の成立に深い影響を及ぼした．次の言葉も『数学雑談』から引いた．

> その「幾何学原理」の雰囲気に浸りつつ思うたことであるが，素朴なる幾何学的直覚から独立して，無理数論を確立することの必要を認めて，且つそれに成功したのは，Weierstrass 然り，Dedekind 然り，Cantor（勿論 Georg），Méray 然りである．（『数学雑談』p. 121）（註．Weierstrass はヴァイエルシュトラス，Dedekind はデデキント．Cantor（勿論 Georg）はカントールだが，もうひとり，モーリッツ・カントールという著名な数学史家がいるので，「勿論ゲオルク」と言い添えて区別した．Méray はメレー．）

これらの人々は量と数を区別し，量の概念を放逐して無理数論を組み立てたと高木はいう．高木はその点に着目し，量の理論を背景に据えた独自の無理数論を構想した．高木の言葉は続く．

> これらの諸家が量と数との差別を強調したのは当然である．それは，しかしながら，「克服されたる立脚点」である．何時までも，戦々兢々として，量に触れることをこれおそれるのが，解析教程の能事でもあるまい．連続的量論と切り離した無理数論は存在理由を欠くものであろう．連続的量論を確然たる基礎の上に築き上げて，それを無理数論の背景にすべきこと，当然である．連続的量の論は畢竟一次元幾何学に外ならない．「幾何学原理」は一次元幾何学を冷遇しているけれども，一次元幾何学の組立てに充分なる示唆を与えているから，わけはない．（同上）

こんなふうに当時の心情を回想した後に，高木は「このような立場から，筆者は「新式算術講義」を書いて見た」と附言した．無理数論の構成については『新撰算術』においてすでに一度，試みられていたが，洋行してヒルベルトの新著作『幾何学原理』に出会い，構想を新たにした．連続的量の理論を一次元幾何学と見てヒルベルトにならって公理的に構成し，その土台の上に無理数論を構築するというアイデアである．これが『新式算術講義』の数学的背景

である．

『新式算術講義』

『新式算術講義』は全11章，75節で構成されている．目次を再現すると，次に挙げる通りである．

　緒言
　第一章　自然数の起源
　第二章　四則算法
　第三章　負数，四則算法の再審
　第四章　整除に関する整数の性質
　第五章　分数
　第六章　分数に関する整数論的の研究
　第七章　四則算法の形式上不易
　第八章　量の連続性及無理数の起源
　第九章　無理数
　第十章　極限及連続的算法
　第十一章　冪及対数
　附録　学用語対訳

この作品の核心は第八，九，十章の無理数論にあり，「数とは何か」という問いに根源的に答えようとしているところに眼目があるが，他の諸章もみなおもしろく，100年余の後の今日の読者の目にも新鮮に映じるのではないかと思

う．前半の第一章から第七章までのところでもっぱら論じられているのは有理数だが，その叙述はきわめて斬新で，高木自身，「これ比較的最よく世に知られたる事実に関せるが故に，叙述の方法は成るべく新奇なるを選み，以て多数の読者の熟知せる所の者を徒に反復するを避けんとす」（緒言，本書 p. 10）と述べている通りである．整数論の話題も目立ち，第四章では一次不定方程式の解法（第四章，第五節．本書 pp. 95-100）が記述され，第六章では，分数の部分分数展開（第六章，第四節．本書 pp. 144-150），今日「オイラーの関数」という名で呼ばれることの多い数論的関数 $\varphi(n)$ の数値を与える公式（第六章，第五節と第六節．本書 pp. 150-157），フェルマーの小定理とそのオイラーによる一般化（第六章，第十節．本書 pp. 173-181）などに多くの頁が割り当てられている．このようにした理由として高木は二つの理由を挙げているが，第二の理由は，「数を観察するに当り，其大小に関せる側面に偏して，数の個性（アリスメチカル・キャラクター）を藐視すること，決して数の知識を精確ならしむる所以にあらざるを信ぜるに由れり」（緒言，本書 pp. 10-11）というのであり，独自の見識がよく表われていると思う．

第八章以下の叙述のねらいは高木自身が明快に説いている．次に引くのは「緒言」で語られている言葉である．

「第八章以下は抽象的の量として数を論ず．其目的，数とは何ぞ，量を計るとは何の謂ぞ，との卑近なる問

題を解釈するにあり．数の観念を闡明(せんめい)して，数学に牢然動すべからざる基礎を与へたること，実に十九世紀に於ける数学進歩の異彩にして又其根源なり．」(本書 p. 11)

「高等数学の論ずる所は概して通俗の説明に適せずと雖，凡そ極めて根本的なる問題は，之を解決すること非常に困難なると共に，之を理会することは却て意外に容易なり．無理数の定義も亦此種の問題に属せり．器械的に算式を把玩(はがん)するを以て数学の能事畢(をは)れりとする者，固(もと)より斯の如き問題に関渉あるべからず．」(同上)

「第八章に於て特に量の性質を詳説せるは，量と数との関係を明にして，以て常識と学問とを連結せんと欲せるなり．」(同上)

抽象的量として数を論じると言われている通り，第八章，第二節では「吾輩の称して量となすは，次に掲ぐる諸々の性質を具へたるものに限る」(本書 p. 216) という宣言に続いて，「量の原則」が立てられている．「量の原則」は三つあり，第一は「量の比較に関する原則」，第二は「量の加合に関する原則」，第三は「連続の原則」である．すなわち，高木が公理論的に組み立てようと試みたのは連続的量の理論なのである．

第八章，第九節に附せられた長大な脚註 24 (本書 pp. 241-244) を参照すると，無理数の観念を厳密な仕方で説明し

た人々として，ヴァイエルシュトラス，カントル，デデキント，それにヒルベルトの思索の跡が回想されている．

「ワィヤストラスの無理数の定義は最も直接に無限小数を拡張す」．

「カントルは第十章（四）に略述せる所謂基本列数を以て数の定義とせり」．

「ハイネ，メレー亦大同小異なり」．

「デデキントは有理数の切断を以て無理数の定義となせり」．

こんなふうに紹介したうえで，高木は「此等の諸説に於てはいづれも有理数を既知の観念となし，之を基礎として無理数の観念を定む」と指摘して，「其方法開発的(genetisch, heuristisch) なり」と批評を加えた．これに反し，ヒルベルトは「アキシオマチック」(axiomatisch)（幾何学的）に数の観念を組み立てたという．高木は，

> 「先づ数の観念の内容を既定とし，若干の相互独立せる公理を立し之を分析して数の観念を闡明(せんめい)せんとするなり．ヒルベルトによれば数とは，比較の法則，算法（四則）の法則及連続の法則に従へる者なり．但連続の法則はデデキントの法則と異にして「アルキメデス」の法則及完備の法則（Axiom der Vollständigkeit）より成る．」(本書 p. 243)

というふうにヒルベルトのアイデアを説明し，そのうえで

自著に手をもどし,「此書に於てはデデキンドの連続の法則を探りて, アキシオマチックの方法に準じ以て数の観念を説明せり」(同上)と,『新式算術講義』の根幹を作る構想を明らかにした. 洋行前の前著『新撰算術』と洋行後の新著『新式算術講義』との相違にも触れている. ヴァイエルシュトラス, カントル, ハイネ, メレー, デデキント, それにヒルベルトたちの説くところは「概して全く量の観念を離れ, 最抽象的に卒然として無理数の定義を立し数と量との関係は読者の推考発明に一任せり」(同上)と高木は批評したが, 旧著『新撰算術』の時点では高木もまた同種の叙述法を採用した. ところが洋行後は, 無理数をこのように定義するのでは唐突の感が起るのを避けえないという考えに傾いたようで, 基本方針をあらためて量の概念を根柢に据えて,「すべての量に対してその数値を与える」という要請を課し, 数の観念をそこから抽出しようと企図するようになった. 次に挙げる言葉には, 高木の「微意の存する所」が明瞭に表明されている.

今此書に於ては先づ量の性質を説き, 凡ての量の数値を供給すべしとの要求を以て, 数の定義の基礎となし以て数の観念の「心理的」(?)側面を説明せんとせり. 斯の如くにして無理数の定義の唐突の感を起すを避くるを庶幾せんとす, 著者が微意の存する所なり. (同上)

これに続く言葉も興味が深い．無理数の定義はあくまでも「量の数値を供給すべし」との要求に応じようとして発生したのであり，決して天上から落下したのではないというのである．

> 既に量の性質より数の観念を誘出す．説明の方法は勢「アキシオマチック」ならざるを得ず．第八章の終に於て数の原則として列挙せる所の者に具体的の根拠あり．何故に（如何なる目的の為に）斯の如き原則を立てて之を数の定義となせるか．他なし，量の数値を供給すべしとの要求に応ぜんが為なり．無理数の定義は天上より落下せるに非ざること明なり．（同上）

量の数値は量を計ることによって附与される．その様子は第八章，第四節に記されている通りであり，

> 量を計るといふことは前に述べたる量の原則を基礎とす．A なる量の与へられたるとき，一定の量 E を採りて之を単位となし，E を倍加して
> $$E, 2E, 3E, \cdots nE, \cdots$$
> 等の量を作り，之を A と比較するに，A が此等の量の中の一つに等しく，例へば $A=nE$ なるときは，n は即ち E を単位としての A の数値なり．（本書 p. 222）

という手順を踏む．これで自然数が認識されるが，ここか

解説 「解析概論」への序章

らなお歩を進めていけば，おのずと有理数の認識へと到達する．そうしてその時点であらためて浮上するのは，「すべての量にその数値を与えるには，有理数のみで十分であろうか」という問題であり，この問いに答えようとする試みの中から無理数の認識が発生するのである．このあたりの消息を，高木は，

> 凡ての量に数値を与へんと欲せば，有理数のみを以て之を弁ずべからず．是に於て有理数以外新に数を作るの必要を生ず．斯の新数は即ち無理数なり．（本書 p. 241, 244）

と説明した．

　高木は学生時代からヨーロッパの数学の原書に親しみ，なかでも当時，多くの関心が寄せられはじめていた解析学の厳密化の動きに敏感に反応し，厳密化の基盤となる数の理論を構築する諸家の流儀に原書に沿って深く親しんだ．『新撰算術』と『新式算術講義』はこの数学体験から生まれた著作だが，洋行後の後者の作品は単純な祖述の域を超越して独創の域に達し，著者の創意が一段と際立っている．後年の作品『解析概論』(岩波書店，昭和13．増訂第二版　昭和18, 改訂第三版　昭和36)を理解するための第一着手として，今日もなお最良の序論であり続けるであろう．

数と量

　数学の基礎に関心を寄せる近代の数学者たちは「概して全く量の観念を離れ，最抽象的に卒然として無理数の定義を立し」たと高木はいうが，量と数の概念が19世紀後半にいたって大きく乖離する様相を見せるのは高木の指摘の通りである．近代数学史に現われた解析概念の流れを回想すると，無限小解析の一番はじめのテキストといわれるマルキ・ド・ロピタルの著作『曲線の理解のための無限小の解析学』(1696) は，変化量と定量の概念規定から説き起こされているし，オイラーの作品『無限解析序説』(1748) でもこの点は同様である．これらの二つの作品には「数とは何か」という問いは見られないが，19世紀のはじめ，1821年に刊行されたコーシーの講義録『王立理工科学校の解析教程．第一部　代数解析』を見ると，「数」と「量」をめぐって精密な議論が重ねられ，両者を概念上，厳密に区分けしようとする姿勢が現われている．コーシー以降，「量」の概念は次第に後退の萌しを見せ始めるが，それでも1851年のリーマンの学位取得論文「一個の複素変化量の関数の一般理論の基礎」の標題に見られるのは複素「変化量」の関数であり，決して複素「変数」の関数なのではない．

　「数とは何か」という問いに厳密な様式で答えようとする試みを通じ，量の概念は急速に消失する方向に向かったが，形式論理上の厳密性はこれで確保されるとしても，見る者の心に「唐突の感」が起こるのは避けえないところで

ある．数学は論理のみで構成されている学問ではないから，たとえ知的には申し分のない説明であっても，「情」がそれを拒絶することはありうるのである．現に，今日の大学の微積分の教育現場でも，「数」をはじめとする基礎的諸概念の取り扱いには困惑が見られ，おおむね省略される傾向にあるのではないかと思う．数の概念や極限や連続性などの厳密な説明は定着度が低く，教育効果にとぼしいというほどの理由がしばしば語られている．

当初の解析学は量に寄せる素朴な観念に支えられて歩みを運び始めたのであり，その足取りは，少くとも19世紀半ばのリーマンにまで及んでいる．そうであれば量の概念を完全に放棄するのではなく，高木がそうしたように「数」の概念の背景に「量」の概念を配置するのは，よいアイデアである．晩年の岡潔はしばしば

「数は量のかげ」

と語り，色紙も遺しているが，高木の語る「数の理論」の実体を言い当てた一語であり，根柢には高木の影がくっきりと射し込んでいるように思う．岡潔は京大の学生時代に園正造から「高木類体論」の話を聞いて感激した経験をもち，その後も『過渡期の数学』(岩波書店，昭和10)や『解析概論』など，高木の諸著作の愛読者であった．数学の深い場所で共鳴するところがあったのであろう．

二度目の洋行　ジーゲルの名を知る

　高木の洋行の最大の成果はヒルベルトとの出会いであった．高木はヒルベルトの深い影響のもとに数論の研究に向かい，1915年（大正4）から類体論の論文を書き始め，1919年（大正8）までに5篇の短篇を公表した．これらの研究を踏まえ，1920年（大正9），類体論の主論文
　　「相対アーベル数体の理論について」
が東京帝大理科大学紀要に掲載され，1922年（大正11）には，
　　「任意の代数的数体における相互法則について」
が，同じく東京帝大理科大学紀要に掲載された．

　1920年（大正9），ストラスブールにおいて，9月22日から30日までの日程で第6回目の国際数学者会議（コングレスと略称される）が開催された．高木はこの会議に出席し，4日目の9月25日の午前，
　　「代数体の理論のいくつかの一般的定理について」
という題目を立てて講演し，類体論を発表した．

　この第2回目の洋行のおり，高木はゲッチンゲンにヒルベルトを訪問したが，ここでジーゲルのうわさを耳にした．実際に会う機会があったのかどうか，よくわからないが，よほど琴線に触れる何ごとかがあったのであろう，帰国後，高木は主論文の別刷をジーゲルのもとに送付した．帰国はコングレスの翌年の1921年5月13日と記録されているから，別刷の送付は5月以降のことになる．それから

また新年を迎え，1922年，ジーゲルはアルティンに高木の主論文を読むようにとすすめた．アルティンは三か月ほどかけて読み終えたといわれている．これが，高木類体論が欧米の数学界に知られ始めたころの，一番はじめの情景である．ジーゲルの生年は1896年だが，生誕日は12月31日であるから，1922年の時点で25歳．1898年3月3日に生まれたアルティンは23歳か，もしくは24歳という若さであった．

ジーゲルはベルリンに生まれた数学者である．ベルリン大学でフロベニウスやプランクに学び，それからゲッチンゲン大学でランダウのもとで数論を専攻して学位を取得した．20世紀を生きた人物だが，ガウスに始まる19世紀のドイツの数学に遍在するロマンチシズムの伝統を継承する大数学者である．そのジーゲルが，高木とヨーロッパの数学界を結ぶ架け橋になったのである．後年のことになるが，第二次大戦が終結して間もないころ，晩年のジーゲルは岡潔の多変数関数論研究の真価をいち早く洞察し，当時の滞在先のプリンストンの高等学術研究所で岡理論の講義をしたと伝えられている．1958年（昭和33）の春，来日したジーゲルは特に望んで奈良に岡潔を訪ねている．ジーゲルは，河合門下の同門の高木と岡を繋ぐもうひとつの結節点なのであった．

1936年（昭和11）3月31日，満60歳の高木貞治は定年により東京大学を退官した．歿年は1960年（昭和35）で，この年の2月28日，東大病院で亡くなった．東大を退官し

た後の生活の様子はさまざまに語られているが、ここではひとつだけ、風樹会の理事に就任して後進の学問を支援したことに触れておきたいと思う。風樹会というのは岩波書店の店主の岩波茂雄の発意により設立された財団法人で、哲学・数学・物理学など、基礎的学問の研究者を対象にする奨学金補助組織である。1940年（昭和15年）11月2日付で発足と記録されている。創立当初の理事は、高木のほか、小泉信三、田辺元、和辻哲郎、和達清夫であった。

郷里の紀州紀見村でひとり数学研究に打ち込む日々を送っていた岡潔は、親友の「雪の博士」こと中谷宇吉郎の推薦により、昭和17年の秋ころから昭和24年の夏ころまで、戦中戦後にかけて7年ほどの期間にわたって風樹会の支援を受け続けた。岡潔はこれに応え、論文が完成するとそのつど風樹会の理事の高木のもとに送付した。その際、必ず書簡を添え、多変数関数論の研究の現状を詳細に報告したが、高木もまた空襲で焼け出されて疎開するなど、きびしい生活の中にあって律儀に返信した。1951年（昭和26）の日本数学会のジャーナル（巻3）は二分冊に分かれて発行された。第一分冊は高木貞治の77歳記念号と銘うたれ、名のある数学者たちが論文を寄せたが、岡潔もまた連作「多変数解析函数について」の第8報「基本的な補助的命題」の前半（後半は第二分冊に掲載された）を寄せている。

内外の学会に認められたり認められなかったりするという言い方はしばしばなされるが、「人」の真価を洞察するの

はつねに「人」なのであり，学会というところそれ自体に洞察の主体が存在するわけではない．ガウスの作品『整数論』を高く評価したんはラグランジュであり，アーベルの天才を一番はじめに感知したのはヤコビであった．ガロアは「人」に恵まれず，リゥヴィユやジョルダンが現われるまでに長い時間を必要とした．若い日に高木の論文をアルティンにすすめ，晩年，岡の理論をプリンストンで講義したジーゲル，高木のもとに長文の手紙を書き続けてときどきの心情を吐露した岡潔，その岡潔に対していつも親切にしてくれた高木の三人は，時と空間を大きく隔てながら学問の世界でみごとなトライアングルを形成していたのである．今日のぼくらの目にも感銘の深い光景である．

日本語で数学を書くことについて

『新式算術講義』の原書は縦書きで書かれていたが，文庫への収録にあたり，横書きに組まれることになった．これに関連して，高木貞治はエッセイ集『数学の自由性』(考へ方研究社，昭和24) に所収の一篇「日本語で数学を書く，等々」において，翻訳語の選定の問題など，おもしろい話題をいくつも取り上げておもしろく論じている．詳しい紹介は割愛するが，末尾に，

　「中味には関係のないことだけれども，数学を書く日本文は，カタカナ横書きが望ましい．」

> 「明治20年頃に出版された菊池大麓先生の幾何学教科書は既にカタカナ横書き切り離し式であつたことをここに附記して長話を終ろう.」

と書き留められている．当文庫はカタカナ書きではないが，横書きが採用された．高木のいう望ましい状況が期せずして日の目を見たわけであり，原書を横書きに変えたことの弁明の根拠を高木自身に求めることにして，この長い解説を終りたいと思う．100年前の名著が今日の若い世代に広く浸透し，同じ著者の『解析概論』への恰好の序論になってほしいと心から望んでいる．

参考文献
1. 本田欣哉「高木貞治の生涯」 数学セミナー，1975年，1-6月号
2. 『追想 高木貞治先生』 編集・発行 高木貞治先生生誕百年記念会（代表者 河田敬義） 発行 昭和61年8月25日

2008年3月27日

(たかせ・まさひと／数学者・数学史家)

本書は、一九〇四年六月三十日、博文館より刊行された。

ブルバキ数学史(上)	ニコラ・ブルバキ/杉浦光夫編/清水達雄訳	「構造」の観点から20世紀の数学全体を基礎づけ直したブルバキの理念を、凝縮した形で通覧できる異色の数学史。3篇を増補した決定版文庫。上・下巻。
ブルバキ数学史(下)	ニコラ・ブルバキ/杉浦光夫編/清水達雄訳	
素粒子と物理法則	R・P・ファインマン/S・ワインバーグ/小林澈郎訳	数学の各理論の指導的理念や展開過程を、背後にある思考様式や哲学を含めて考察。「構造主義」哲学の重要な文献。
πの歴史	ペートル・ベックマン/田尾陽一/清水韶光訳	量子論と相対論を結びつけるディラックのテーマを対照的に展開したノーベル賞学者の追悼記念講演。現代の物理学の本質を堪能させる三重奏。
マッハ力学史(上)	エルンスト・マッハ/岩野秀明訳	円周率だけでなく意外なところに顔をだすπ。ユークリッドやアルキメデスによる探究の歴史に始まり、オイラーの発見したπの不思議にいたる。
マッハ力学史(下)	エルンスト・マッハ/岩野秀明訳	古典力学はどこまで科学的か？反形而上学的立場からの根源的検証。アインシュタインの相対性理論を胎胚していた、ニュートン力学批判の古典。
歴史の中の数学	佐々木力	時代を魅了したマッハ哲学の魅力とは？思惟経済説とは？科学が哲学を凌駕し始めた世紀の、古典力学を通して考察された認識論。上・下巻。
位相のこころ	森 毅	数学の歴史にはどのようなドラマがあったのか？解析記号や振子時計・計算機にいたる6つの話題で数学思想史のパラダイム・シフトを考察する。
現代の古典解析	森 毅	おなじみ一刀斎の秘伝公開！極限と連続に始まり、指数関数と三角関数を経て、偏微分方程式に至る。見晴らしのきく、読み切り22講義。
	マイケル・S・マホーニィ編訳	微分積分などでおなじみの極限や連続などは、20世紀数学でどのように厳密に基礎づけられたか。「とんとん」近づける構造のしくみを探る。

トポロジー	野口 廣
数学の楽しみ	テオニ・パパス
相対性理論(上)	安原和見訳
相対性理論(下)	W・パウリ 内山龍雄訳
物理学に生きて	W・パウリ 内山龍雄訳
幾何学基礎論	W・ハイゼンベルクほか 青木 薫訳
数のエッセイ	D・ヒルベルト 中村幸四郎訳
和算の歴史	一松 信
学術を中心とした和算史上の人々	平山 諦
	平山 諦

現代数学に必須のトポロジー的な考え方とは？集合・写像・関係―位相などの基礎から、ていねいに図説した定評ある入門者向けの学習書。

ここにも数学があった！石鹸の泡、くもの巣、雪片曲線、一筆書きパズル、魔方陣、DNAらせん……。イラストも楽しい数学入門150篇。

相対論発表から5年。理論の全貌をバランスよく明解に解説批評しつつ、先行の研究論文を簡潔に引用したノーベル賞学者パウリ21歳の名論文。

アインシュタインが絶賛した、物理学者内山龍雄をして「研究中断してでも訳したかった」と言わしめた、相対論三大名著の一冊。

「わたしの物理学は……」ハイゼンベルク、ディラック、ウィグナーら六人の巨人たちが集い、それぞれの歩んだ現代物理学の軌跡や展望を語る。〈佐々木力〉

20世紀数学全般の公理化への出発点となった記念碑的著作。ユークリッド幾何学を根源まで遡り、斬新な観点から厳密に基礎づける。

完全数、友愛数やπのコンピュータ数値計算などからタイル張りまで。エスプリのきいた語り口でエレガントな世界に誘う異色の数学エッセイ。〈細谷暁夫〉

関孝和や建部賢弘らのすごさと弱点とは。そして和算がたどった歴史とは。和算研究の第一人者による簡潔にして充実の入門書。〈鈴木武雄〉

和算の理解は手を動かせ！円周率、幾何図形、数値計算の問題を50人が挑んだ。関孝和、建部賢弘ら50人が挑んだ。円周率、幾何図形、数値計算の問題を解いて和算の実際に迫る。〈鈴木武雄〉

新版 天文学史　桜井邦朋

数のコスモロジー　齋藤正彦

幾何物語　瀬山士郎

宇宙をかき乱すべきか(上)　F・ダイソン　鎮目恭夫訳

宇宙をかき乱すべきか(下)　F・ダイソン　鎮目恭夫訳

一般相対性理論　P・A・M・ディラック　江沢洋訳

ディラック現代物理学講義　P・A・M・ディラック　岡村浩訳

不完全性定理　野﨑昭弘

数学的センス　野﨑昭弘

人間の持てる道具とともに、宇宙はその広がりと奥行を深めてきた。最前線の宇宙物理学者から見た先史時代に始まる壮大な天文学史。写真多数。

数学は言語か？　実数とはなにか？　論理とことばが織りなす数の宇宙の魅力をひもとくエッセイ。『線型代数入門』で知られる数学者による、柔らかな発想で大きく飛躍してきた歴史をたどりつつ、現代幾何学の不思議な世界をひもとくエッセイ。図版多数。

作図不能の証明に二千年もかかった！　柔らかな発想で大きく飛躍してきた歴史をたどりつつ、現代幾何学の不思議な世界を探る。図版多数。

若くして相対性理論と量子力学を統合する方程式を発見した物理学の巨人の自伝。芸術、宗教、哲学を含みこんだ壮大なヴィジョンが展開する。

ファインマン、オッペンハイマー等との交流。ヒトという種の未来を宇宙論的視野から考察した人間と科学との関係など。科学教養書の新しい古典。

一般相対性理論の核心に最短距離で到達すべく、卓抜した数学的記述で簡明直截に書かれた天才ディラックによる入門書。詳細な解説を付す。

永久に膨張し続ける宇宙像とは？　モノポールは実在するのか？　想像力と予言に満ちたディラック晩年の名講義が新訳で甦る。

事実、推論、証明…。理屈っぽいとケムたがられる話題を、なるほどと納得させながら、ユーモアたっぷりにひもといたゲーデルへの超入門書。

美しい数学とは詩なのです。いまさら数学にはなれないけれどそれを楽しめたら…。そんな期待に応えてくれる心やさしいエッセイ風数学再入門。

ユダヤ戦記（全3巻） フラウィウス・ヨセフス 秦剛平 訳

パレスチナを舞台とし、ローマ帝国を相手にしたユダヤ戦争（紀元六六〜七〇年）の狂気と無謀の詳細な記録。第一巻は戦いにいたるまでの経緯。

ユダヤ戦記2 フラウィウス・ヨセフス 秦剛平 訳

圧倒的な軍事力のローマ軍。ウェスパシアノスのガリラヤ侵攻、ヨタパタの攻防戦でヨセフスが捕虜となり、ユダヤの民の不安と絶望の日々が続く。

ユダヤ戦記3 フラウィウス・ヨセフス 秦剛平 訳

ユダヤ人の聖性が宿る都エルサレムと神殿を失ったのに、彼らの神は沈黙を守る。そして二〇〇〇年にわたる流浪が始まった。全三巻完結。

新訂 都名所図会（全5巻） 市古夏生 校訂 鈴木健一 校訂

一七八〇年に刊行された京都名所案内。俳諧師秋里籠島文。写生による鳥瞰図風の多数の精密画が大評判となり、名所図会ものの嚆矢となった。

フェルマーの大定理 足立恒雄

ついに証明されたフェルマーの大定理。その美しき頂への峻厳な道のりを、クンマーや日本人数学者の貢献を織り込みつつ解き明かした整数論史。

√2の不思議 足立恒雄

√2とは？ 見えてはいるけれどもないよ うであるもの。納得しがたいその深淵に、ギリシア人はおのれのいのちを賭けた。抽象思考の不思議をひもとく。

偉大な数学者たち 岩田義一

君たちに数学者たちの狂熱を見せてあげよう！ ガウス、オイラー、アーベル、ガロア…。少年たちに数学への夢をかきたてた名著の復刊。（高瀬正仁）

算法少女 遠藤寛子

父から和算を学ぶ町娘あきは、算額に誤りを見つけ声を上げた。と、共侍が……。和算への誘いとして定評の少年少女向け歴史小説。箕田源二郎・絵

数学史入門 佐々木力

古代ギリシャやアラビアに発する微分積分学のダイナミックな形成過程を丹念に跡づけ、数学史の醍醐味をわかりやすく伝える書き下ろし入門書。

新式算術講義

二〇〇八年五月十日 第一刷発行

著者 高木貞治（たかぎ・ていじ）

発行者 菊池明郎

発行所 株式会社筑摩書房
東京都台東区蔵前二—五—三 〒一一一—八七五五
振替〇〇一六〇—八—四一二三

装幀者 安野光雅

印刷所 株式会社精興社

製本所 株式会社鈴木製本所

乱丁・落丁本の場合は、左記宛に御送付下さい。
送料小社負担でお取り替えいたします。
ご注文・お問い合わせも左記へお願いします。
筑摩書房サービスセンター
埼玉県さいたま市北区櫛引町二—六〇四 〒三三一—八五〇七
電話番号 〇四八—六五一—〇〇五三

© Shigeru Takagi 2008 Printed in Japan
ISBN978-4-480-09146-8 C0141